Adobe官方认证标准教材

Adobe Dreamweaver 官方认证标准教材

倪 栋◎主 编

清華大学出版社
北 京

内 容 简 介

本书是“Adobe 官方认证标准教材”系列中的 Dreamweaver 分册。本书采用模块化的编写思路，由浅入深，以案例形式逐步完成 Dreamweaver 网页设计与制作的介绍，让读者了解和掌握最新的 HTML5 与 CSS3 基础语法、DIV+CSS 布局排版技巧、动态按钮与互动设计等知识与操作技巧。全书共分为 6 章，具体内容包含互动网页设计背景知识、从平面设计到网页设计、新闻网页设计实例、明苑画廊作品展示设计实例、Keepwalk 教学网站排版实例和通过 CSS 实现网页动画。

本书结构合理，内容丰富，实用性强，可以作为计算机类专业、数字媒体专业、艺术设计类专业的教学用书，还可以作为相关从业人员的自学用书。

本书封面贴有劳特利奇出版社防伪标签，无标签者不得销售。
版权所有，侵权必究。举报：010-62782989，beiqinquan@tup.tsinghua.edu.cn。

图书在版编目（CIP）数据

Adobe Dreamweaver 官方认证标准教材 / 倪栋主编． —北京：清华大学出版社，2022.1
Adobe 官方认证标准教材
ISBN 978-7-302-59133-7

Ⅰ．① A… Ⅱ．①倪… Ⅲ．①网页制作工具—教材 Ⅳ．① TP393.092.2

中国版本图书馆 CIP 数据核字（2021）第 182808 号

责任编辑：贾小红
封面设计：姜 龙
版式设计：文森时代
责任校对：马军令
责任印制：刘海龙

出版发行：清华大学出版社
网 址：http://www.tup.com.cn，http://www.wqbook.com
地 址：北京清华大学学研大厦 A 座 **邮 编：**100084
社 总 机：010-62770175 **邮 购：**010-62786544
投稿与读者服务：010-62776969，c-service@tup.tsinghua.edu.cn
质量反馈：010-62772015，zhiliang@tup.tsinghua.edu.cn
印 装 者：三河市铭诚印务有限公司
经 销：全国新华书店
开 本：185mm×260mm **印 张：**16.25 **字 数：**404 千字
版 次：2022 年 3 月第 1 版 **印 次：**2022 年 3 月第 1 次印刷
定 价：79.80 元

产品编号：091046-01

丛书序

Adobe 授权培训中心（Adobe Authorized Training Centre）隶属于 Adobe 全球官方培训认证体系，面向用户提供 Adobe 产品的培训及认证服务，致力于为用户及合作伙伴提供正规化、专业化的培训解决方案。

2017 年 10 月，Adobe 授权培训中心正式落地中国大陆，为中国用户开启了 Adobe 产品培训和认证的新纪元。Adobe 授权培训中心依托 Adobe 领先的技术和产品，引入国际培训和认证标准，联合教育专家、专业教师、Adobe 技术专家、行业专家，通过线上线下培训、专业国际认证、校企合作、师资培养基地、创新人才中心、人才推荐就业、国际大赛等多种方式，打造学、练、赛、考、就业与创业创新型人才培养的全方位闭环生态体系。Adobe 授权培训中心以最前沿的技术、最专业的培训经验提供各行业技能及专业软件产品以及行业解决方案的应用培训课程，以此满足来自不同专业领域用户的学习需求，推动中国创意产业生态的全面升级和教育行业师资水平的全面提升。

Adobe 国际认证（Adobe Certified Professional，简称 ACP）由 Adobe 全球 CEO 签发，是面向全球 Adobe 软件的学习和使用者推出的基于 Adobe 核心技术及岗位实际应用操作能力的技能认证。考核标准与考题设计经国际科技教育学会（ISTE）认证承认，并在全球 148 个国家推广，深受国际认可。

ACA 世界大赛（Adobe Certified Associate World Championship）是一项在创意领域，面向全世界 13~22 岁青年群体的重大竞赛活动，主要为广大青少年提供学术技能的展现和职业发展机会。每年举办一届，在 2019 年 ACA 世界大赛中，中国四川参赛选手荣获了全球第四名的佳绩。

经过两年的精心策划，通过清华大学出版社、文森时代科技有限公司和我中心通力合作，形成了这套经典的Adobe官方认证标准教材系列丛书及配套课程视频，必将为数字传媒专业建设和社会相关人员培养做出很大贡献。

文森时代科技有限公司是清华大学出版社第六事业部的文稿与数字媒体生产加工中心，也是“Adobe国际认证（全国性）区域管理中心”，承担开发“Adobe国际认证官方教材与在线培训课程”项目。“清大文森学堂”是一个在线开放型教育平台，开设了各类直播课堂辅导，为高校师生和社会读者提供服务。

非常感谢清华大学出版社及文森时代科技有限公司组织创作的Adobe国际认证（ACP）标准教材系列丛书及配套课程视频。

北京中科卓望网络科技有限公司（Adobe授权培训中心）董事长

郭功清

前　言

人们自古以来就在用各种各样的方法、媒体传递信息和交流情感。语言、文字、舞蹈、音乐、绘画等都是人们传情达意的方式和手段，随着科学技术的发展，媒体又从印刷发展到了广播，再发展到电影和电视，从个人计算机又突飞猛进到国际互联网，信息媒体随着科学技术的日新月异，发生着翻天覆地的变化。

身处21世纪的我们，身边充斥着非常丰富的基于数字化技术、多媒体高度融合的交互式新媒体，这些新媒体极大地便利人们信息交流，给人们带来了高品质且丰富的综合感官体验，让人们可以在任何地方、任何时间、任何设备上，以个性化的方式接收、传递和分享信息，最大自由度地实现跨时空交流，可以毫不夸张地讲，这些新媒体不仅仅深刻地影响着传媒生态本身，还逐渐渗透和改变着我们生活的方方面面，让人们置身于一个精彩纷呈的数字化、多媒体化、网络化、个性化的全新交互式信息时代。

本书由浅入深，从简单到复杂，从理论到实践，从设计到程序，带你逐步步入网页互动艺术设计激动人心的创意世界，帮助设计师抓住新媒体时代下的各种机遇，从容应对新媒介、新技术、新领域的全新挑战。将数字媒体艺术设计和信息科技程序交叉结合起来，满足新型边缘学科的教学要求，实现新媒体产业要求的复合型、技能型高端网页互动设计人才的培养目标，使他们掌握Dreamweaver制作新媒体网页的技能技巧。

本书共分为6章，内容包含了互动网页设计背景知识，如何从PS平面设计跨越到DW网页设计，通过新闻网页设计掌握基础的HTML和CSS语法，通过明苑画廊网页设计掌握盒子对象、文档流及坐标系定位排版方法，通过教学网页设计掌握完整的DIV+CSS布局技巧，最后通过系列超链接按钮互动动画设计掌握CSS动画技巧。

清大文森学堂

为方便读者更好更快地学习本书，在“清大文森学堂”提供了辅助学习视频，读者扫码左侧二维码即可观看。读者在清大文森学堂可以认识诸多良师益友，让学习之路不再孤单。同时，还可以获取更多实用的教程、插件、模板等资源，福利多多，干货满满，交流热烈，气氛友好，期待你的加入。清大文森学堂是 Adobe 中国授权培训中心，是 Adobe 官方指定的考试认证机构，可以为读者提供 Adobe Certified Professional（ACP）考试认证服务，颁发 Adobe 国际认证 ACP 证书。

本书由 Adobe 资深软件专家倪栋教授主编，本书的内容从设计师的角度出发，力求以设计师能适应的逻辑思维方式介绍程序代码的设计，是一次艺术设计与编程技术相结合的新尝试，期望能给艺术与技术结合并跨界培养的教学体系带来一种新思维、新方法，期望能获得同行和学员们的认可。由于作者的水平有限，不足之处在所难免，恳请读者给予批评指正。

编者

2022 年 1 月

目　录

第 1 章　互动网页设计背景知识　1

第 2 章　从平面设计到网页设计　28

第 3 章 新闻网页设计实例 48

第 4 章 明苑画廊作品展示设计实例 91

第 5 章 Keepwalk 教学网站排版实例 121

第 6 章 通过 CSS 实现网页动画 200

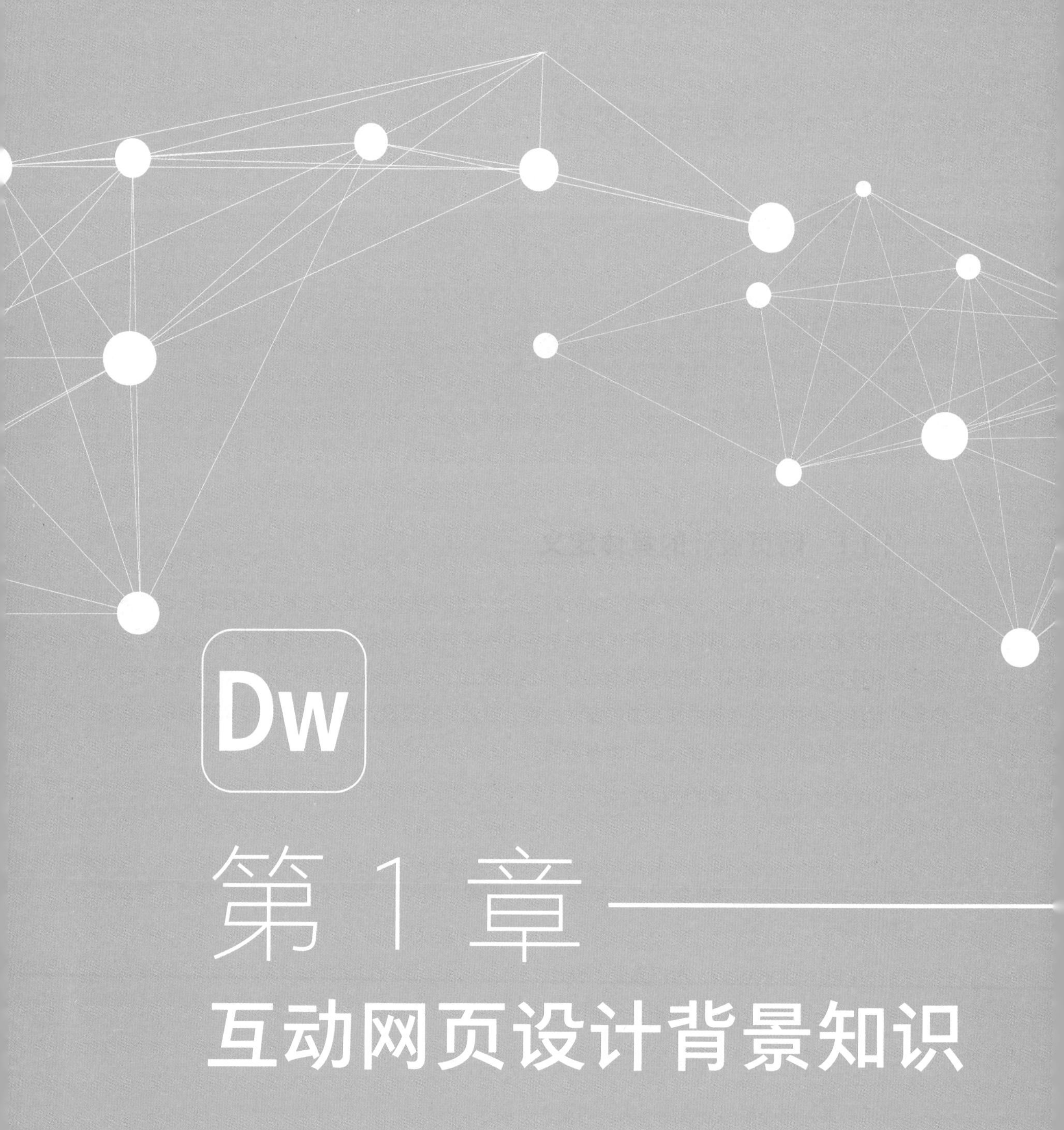

第 1 章 互动网页设计背景知识

1.1 什么是网页设计

知识要点

- 网页设计的具体定义
- 网站搭建的3个层面
- 从单向到双向，再到多向沟通机制的发展
- 网站的类型和特点

1.1.1 网页设计的具体定义

对于什么是网页设计，由于专业的角度不同，人们的表达和定义较为丰富且有一定差异，不过大家共通的观点是，网页设计不仅仅是单纯的图形图像方面的视觉艺术设计，它还包含了内容结构设计、逻辑程序设计、新媒体载体设计等技术层面，另外还包含了用户体验设计，即人性化、情感化设计（也可以说是易用性方面的设计）等。总之，网页设计是一个包含丰富内容的综合设计领域，罗列起来，它可以涉及以下诸多方面：

> 内容结构设计、逻辑框架设计；

> 图形图像设计；

> 各种数字资源、多媒体设计，诸如文字、图像、动画、互动动画、视频、音频，甚至虚拟现实等；

> UI（User Interface，用户界面）设计；

> UX（User Experience，用户体验）设计；

> 互动程序设计，包括前台和后台互动程序设计等。

将其中最为核心的部分提炼出来，如图 1-1 所示。

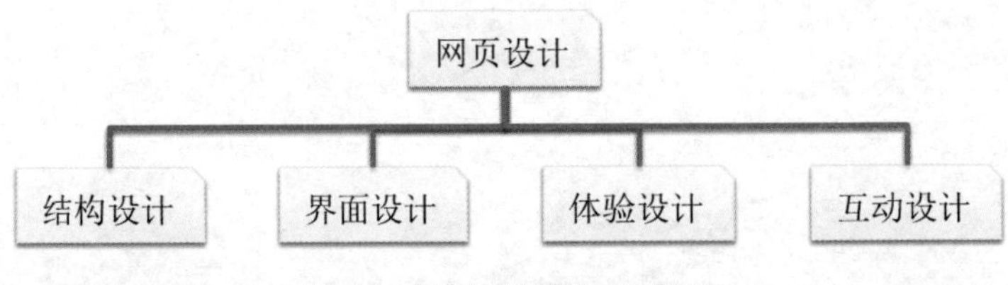

图 1-1　网页设计最核心的部分

对于网页设计较为学术的具体定义是：网页设计是一种涉及各种学科的，包含但并不局限于通过信息结构设计、视觉设计、用户体验设计、程序技术开发、网络传输手段设计等，将电子格式的信息通过互联网传输，最终以图形用户界面（GUI）的形式，被用户浏览的设计过程，是一种艺术与技术结合的综合设计与制作的学科。

1.1.2 网站搭建的 3 个层面

当今的网页设计主要是一种基于服务器端和客户端的主从式网络编程和设计模式，一般由 3 个层面构成。这 3 个层面并不是都要掌握，不过应有一定的了解，以便更好地完成设计、沟通和协作。

- **服务器端**：包括提供网页服务的硬件、操作系统、数据库、软件等，编程上可以从简单的 Perl CGI 程序到复杂的 Java、PHP、ASP.NET 程序等。学程序开发的读者一般专注于此层面。

- **客户端**：包括各种浏览器，以及由 HTML、CSS、JavaScript、ActiveX 控件、Flash 技术构建的具体呈现在用户面前的视觉网页和交互功能等。学设计的读者一般专注于此层面，本书的重点也在于此。

- **网络端**：指的是将网页内容递交到用户的各种接入方式，如有线网络、无线 Wi-Fi、5G 网络等。

1.1.3 从单向到双向，再到多向沟通机制的发展

网页作为一种媒介手段，也就是信息沟通机制，以前主要是在站点所有者和用户之间展开，在网络带宽，交互技术相对落后的年代，用户只能浏览站点所有者提供的固定信息，实现简单的超链接跳转等，属于一种单纯的单向沟通方式。

随着技术的发展，站点所有者逐渐可以提供更丰富的信息和多样的数据，并定义一些交互规则，用户可根据自己的需求进行选择和筛选，以获取个性化的信息、数据和布局，沟通路径逐步变为可选的双向沟通机制。

从 Web2.0 开始，特别是现在所处的新媒体时代，作者和读者之间的界限越来越模糊，用户不仅作为信息的索取者、浏览者，同时也是发布者、创作者，在新兴的 SNS 社区网站中更是体现得淋漓尽致。更多的时候，这种沟通机制是在站点所有者和用户、用户和用户之间展开，沟通路径演变成丰富的双向或多向方式，如图 1-2 所示。

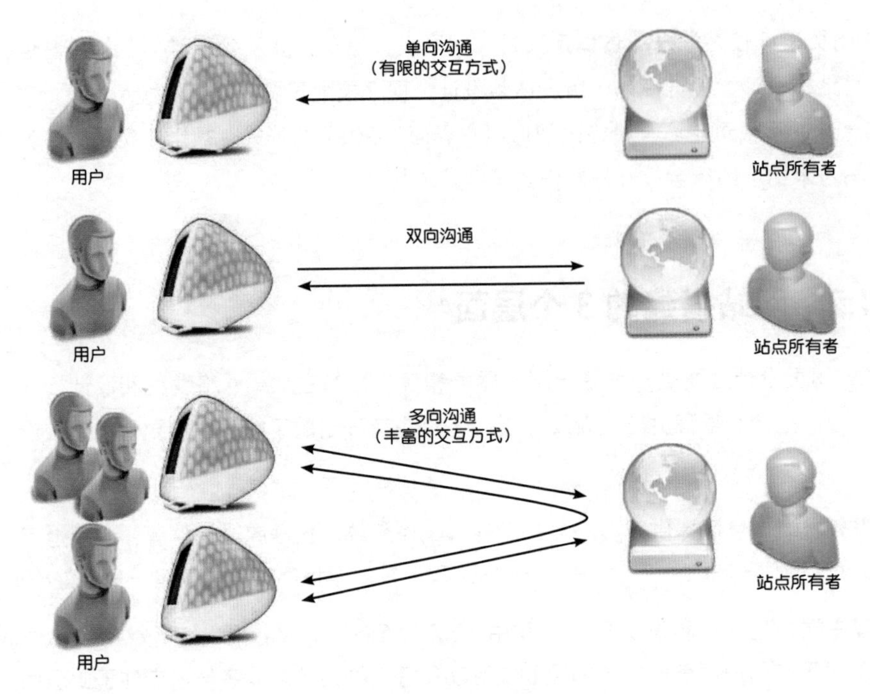

图 1-2　网页沟通机制的发展与演变

1.1.4　网站的类型和特点

网站的分类方式有很多种，可以以站点所有者类型为依据，以用户观众类型为依据，以功能类型为依据，以视觉设计为依据等，这里列举一些常见的网站分类情况以供参考。

- **信息类网站**：根据特定的主题或由某个组织单位提供的以信息为主的网页网站，设计上应注重清晰的脉络结构，以实现智能化地搜索、筛选等功能；
- **交易类网站**：以实现电子商务为目的，设计上应注重产品分类合理有效，交易安全性等特点；
- **社区类网站**：以用户之间的分享、沟通为主要目的，设计上应注重个性化、丰富的互动和分享方式，以及对多媒体的广泛支持等特点；
- **娱乐类网站**：以影视、游戏等相关内容为重点，设计上注重趣味性、娱乐性，媒体形式和交互方式丰富生动，同时具备良好的分享功能；
- **其他类网站**：可以包括其他艺术类网站、实验类网站、个人网站等，这类网站常以创意、新颖为主旨，不一定遵循常规的设计规范。

另外，从网站举办者或者所有者的角度又可以有以下几种常见类别。

- **商业网站**：商业网站是指以盈利为目的的网站，设计上应多考虑如何符合消费者的心理需要；

- **政府网站**：政府在各部门的信息化建设基础上，建立起跨部门的、综合的业务应用系统，使公民、企业与政府工作人员都能快速、便捷地接入所有相关政府部门的政务信息与业务应用，使合适的人能够在恰当的时间获得恰当的服务。设计上应方便易用，朴素大方，更好地面向社会，展示政府形象，切忌过分花哨；

- **教育网站**：教育网站是专门提供教学、招生、学校宣传、教材共享、科学研究的网站，设计上应充分体现教学的特点、特色，应该拥有丰富的信息并经常保持更新，不应该是教育机构宣传印刷品的翻版，最好能充分体现互动性、信息化教学特点；

- **公益网站**：公益网站是无偿地服务于社会公益活动、关注公民生活、为企业及个人的公益行为提供展示的平台。也是通过互联网传播公益、慈善信息，帮助社会上需要关爱的个人或弱势群体的网络站点。

- **个人网站**：个人网站是指个人或团体因某种兴趣、拥有某种专业技术、提供某种服务及把自己的作品或商品展示销售而制作的网站。专业的内容是个人网站博得青睐的核心，拥有别出心裁的创意是优秀个人网站的不二法则。

介绍这些不同类型的网站，是为了读者将来能够更好地设计出合适的网站。不同的网站类型应该采用不同的功能设计和视觉设计，而评价一个网站是否优秀也不是单纯的一个标准。也就是说，一个网站是应该更侧重功能，结构，还是视觉，抑或是互动方式，需要因站而异。

1.2 网页交互设计发展简史

知识要点

- 网页设计的发展历程
- 技术与艺术融合的演变过程

1.2.1 互联网络的诞生

20 世纪 60 年代，美国国防部为连接少数几所大学和协议企业，建立了一个全国性的网络，其最初的想法是要增加计算能力并可由许多地点的用户共享，同时通过提供用户间的多条路径，找到哪一种计算机网络能够在核战或其他灾难中幸存。这也标志着互联网络的诞生。

1.2.2 20 世纪 90 年代初期：纯文本网页

1.2.2.1 第一个网页的诞生

1991 年 8 月，Tim Berners-Lee 发布了第一个简单的、基于文本、包含几个链接的网站。其原始网页的副本现在仍然在线。它有十多个链接，试图告诉人们什么是万维网。

随后的网页都比较相似，完全基于文本、单栏设计、一些链接等。最初版本的 HTML 只有最基本的内容结构，即标题标记 <h1>、<h2>……<h6>，段落标记 <p> 和超链接标记 <a>。随后新版本的 HTML 开始允许在页面上添加图片标记 <img>，如图 1-3 所示。

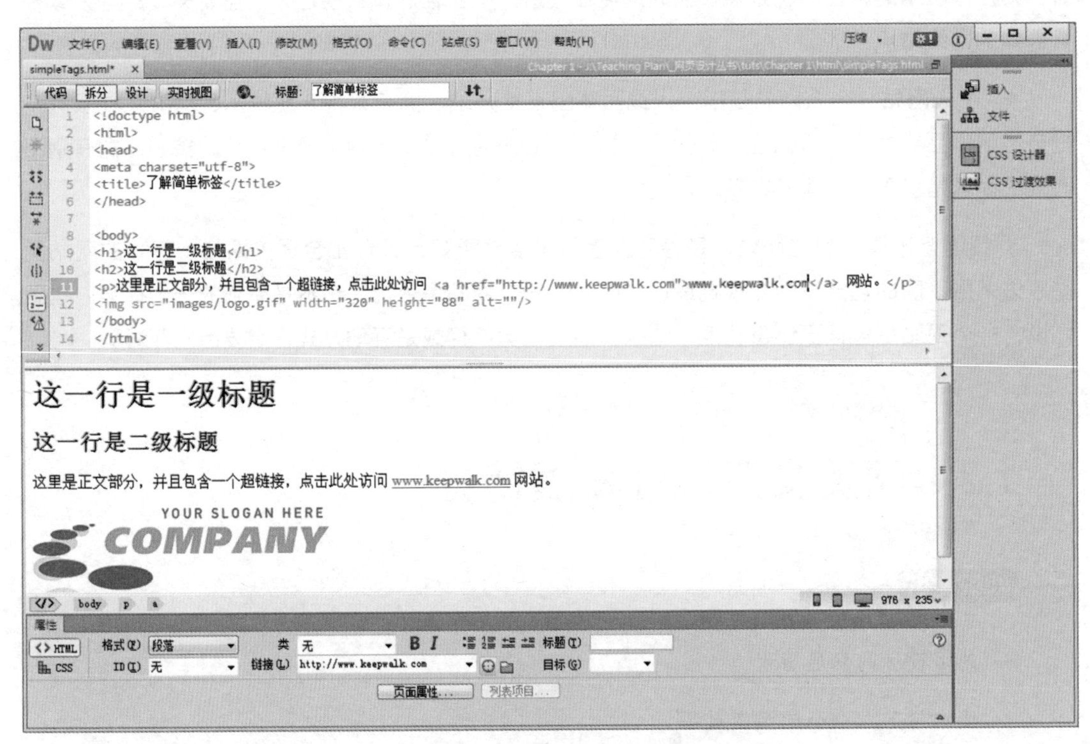

图 1-3 简单的标记语言源代码和页面效果呈现

1.2.2.2 W3C 的出现

1994 年，万维网联盟 (W3C) 成立，他们将 HTML 确立为网页的标准标记语言，这一举动阻断了任何独立公司想要开发专利的浏览器及相应程序语言的野心（因为这会对网络的完整性产生不利的影响）。W3C 一直致力于确立与维护网页编程语言的标准（如 JavaScript)。虽然万维网的概念是结合图文信息进行传递，但在当年硬件与网络带宽速度的限制下，网页的呈现方式仍以文字为主。20 世纪 90 年代初期网页设计的里程碑、核心特点、标志性成就和网页样貌如图 1-4 所示。

图 1-4 20 世纪 90 年代初期的网页设计

1.2.3 20 世纪 90 年代中期：基于 Table 表格的排版设计兴起

表格布局使网页设计师制作网站时有了更多选择。在 HTML 中，<table> 表格标记的本意是为了显示表格化的数据，但是设计师很快意识到可以利用表格来构造他们设计的网页，这样就可以制作较以往作品更加复杂的、多栏目的排版，表格布局就这样流行了起来，图片切片技术也开始广泛应用。这个时期的网页设计还不太关注语义化和可用性方面的问题，主要还在追求良好的结构美学，背景图、gif 动画、闪动的文字、计数器等迅速成为网页必备的元素和噱头。20 世纪 90 年代中期的网页设计如图 1-5 所示。

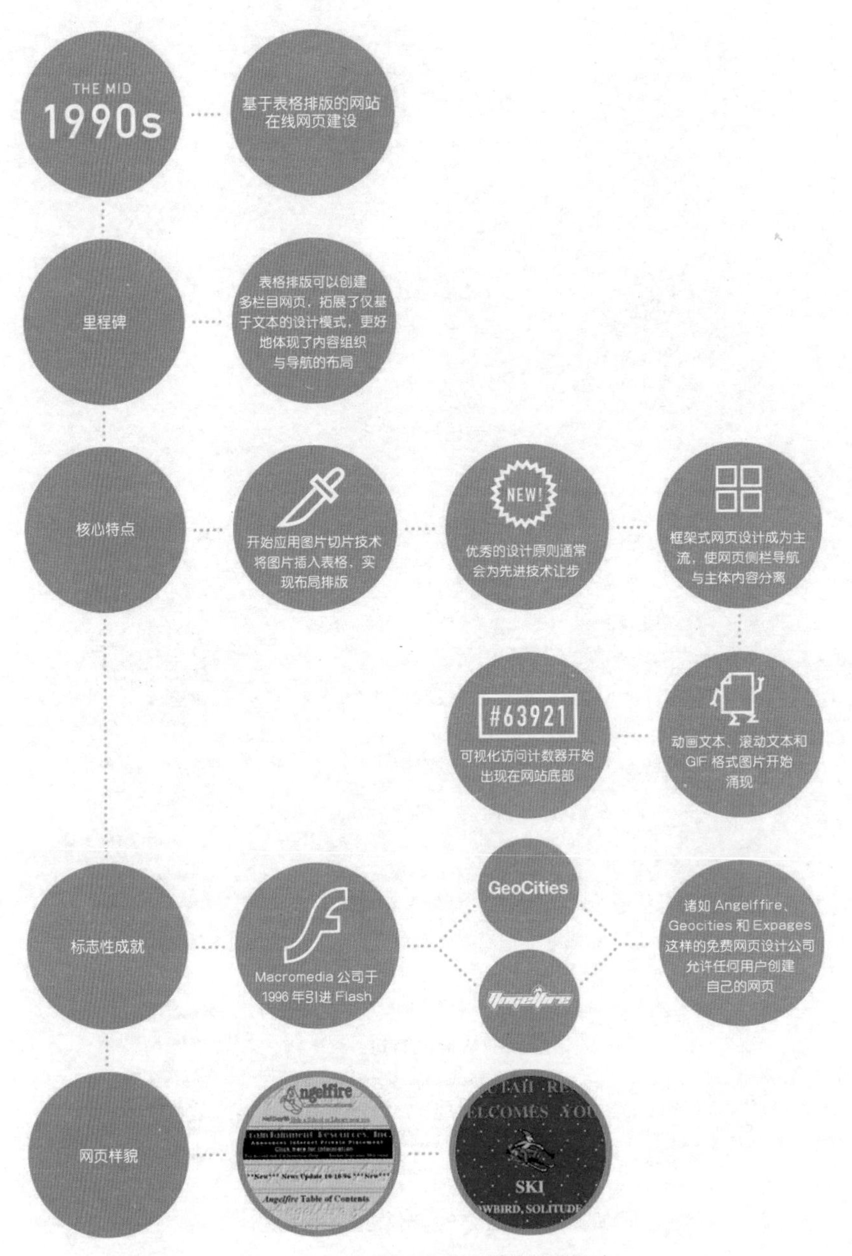

图 1-5　20 世纪 90 年代中期的网页设计

1.2.4　20 世纪 90 年代后期：Flash 技术的崛起

Flash（最初被称为 FutureSplash Animator，然后是 Macromedia Flash，现在叫作 Adobe Flash）开发于 1996 年，起初只有非常基础的工具与时间线，最终发展成能够开发整套网站的强大工具。Flash 提供了大量的、远远超过 HTML 所能够实现的视觉表现效果。通过 Flash 技术，可以轻松地实现互动的多媒体动画效果，迅速吸引了设计师的眼球，设计师们纷纷投入 Flash 的制作中，无论是 Flash 制作的站点入口动画，还是 Flash 制作的动态特效导航，都是设计师们急欲展现自身设计实力的战场。同时 PHP 语言因为其优秀的性能和跨平台特性，成为后台程序员的最爱。20 世纪 90 年代后期的网页设计如图 1-6 所示。

图 1-6　20 世纪 90 年代后期的网页设计

1.2.5　21 世纪千禧年：CSS 的盛行

1．DHTML 动态 HTML 的应用

在 Flash 初次涉足网页设计领域的同一时期（20 世纪 90 年代末至 21 世纪初），由几种网络技术（如 JavaScript 和一些服务器端脚本语言）组成的用于创作互动、动画页面元素的 DHTML

技术的推广，也在如火如荼地进行中。这时，随着 Flash 的发展和 DHTML 的普及，不只是阅读静态内容，允许用户与网页内容产生互动的交互式页面诞生了。

2．基于 CSS 的设计

CSS 设计受到关注始于 21 世纪初。虽然 CSS 已经存在很长一段时间了，但是在当时仍然缺乏主流浏览器的支持，并且许多设计师对它很是陌生，甚至感到恐惧。不过与表格布局和 Flash 整站网页相比，CSS 有许多优势。例如，它可将网页的样式与内容分离，这从本质上意味着视觉表现与内容结构的分离，让设计师和程序员得以更好地协作与沟通；同时 CSS 的应用避免了 HTML 标记的混乱，创造了简洁而语义化的网页布局；它还使得网站维护更加简便，因为结构与样式分离，人们完全可以改变页面的视觉效果而不用去改动网站的内容和 HTML 代码；另外 CSS 设计的网页的文件体积往往小于基于表格布局的网页，这也意味着页面的响应时间得到了改善。总之，与 CSS 相比，表格布局根本不值一提。21 世纪千禧年的网页设计如图 1-7 所示。

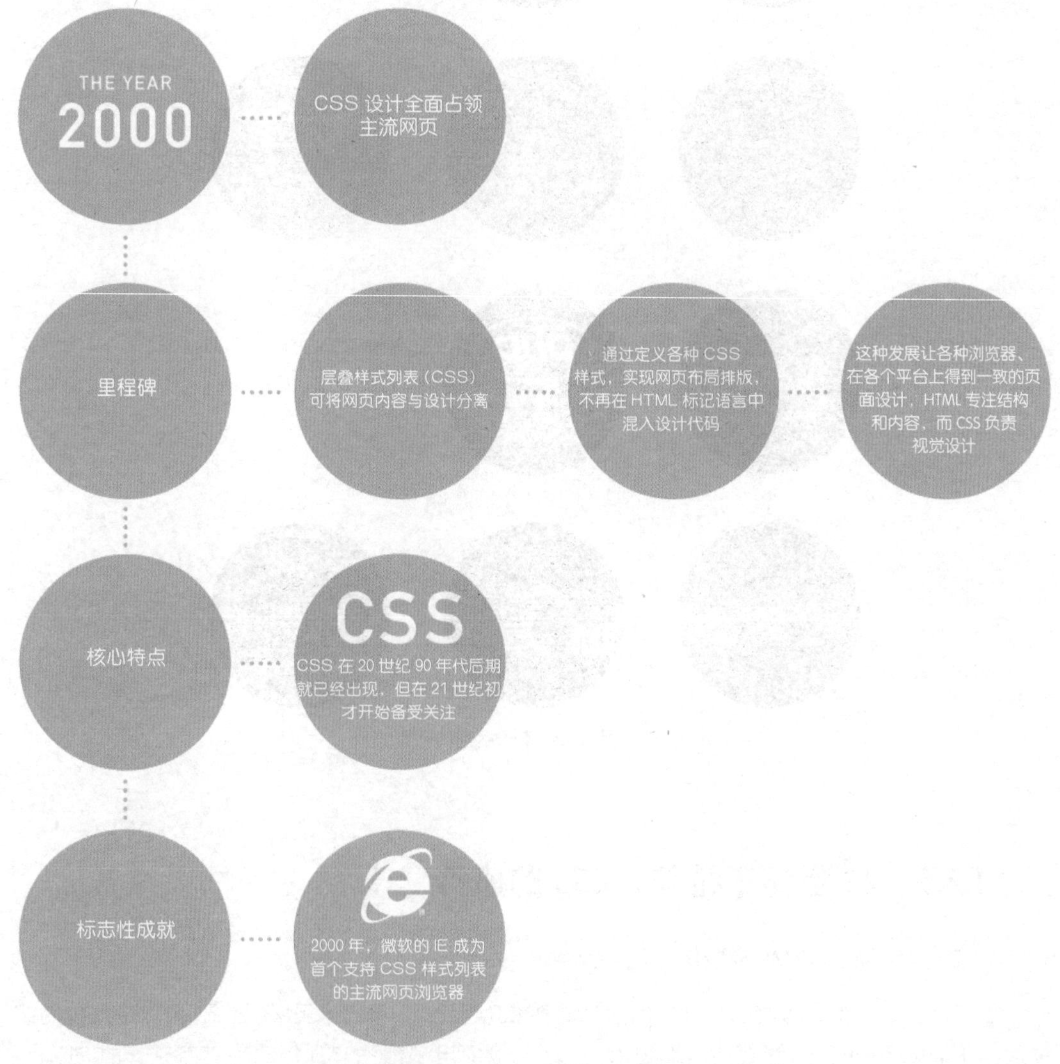

图 1-7　21 世纪千禧年的网页设计

1.2.6　21 世纪 00 年代初期：JavaScript 异军突起

JavaScript 能够在不使用 Flash 的情况下做出动态和互动效果，特别是一些前端表单的反馈通常都是由 JavaScript 来完成的，JavaScript 可以更好地和 HTML 代码整合应用。这一时期网页设计师们不约而同地将导航栏置于页面顶端，而下拉菜单成为主流设计，如图 1-8 所示。

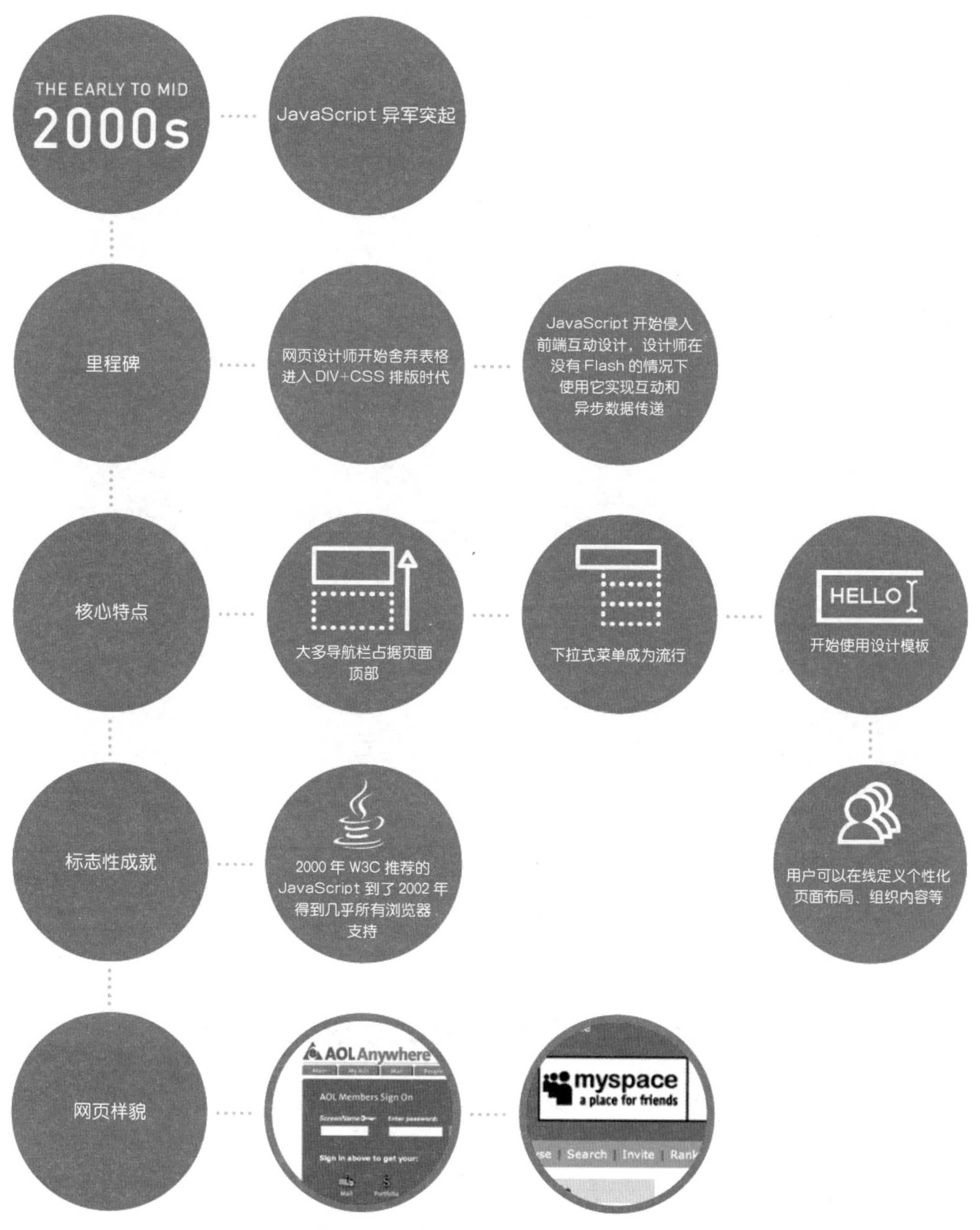

图 1-8　21 世纪 00 年代初期的网页设计

1.2.7 21 世纪 00 年代中期：语义型网页概念的诞生

为了使机器也能够理解网页的内容，从而更方便信息的查找、搜索和整合，语义型网页的概念诞生。虽然对于设计外观来说影响不大，但对于互联网的成长却有举足轻重的深远影响，Meta Data、RDF、XML 等都是这一时期的重要成果，如图 1-9 所示。

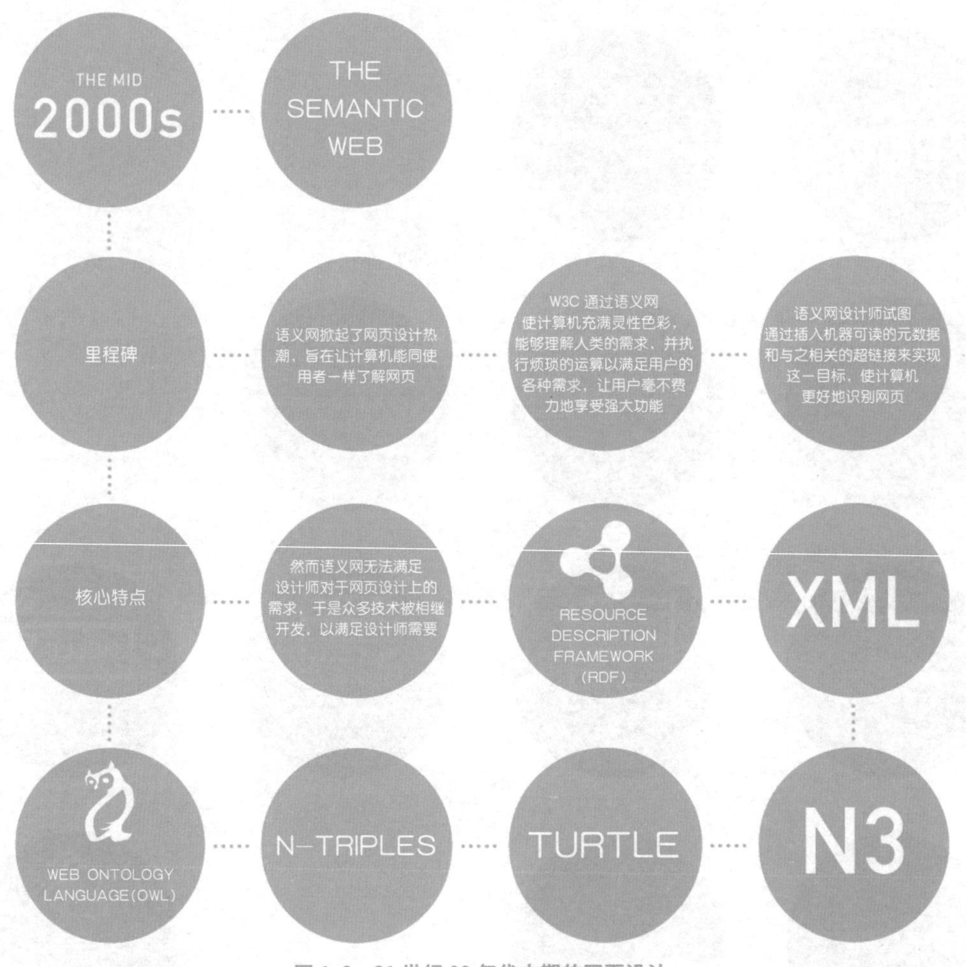

图 1-9 21 世纪 00 年代中期的网页设计

1.2.8 21 世纪 00 年代后期：Web2.0 时代的来临

Web2.0 更重视网页与用户之间的互动，用户既是网站内容的浏览者，也是网站内容的创作者。在模式上由单纯的“读”向“写”以及“共同建设”发展，由被动地接收互联网信息向主动创造互联网信息发展，从而更加人性化。

Web2.0 强调去中心化，开放、共享成为其显著特征。具体来说，主要有以下特点。

（1）用户分享：在 Web2.0 模式下，可以不受时间和地域的限制，用户可以得到自己需要的信息，也可以发布自己的观点。

（2）信息聚合：信息在网络上会不断积累，且不会丢失。

（3）以兴趣为聚合点的社群：在 Web2.0 模式下，聚集的是对某个或者某些问题感兴趣的群体，可以说，在无形中已经产生了细分市场。

（4）开放的平台，活跃的用户：平台对于用户来说是开放的，而且用户因为兴趣而保持比较高的忠诚度，他们会积极地参与其中。

同时，异步的 JavaScript、XML（AJAX）技术逐渐涌现，AJAX 是一种用于创建快速动态网页的技术，其能够顺畅地执行于客户端平台，在页面不需要刷新和跳转的情况下，更替数据内容。注意，AJAX 并不是一种新的编程语言，而是一种用于创建更好、更快以及更强交互性的 Web 应用程序技术。21 世纪 00 年代后期的网页设计如图 1-10 所示。

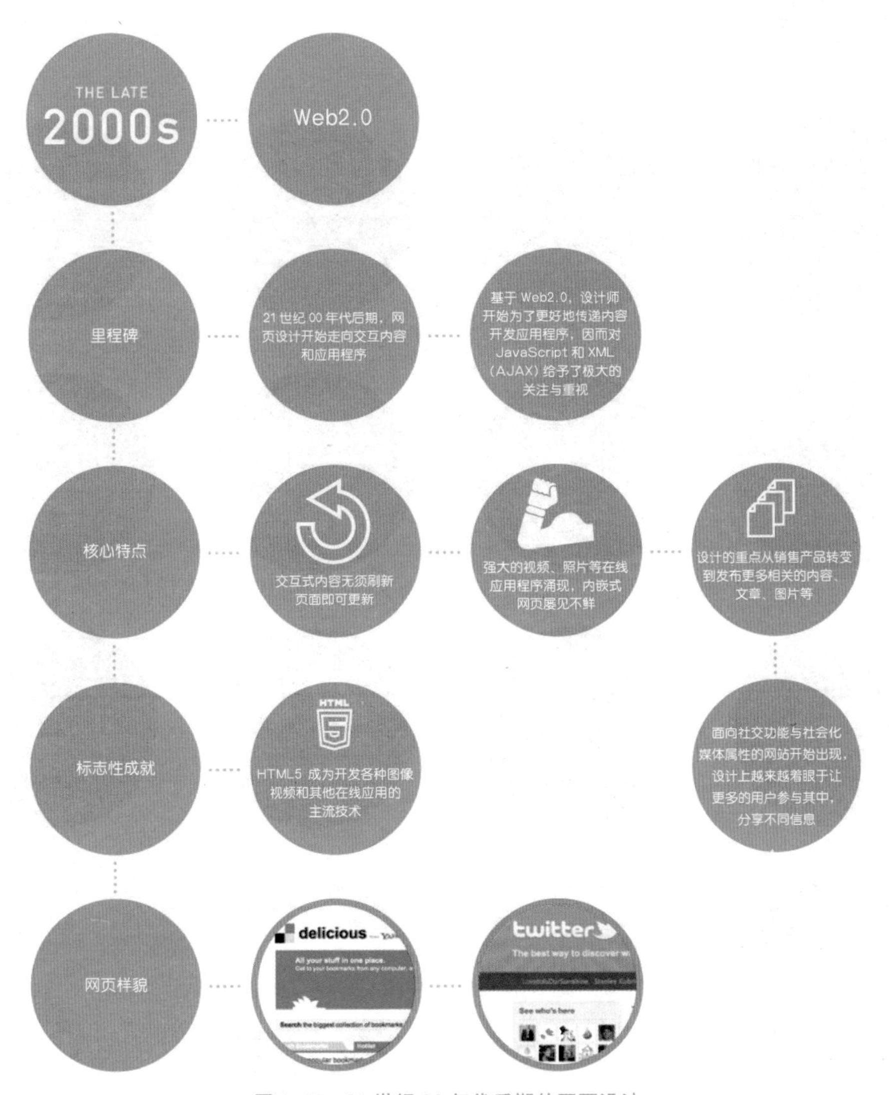

图 1-10　21 世纪 00 年代后期的网页设计

1.2.9　当今：移动终端网页的风靡

2008 年，移动设备开始具有上网功能，设计师开始思考如何让移动终端用户也可以舒适地浏览网页信息，但当时大部分网站都未将移动终端网页设计视为设计重心。随着移动设备上网的普及度急速攀升，设计者也开始迎合移动终端用户的需求和习惯，响应式网页设计的概念油然而生。例如，将最关键的信息最大化地置于有限的画面幅面中，网页版型设计以长形为主，以利于移动终端用户观看到更完整的内容，如图 1-11 所示。

图 1-11　当今移动终端网页风靡

1.3 网页设计总则

知识要点

- 以用户为中心的设计
- 形式与功能上的平衡
- 网页的执行效率
- 标准与创新的相互作用与影响

谈到网页设计，在团队协作的工作过程中，不同的人群会坚持不同的设计原则。这里讨论的原则可以说是普遍的核心问题，是一种设计总则。这些问题总是在设计师和外部的客户之间、设计师和内部的创作团队之间热烈地争论着，例如设计师试图说服客户接受特定的设计或者多媒体应用，又或者设计师与公司市场部门、信息技术部门之间进行理想和现实的博弈等。

当然这些争论和博弈不可能有一个标准答案去统一应对，但这里谈到的设计原则至少可以为读者将来工作中要面临的问题提供一定的方法和指引。不过请注意，根据项目和情况的不同，解决方案也应不同，需要灵活运用。总而言之，接下来将主要围绕以下几个方面展开设计总原则的探讨。

> 以用户为中心的设计（设计师的创意对弈用户的需求）

> 在设计形式和实用功能上的平衡取舍（技术与艺术的平衡）

> 设计的质量与执行效率

> 标准与创新之间的相互作用与影响

1.3.1 以用户为中心的设计

网页设计似乎是设计师专职范围内的事务，设计师和其创意是主体，所以很多网页设计都是根据设计师自己的创作需求和想法来设计的，而并非用户真正的切实需求。这导致很多设计师闭门造车，脱离实际用户，总是设想着用户有这样或那样的需求。这种本末倒置的错误非常常见，因此请一定注意正确的设计原则应该是：

坚持以用户为中心的设计原则！

要做到坚持以用户为中心的设计，首先要明确一点：设计师不是用户，设计师理解的并不代表用户同样能理解。设计师精通网页设计和技术，清楚地知道目标信息在哪里，如何安装插件观看特定的多媒体素材，如何调整最佳屏幕分辨率以适合页面的阅读，在遇到页面问题时也知道如何设置浏览器参数以解决问题。

当设计师围绕自己的视觉语言和技能级别来设计网页时，往往会让用户感到非常困惑。设计师应该接受的现实是，用户并不会、也不需要去学习掌握设计师具有的站点知识，用户的兴趣点与设计师很可能是完全不同的。请真正关注用户的兴趣点和追求目标，按照用户的思维模式和想法去设想和创意。注意，设计师不是在一厢情愿地创作个人作品，而是满足需求，并且应当是用户的需求，这才是坚持以用户为中心的设计原则首先该做的。

其次要明确，用户不是设计师。既然用户不是设计师，那么请允许他们感到困惑甚至是犯错，并随时提供清晰的提示或解决方案来帮助他们。虽然用户可能每天访问大量的网站，但那也不代表他们就能设计网站，懂得网站技术，这就好比不可能让看过一堆电影的观众，直接去当电影导演一样。用户不会仔细思考、洞察网页上的各项功能或者组件，更何况他们总有那么多不切实际的需求和期望，不会像设计师的思维模式那样，严谨地去思考。

总而言之，网页设计的首要制胜之道就是始终从用户的角度去思考。有效地设计应是让设计师总是把用户放在第一位，恪守以用户为中心的理念。

不过，怎么去定义这个用户呢？什么又属于标准用户呢？设备终端的平均值该怎么去考虑呢？也许这些问题没有一个绝对答案，但确实有一些因素是值得设计师去考虑的，例如响应时间、客户端设备内存大小、媒体格式的兼容性、屏幕分辨率、设备型号和其他的硬件因素等。另外，还可以包括对用户认知方面能力的考虑。通过考查用户认知科学、心理学方面，可以帮助设计师理解基础用户的能力。需要注意的是，这些用户可能有相同的特性，同样也有不同的个性。站点是为大部分用户设计打造的，而不是全部用户，资深用户可能发现站点的限制，而初级用户则可能很难发现，网站设计应该首先考虑用户的共性，同时也关注用户的差异。综上所述，以用户为中心的设计的具体宗旨是：

为大部分用户设计，同时也考虑差异化。

1.3.2 形式与功能的平衡

网页设计中另一个常见的重要问题是：没有恰当地平衡形式和功能之间的关系。值得庆幸的是，在现代主义设计思潮的影响下，形式独统天下的局面已经得到很大的改观，越来越多的设计师认识到形式也应该遵循功能，不仅认为形式是设计网站的基石，同时也认识到与功能相辅相成的重要性。

试想一个网页设计在形式上虽然非常新颖、华丽，但是其功能却非常有限，用户不免会觉得失望；同样，功能没有形式的点缀，也将显得非常乏味，虽然网站能够正常地工作，但是却丝毫不能吸引和激发用户。所以在形式与功能之间需要始终保持一种平衡关系。

总而言之，一个站点的形式应该符合其风格定位，直接体现主旨目的。如果站点是面向市场的商业网站，应注重视觉化，包含多种媒体元素，以实现丰富的富媒体设计，帮助企业吸引用户达到预期的商业目标；如果站点是基于某种任务的，例如在线银行系统，设计上则应注重功能，形式设计会依据功利性原则做一定的妥协和让步，毕竟稳定性和安全性是首要考虑的因素。不过，当前很多网站在形式和功能之间的关系上仍然没有清晰的权衡、定义，很多优秀的功能并没有被清晰地传达和告知用户，有的甚至被一些华丽的按钮、导航、装饰所掩盖或者破坏，因此请牢记正确的设计原则应该是：

确保视觉设计和站点功能紧密相连！

其实，平衡形式和功能的关系并不难，而事实上两者也并没有那么大的分歧。形式和功能并不总是打架，很多时候它们是相得益彰的，一个漂亮的页面设计能让功能更方便、更友好，而优秀的功能则会弥补外观、设计感觉上的不足。需要注意的是，为一个站点确定适当的形式，需要先对该网站有明确的功能定义。

经验丰富的设计师了解这种平衡，并通过实践经验进行整体设计，集成站点设计的各个原则，这种整体考虑和设计往往比页面上一个亮点的设计要有价值得多。事实上，真正区分网页设计师和网页制作员的关键，不仅是前者的设计能力要优秀，更体现在如何对项目进行整体设计上。正确考虑各个设计因素的同时，要为页面注入额外的生命力。

1.3.3 网页的执行效率

网页设计已经进入一个富媒体时代，各种技术和多媒体元素充斥在网页设计中，如HTML、XHTML、DHTML、CSS、JavaScript、XML、AJAX、Flash、Flash Video（FLV）、MP3、MP4、Silverlight、Java、ActiveX等。但是，各种浏览器的兼容性问题，服务器和客户端功能的支持问题，跨平台、跨设备带来的各种问题，让这些技术应用变得不稳定，各种毛病层出不穷。新技术可谓一把双刃剑，一方面带来用户全方位、全媒体的丰富体验，另一方面也带来诸多困扰和信息传播、接收障碍。影响用户体验的问题，从简单的输入反馈问题到重大的数据结构问题，都会导致网页的执行效率和可用性大大降低。

因此，判断一个网页设计是否优秀还要看其是否有用，是否可用，以及是否没有错误，让人愉悦。也就是说，网页设计优秀意味着浏览该网页的过程中不会出现中断现象，HTML代码准确无误，图片等素材没有缺失，在跨平台、跨设备时，页面布局与设计师当初的设计意图一致；任何互动元素，无论是客户端的JavaScript脚本还是服务器端的CGI程序，其功能都能正常作用，没有错误和Bug；网站的导航在任何位置都能正常工作，断开的超链接或者再熟悉不过的404错误（找不到文档错误）也不会出现等。总而言之，错误应该是可控的，要是出现错误的话，也应该以友好、优雅的方式出现，并明确地提出解决方案等信息。这种高效的执行效率应当是优秀网页设计的必备条件之一，而现在太多的站点暴露的执行问题，恰恰就是设计师的疏忽所导致的。所以在这一方面，正确的设计原则应该是：

一个网站的执行效率必须接近完美！

那么为什么网页执行问题在网站设计过程中屡见不鲜呢？原因非常简单：网页设计是一个新兴产业，并且其标准在不断变化和发展中，当前先进的网页设计技术过几年可能就会产生本质的不同，发展速度可谓日新月异，加上大部分的网页设计师都没有计算机专业背景，没有学习过系统的网络、程序、超链接理论以及认知科学，导致网站生产质量的降低；某些转业过来的传统平面设计师们甚至忽略了网页媒体设计的内在差异，没有意识到新兴网络媒体与传统媒体本质不同的解决办法，例如色彩再现差异、带宽限制、设备兼容之类的问题等；这些忽视了网页设计技术特质的网页设计师，就像没意识到印刷技术特质带来的桌面出版问题的平面设计师一样，即使设计眼光再独到，创意再新颖，其浑身解数也施展不开。因此，优秀的网页设计师必须懂得并尊重媒介和技术，包括浏览器、带宽、程序和协议等。

请了解、尊重网页和互联网媒介的限制！

虽然学习新的技术总是需要占用一些时间和精力，请大家不要气馁，学习的痛苦是短暂的，不学习的痛苦才是永恒的。即使不精通这些新技术也没关系，有时候只需要了解并判断是否应 用得当就可以了，以期和程序员、专家在协作时，能顺利沟通，并且不阻碍创意的发挥和设想的延展。

1.3.4 标准与创新的相互作用与影响

很多网页设计师觉得设计标准虽然促进了网页设计的一致性，但同时也大大扼杀了创新性。的确，严格遵循设计标准和模板，例如按照“顶部页眉、左侧边栏、底部页脚”的布局，采用把企业标志放置在网页左上角等方式，确实在一定程度上限制了页面设计的随意性和个性化。不过，这其实是设计师误解了这些标准和惯例约定的原因。打个传统出版物设计的比方，虽然可以设计出多边形幅面的书籍（少数书籍还真有这样设计的），但这会造成印刷成本上的浪费，以及尴尬的翻页方式和读者阅读习惯不适应等问题，因此设计多边形幅面书籍很可能是一个危险的主张。这就是为什么大多数书籍都是长方形或者正方形的，有固定的封面设计、标题页、目录页、章节模块等。这些标准就一定会束缚书籍的创意和设计吗？当然不会，大量的有现代感、极富创意的书籍设计仍有可能在这些既定的限制约束中产生。对于网页设计而言，同样是如此。因此推荐大家遵循的正确设计原则是：

恰当地遵循 GUI 设计原则和网页接口标准与规范！

软件界面中的图形用户界面（GUI）设计原则，深深地影响着网页用户页面设计，但是也浮现出一些新的创意规则。设计师要遵守导航类型、标准位置、颜色规范、交互方式之类的设计标准和原则，这些标准并不会限制创意和设计，它们只是简单地限制识别形式，以使用户不会觉得这个站点和之前访问过的网站完全不同而变得不知所措。

总之，以上探讨的这些设计原则虽然是一些通用的、总体的设计理论，但是将它们运用到一个实际的网站项目时，会变得非常具体化，严格遵循和灵活运用这些原则，将指导设计师实现更好的网页和交互设计。接下来，请看看具体的视觉设计又有哪些主要的原则需要去掌握和了解。

1.4 视觉设计主要原则

知识要点

- 主次！主次！还是主次！
- 平衡、对齐、对比、重复

前面谈到的是网页设计最基本的总则，下面来看看网页设计中最重要的几个视觉设计原则，例如主次、平衡、对齐、对比和重复等。

1.4.1 主次！主次！还是主次！

页面设计时，请一定审慎选择重要的信息，避免加上不必要的东西，混乱整洁的页面，扰乱主次关系。主次可以通过面积大小、疏密关系、色彩对比、动态区域等方式来区分，而简化也是突出主次关系行之有效的一种方法。请牢记：设计不是要放多少东西上去，而是反复抉择要拿掉哪些东西，始终维持清晰的视觉层次关系，让观众清晰地感受到哪个元素是第一眼冲击眼球的，哪个元素是第二眼才看到的，哪些元素是第三眼才发现的，哪些元素是需要几次观看后才察觉或感受到的，如图 1-12 所示。

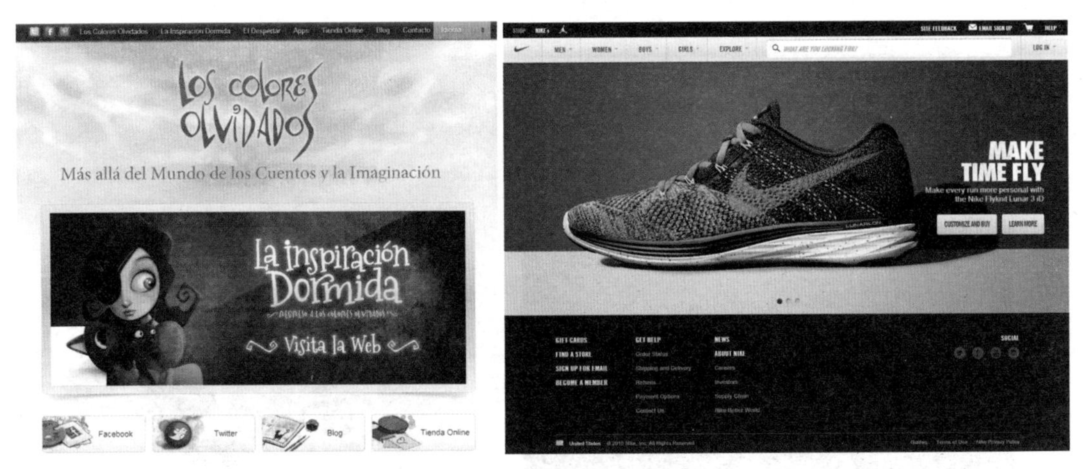

图 1-12 简洁而主次分明的主页设计

通过主次关系，可以突出画面重点，或者区分出意义重大的内容。为了实现这种画面元素的层级关系，首先需要分析网页中都有哪些内容元素，然后确定采用哪一种分级方式，最后根据此方式创作出有视觉重心、有视觉层次结构的设计。具体做法可以是在一张纸上先列举出页面将出现的所有元素，然后按照重要性来编号，设计时按照这一列表来安排权重及优先次序。无论是布局视觉重心、面积大小对比，还是色彩浓淡和纯度对比等，都依据列表中对象的重要性来取舍。这样做可避免元素之间的冲突，避免舍本逐末或者其他的视觉层次混乱。有意识地确定哪个对象是最重要的，哪个是次之的，哪个是再次的，以及哪个是最不重要的，总比心血来潮地听之任之要有章法得多，如果画面中什么都是重点，那么自然就不会有重点。

1.4.2 平衡

平衡原则主要考虑设计中的元素如何分布，以及它们与页面中视觉重量的整体布局有何关系。设计中的元素被集合到一起，就形成了视觉重量，设计时合理分配各元素的视觉重量，使作品不会看起来摇摇欲坠，往一边倾倒。维持好画面的平衡，会给设计的视觉稳定性带来相当大的影响。

为了达到设计的平衡，这些视觉重量在某一处集中时，一定要用一个分量相当且位置相对的方式来抵消，否则就会导致不稳定。虽然有时候失衡也是一种设计理念，但是平衡的画面设计更普遍。特别是在非个性化的商业设计中，平衡可传递给人一种稳定感，进而让信息更有条理，更有章法地呈现。

平衡的方式有两种，对称是最简单的平衡形式，不对称平衡通常通过不同视觉重量元素间的代替与补偿形成。下面具体来看这两种方式的定义。

■ **对称平衡**

当页面的设计关于某条轴线相互对应，并且轴线两边的视觉重量相同时，这就实现了对称平衡。在网页设计中，对称平衡通常指从中分开的左边和右边有着相等的视觉重量，如图 1-13 所示。

图 1-13　对称平衡设计范例

■ **不对称平衡**

当页面的视觉重量被均匀分布在画面四周，并无明显的中轴线，个体元素数量、面积、位置等并不相对应时，就形成了不对称平衡。不对称平衡貌似很复杂，简单地说，就是用不同视觉重量的元素之间的互补、牵制来实现整体画面的平衡，如图 1-14 所示。

图 1-14　不对称平衡设计范例

1.4.3　对齐

对齐是指以尽可能协调的方式将元素的自然边界排列整齐。页面中的各个元素，应注意对这种对应关系的查找，通过拉辅助线的方法校验，从而得到一种关系次序，这些对齐了的元素将统一成一个更大的整体。通常设计软件中的网格功能会帮助我们快速实现对齐的布局操作，如图 1-15 所示。

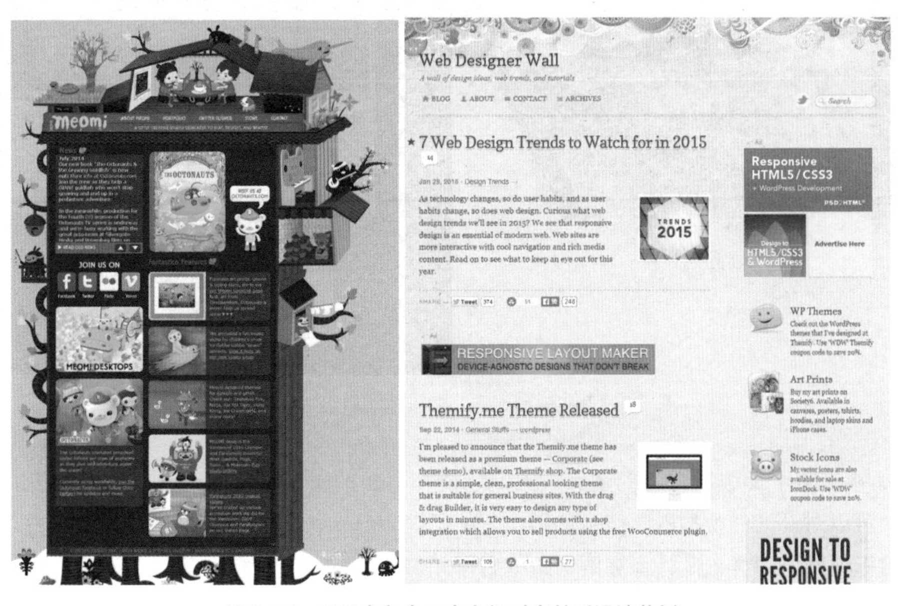

图 1-15　页面中各个元素之间对齐关系设计范例

没有对齐的元素看上去很分散，缺乏网页设计所追求的统一性。对齐的方法有很多，例如将并列两栏元素的顶部对齐，或者将自上而下排列的一系列元素的左边缘对齐等，这些都是明显的对齐范例。页面中也可以使用更微妙的对齐方式，来实现统一且令人满意的设计。

另外，网页设计要以“行”的概念去思考，使用 DIV + CSS 排版更需要注意对齐的原则。阅读到这里，读者可能暂时还体会不到这些，没关系，在后面的章节中我们将深入地学习。

总而言之，要多在诸如 Photoshop 这样的页面设计软件中拉辅助线，或者通过对齐工具对齐对象，稳定布局，让各个元素之间找到依存关系。

1.4.4 对比

对比是让两个或多个元素之间产生明显的视觉差异的一种设计方法。具有强烈对比的元素是截然不同、容易区分的，而仅有弱对比的元素是相似且难以区分的。设计师可以巧妙地利用颜色对比、亮度对比、纯度对比、面积大小对比、长短方向对比、刚柔直曲对比、疏密组合对比、字体样式对比、字号大小对比等实现视觉差异化。

网页设计中的对比不仅能够给网站带来视觉上的变化，避免让人感到画面索然无味，还能帮助网站聚集焦点，解决突出某些元素作为重点的目的需求。对比可以对主次、视觉流次序、画面平衡以及其他设计原则产生影响，如图 1-16 所示。从这里也不难发现，这些视觉设计原则也是相互关联、互相影响的。

图 1-16　通过对比聚集焦点，突出主次层级关系的设计范例

对比常被用于加强所期望的重点，因此它能在页面的层次结构上产生最大的影响。通过这种方式，可以对设计的视觉秩序产生作用，它能迅速引起对关键元素的关注，例如内容、活动项目以及目标说明。同样，设计师需要仔细考虑网站的种种需求，这样才能有意识地运用对比来吸引用户关注某些元素。

1.4.5 重复

对于重复而言，我们重点关注的是设计中的元素该如何以不拘一格的方式多次出现。设计因包含重复而变得统一。重复的表现形式多种多样，包括颜色、形状、线条、字体、图像以及整体风格等。如果一个设计中缺少重复的元素，通常会给人缺乏统一性和衔接不紧密的感 觉，因此重复也是一个必不可少的设计原则，如图 1-17 所示。

图 1-17 将列表通过重复设计变成统一整体

重复的一个巨大好处就是可预测性。如果网站以统一的方式来展现各个关键元素，那么用户一看到熟悉的样式，就知道其代表的含义是什么。如果一个网站没有统一的基本形式，每个子页面展现的都是不同的模板，那么这个网站就不具备视觉连续性。

1.5 当前流行的网页设计方法和软件

知识要点

- 概念原型设计
- 界面设计
- 客户端互动网页设计
- 服务器端相关程序语言

1.5.1 概念原型设计

Axure RP 是美国 Axure Software Solution 公司的旗舰产品，是一个专业的快速原型设计工具，让负责定义需求和规格、设计功能和界面的专家能够快速地创建应用软件或 Web 网站的线框图、流程图、原型及规格说明文档。作为专业的原型设计工具，它能快速、高效地创建原型，同时支持多人协作设计和版本控制管理等，如图 1-18 所示。

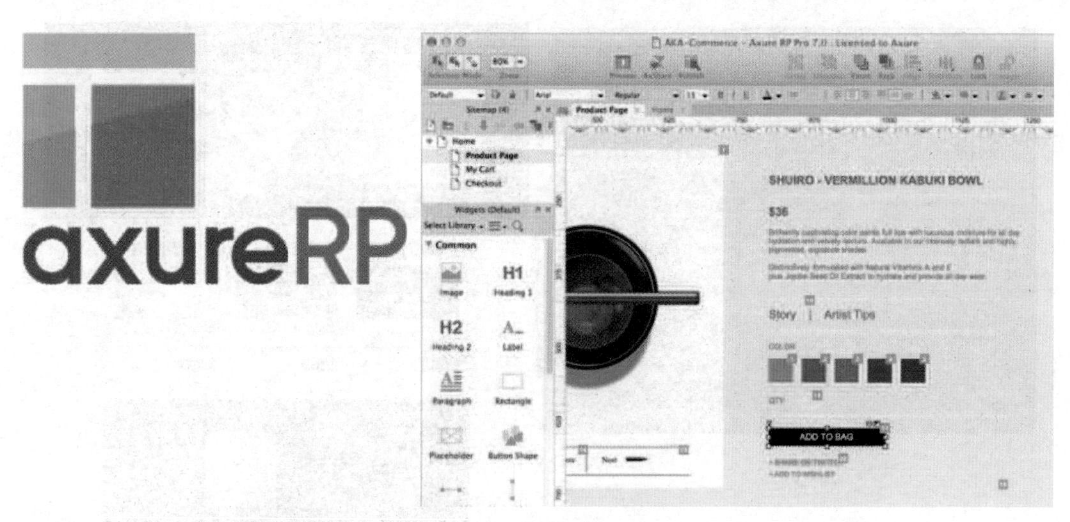

图 1-18 Axure RP 原型设计工具的图标和界面

Axure RP 是比较老牌的概念原型设计软件了，新兴的类似软件还有 Adobe XD、Sketch、Principle、Webflow 等。其中特别值得一提的是 Adobe XD 软件，它不仅可以实现简单、静态的原型设计，对于界面互动和动效的设计也非常优秀，值得大家学习和掌握。

1.5.2 界面设计

Adobe Photoshop 是美国 Adobe（奥多比）公司开发的一款元老级、综合性的图像处理软件，其操作界面如图 1-19 所示。其早期版本仅针对 DTP（Desk Top Publishing）桌面出版与平面设计行业，后为了适应新媒体设计发展的需要，软件逐渐开始支持网页设计、视频影像、数字绘画、三维动画等行业。在互动设计流程中，通过 Photoshop 可以轻松地设计出精美的界面，并最终实现切片和输出等。

Adobe Illustrator 是一款面向出版行业，功能非常强大的矢量图形软件，同样面向新媒体、互动多媒体、网页和界面设计，有着极具特色的新媒体设计功能，其操作界面如图 1-20 所示。无论是插画设计师、平面设计师、多媒体影像艺术设计师，还是互联网网页或在线内容设计师，Illustrator 对于他们来讲，是一款不可或缺的强大的矢量绘制和界面设计利器。

图 1-19　图像处理软件 Photoshop 的界面展示

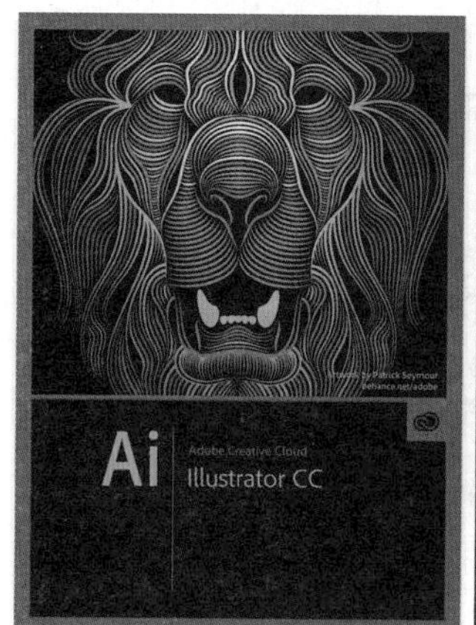

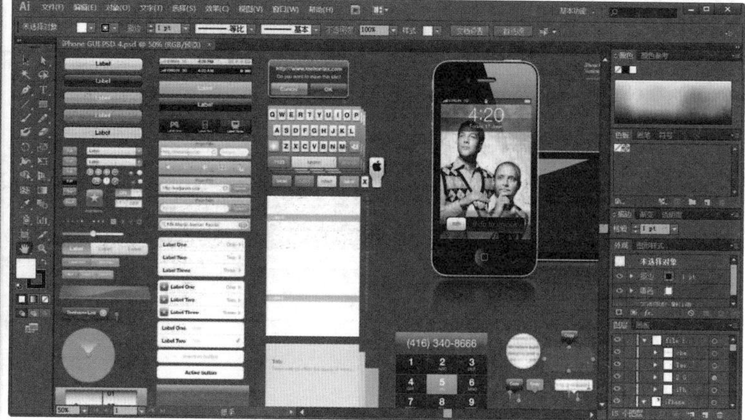

图 1-20　矢量图形处理软件 Illustrator 的界面展示

Adobe Fireworks 是 Adobe 推出的一款可快速创建、优化网页和多媒体界面原型设计的工具软件，其操作界面如图 1-21 所示。它不仅具备编辑矢量图形与位图图像的能力，还提供了一系列网页设计、界面设计专属的主页功能、状态功能等，并拥有资源库，方便素材的管理和重复应用。

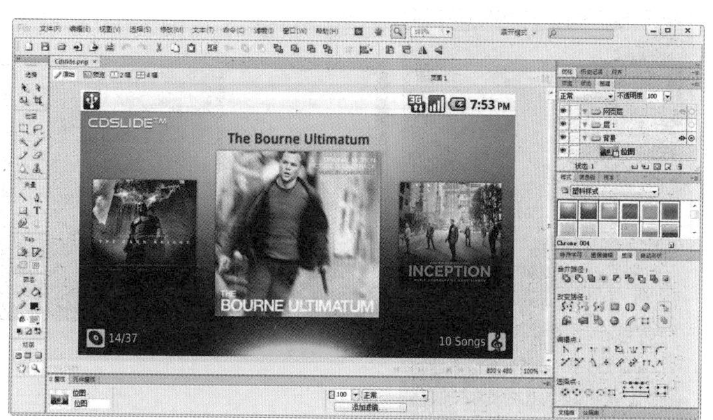

图 1-21　网页和多媒体界面设计软件 Fireworks 的界面展示

1.5.3 客户端互动网页设计

Adobe Dreamweaver 是一款集网页前端设计制作、后台程序开发、站点管理和协作开发于一体的“所见即所得”的网站开发编创软件，其操作界面如图 1-22 所示。Dreamweaver 具有强大的站点管理 功能，内置 FTP 软件，可以直接上传网页；采用“所见即所得”的页面编辑方式；支持可视化编辑 Styles Sheet 样式列表，页面效果丰富；支持 Layer 层，并可使用 Timeline（时间轴）制作动态网页；内置 Behavior JavaScript 行为，为网页增加交互功能；提供模板和库，可加速页面的生成和制作；支持外部插件，提供无限的扩展功能等。

图 1-22 网页设计和制作软件 Dreamweaver 的界面展示

Adobe Flash 是一款集动画创作与应用程序开发于一身的多媒体互动创作软件，操作界面如图 1-23 所示。它为创建数字动画、交互式 Web 站点、桌面应用程序以及手机应用程序开发提供了功能全面的创作和编辑环境。Flash 包含丰富的图形图像、文本、动画、视频、音频等多媒体素材，通过 ActionScript3.0 脚本实现简单或复杂的逻辑程序，创建各种在线、离线、跨平台、跨设备的互动游戏，多媒体演示文稿，应用程序，以及介于它们之间的任何新媒体内容。

图 1-23 动画、互动设计和制作软件 Flash 的界面展示

不过，现在其最新的版本已经更名为 Adobe Animate CC，由于 Flash 已经逐渐在网络和移动终端浏览器中被淘汰、停用，新版本的 Animate 开始转型支持 HTML5 的 Canvas 互动动画的设计与开发，逐渐代替了传统的 Flash 格式。

1.5.4 服务器端相关程序语言

无论是互动页面设计，还是互动网站设计，都免不了要和服务器端的后台程序语言打交道。所谓服务器端后台程序语言，就是在远程服务器上运行的逻辑脚本语言。简单地讲，它是根据用户提供的参数做判断，筛选并传送个性化的需求数据到各个用户端的一种脚本语言。前端互动设计师虽然不一定要对这些技术和脚本语言深究，但至少应该熟悉这些名词，了解简单的原理等。最常用的服务器端后台程序语言有 PHP、Java、ASP、ASP.NET 等。

其中需要特别注意的是，这里谈到的 Java 不是 JavaScript，虽然两者的名称很像，缩写也很像（Java 的缩写是 jsp，JavaScript 的缩写是 js），但是 Java 是运行在服务器上的后端程序脚本语言，而 JavaScript 是运行在用户设备或浏览器上的前端程序脚本语言。

由于本书作者能力和篇幅限制等原因，不能全方位地介绍网站开发前端及后台的所有层面，尤其是关于后台程序语言的介绍，仅能做走马观花式地轻描淡写，对这方面有兴趣的读者请查阅其他书籍。本书的重点放在前端互动页面的设计和制作上，敬请谅解。

到这里，对于互动网页设计的背景知识也介绍得差不多了，接下来将以实例的方式，带着大家由浅入深地逐步步入从静态的界面设计到交互式的网页制作流程的实操训练。

Dw

第 2 章

从平面设计到网页设计

2.1 Keepwalk 教学网站切图设计实例

知识要点

- 切图的指导依据和原则
- 自动切图的快捷和自定义切图的自由
- 切图层次带来的问题与解决方案
- 如何组合、拆分切图
- 使用合理规范的命名来提高工作效率
- 切图类型的自由转换
- 图片质量和格式的设定
- 页面输出的方法与问题

2.1.1 根据内容结构和功能分区规划页面

网页不可能由一张完整的图片构成，那样一方面文件量会非常大，不利于网络的传输，另一方面也无法发挥出文字、图片、动画、视频等多媒体元素各自的优点，无法使其合理地融入页面中，也无法给用户带来全方位的信息体验。同时，页面会变得死板，无法更新，缺少动态内容，无法实现丰富的超链接、互动与交互，更不能实现各种屏幕大小的自适应排版等。

所以，设计师需要通过 Photoshop 或 Fireworks 之类的软件，将网页的平面设计稿进行模块化、结构化、功能化的切割，输出多张不同格式的图片，然后再用 Dreamweaver 软件，通过 HTML 中的 DIV + CSS 方式实现布局排版，完成网页设计的图文混排等。

那么，切图的依据和原则都有哪些呢？根据工作规范，主要可以分为以下 4 点。

（1）根据页面内容、结构进行规划和切图。

网页布局一般包含页眉、内容、边栏、页脚等部分，读者请尽量用“行”的概念去思考。

> 第一行：header“页眉”（一般包含主导航和 Banner 条之类）；

> 第二行：sidebar“边栏”（一般是二级导航之类）和 contents“内容”（具体内容部分）；

> 第三行：footer“页脚”（一般是版权信息和其他超链接信息之类），如图 2-1 所示。当然，

各个部分里面可以包含具体的内容，同样请用“行”的概念去思考对待。

图 2-1　常用页面的布局结构

（2）根据功能需要进行切图。

依据页面中哪些部分作为背景处理，哪些部分是按钮，哪些部分是表格，哪些部分将来会插入动画或者视频等来进行切图，如图 2-2 所示。

图 2-2　根据功能切图示范

提示

根据按钮菜单来切图，虚线框出来的就是按钮切图依据。

（3）根据哪些元素可以使用 HTML 标签、可编辑纯文本或者以 CSS 样式实现，哪些必须以图片方式实现来进行切图。

特别需要注意的是，如果在页面中使用特殊字体的文本作为标题和装饰，而不是电脑系统中通用的字体（例如黑体、楷体、宋体之类），那么这些文本需要以图片的方式去存储和输出，如图 2-3 所示。

汉仪大宋特殊字体

VRay 是业界最受欢迎的渲染引擎。基于 VRay 2021 内核开发的有 VRay for 3ds max、Mayaa、Sketchup 2021、Rhino 7、CINEMA 4D 等诸多版本，为不同领域的优秀 3D 建模软件提供了高质量的图片和动画渲染。除此之外，VRay 也可以提供单独的渲染程序，方便使用者渲染各种图片。VRay 渲染器提供了一种特殊的材质 —— Vray Mtl。在场景中使用该材质能够获得更加准确的物理照明，更快的渲染，反射和折射参数调节更方便。使用 Vray Mtl，你可以应用不同的纹理贴图，控制其反射和折射，增加凹凸贴图和置换贴图，强制直接全局照明计算，选择用于材质的 BRDF。

VRay 渲染器具有 3 种版本，分别是 Basic 版本、Advanced 版本和 Demo 版本。
Basic 版：提供了基本的功能，价格比较低，适合学生和艺术爱好者使用。
Advanced 版：除具有 Basic 版本所有功能外，还包含几种特殊功能，适合专业人员。
Demo 版：演示版本，会在渲染的图像上添加水印。

READ MORE +

图 2-3 根据字体切图示范

提示

网页设计中标题为特殊字体，需要用图片方式呈现；正文段落为普通宋体，是每个操作系统都有的自带字体，因此适合用纯文本方式，而不用图片方式。

（4）根据图像适合存储的方式进行切图。

为了得到最小的文件量，可以根据视觉画面需要，将图片存储为不同的格式，例如 JPG、GIF、PNG 这 3 种。简单来说，JPG 格式适合存储面积较大、画面细节层次丰富的照片质量级别的影像；GIF 图片格式适合存储简单的图形或者色块、不复杂的纯色渐变甚至简单小动画之类的影像；而 PNG 格式图片适合存储含有半透明及异形外观的影像，如图 2-4 所示。

图 2-4 根据图像特点切图示范

提示

根据图片格式特点和画面画质特点，图 2-4 中，① 适合 PNG 格式，因为标志图标是圆形，文本是特殊字体，异形透明方式更容易和各种背景混色合成；② 适合 GIF 格式，因为导航按钮面积小，且只有简单渐变色块和特殊字体；③ 适合 JPG 格式，因为图片面积大，影像色彩丰富，细节丰富，要求是照片质量级别。

2.1.2 根据图层自动产生切片

到这里，相信切图的几个基本原则读者都已经掌握了，那么接下来进入实例部分，看看具体如何实现 Keepwalk 教学网站的切图操作。

（1）启动 Phtoshop 软件，选择“文件→打开”命令，打开“Chapter 2”文件夹下的“index_Start.psd”文档，如图 2-5 所示。

图 2-5 在 Photoshop 中打开网页设计稿“index_Start.psd”

（2）在“工具”面板中，单击“移动工具”，将对应快捷参数设置条中的第 3 个参数设置为“图层”，然后在按住 Ctrl 键的同时单击网页设计上的第一个按钮背景，实现“课程设置”按钮背景图层“btnBG1”的选择，如图 2-6 所示。

图 2-6 选择第一个按钮背景层“btnBG1”

（3）选择菜单“图层→新建基于图层的切片”命令，根据图层自动产生切片，如图 2-7 所示。

图 2-7　通过“新建基于图层的切片”命令进行自动切片

（4）为了更快捷，可以同时选择多个按钮背景图层，然后批量实现自动切片功能。具体操作是：确保在仍然激活“移动工具”的情况下，先只按 Ctrl 键的同时单击第二个按钮的背景，选择 btnBG2 图层，然后同时按 Shift + Ctrl 组合键，依次单击右边的另外 3 个按钮背景，实现这 4 个按钮背景图层的同时选择，选择菜单“图层→新建基于图层的切片”命令，实现批量自动切片，如图 2-8 所示。

图 2-8　完成各个按钮的自动切片

提示

这种自动切片的优势是：当这个图层大小发生变化时，切片范围会自动跟随变换，例如通过图层样式方法给某个按钮背景添加一个“投影”，此时切片范围会根据投影范围自动扩充大小，智能化且效率高。

2.1.3　用户自定义切片

根据图层自动产生切片虽然快捷、方便，却无法个性化调整切片边缘范围。可以通过两种方法来解决这一问题。第一种方法是使用“提升到用户切片”命令，将自动切片转化为“用户切片”，实现切片范围的自由调整；第二种方法是使用“切片工具”，自由地在画面中绘制切片范围。

方法一

（1）在“工具”面板中，单击“切片选择工具”，它和“裁剪工具”整合在一起，只需要在“裁剪工具”上长按鼠标左键，在弹出的工具菜单中即可实现选择。

（2）在网页设计稿上任意一个已经切片的按钮上单击，选择该切片，此时注意切片周围并没有可以调整大小的提示小方块，光标移动到切片边缘也不会出现可移动方向的图标提示，说明此时自动切片不可手动调整范围大小。然后右击，在弹出的快捷菜单中选择“提升到用户切片”命令，再在切片边缘单击，即可任意调整切片范围大小，实现用户自定义切片功能，如图 2-9 所示。

图 2-9　自如调整切片大小范围

（3）按 Ctrl + Z 组合键，撤销切片范围调整动作（本例中暂不破坏原有的切片效果）。

方法二

在“工具”面板中，选择“切片工具”，方法同选择“切片选择工具”类似，然后在网页设计稿中，以如图 2-10 的方式在 Banner 条图片上划定切片范围，实现用户自定义切片功能。

图 2-10　使用“切片工具”自行描绘切片范围

2.1.4　解决切片干扰混乱问题

有时因为切片操作的先后问题，后面做的切片会对之前生成的切片产生干扰和影响。可以通过提高被影响的切片层次，获得优先权，解决切片的干扰问题。为了尝试这种效果，将以前的两个按钮切片删除，然后再重新赋予，会发现对 Banner 条图片的切片产生了破坏，通过再次提升 Banner 条图片切片的层级，可修正问题。

（1）在“工具”面板中，单击“切片选择工具”，在网页设计稿中，单击第一个按钮切片，然后按 Shift 键，单击第二个按钮切片，实现两个切片的同时选择，然后通过 Delete 键删除这两个切片。

（2）在“工具”面板中，单击“移动工具”，在网页设计稿中，按住 Ctrl 键的同时单击第一个按钮背景，然后按住 Shift + Ctrl 组合键，单击第二个按钮背景，实现两个图层的同时选择。

（3）选择“图层→新建基于图层的切片”命令，再次创建自动切片，这时发现新添的这两个切片对 Banner 条图片切片产生了破坏性影响，将来输出的时候，下方的图片会被裁切成 3 段图片输出，这并不是期望的结果，如图 2-11 所示。

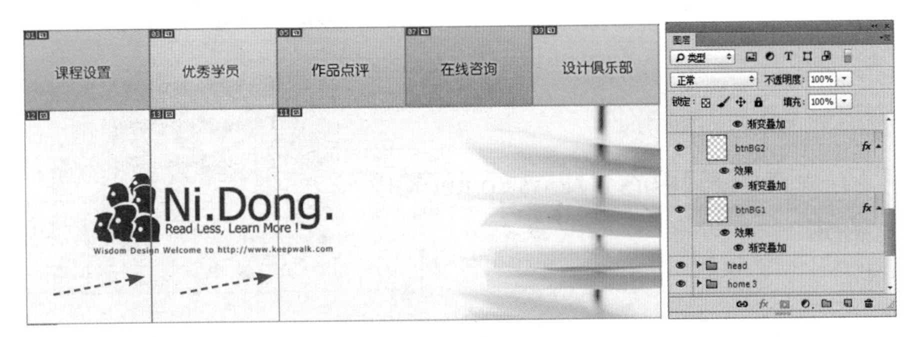

图 2-11　因为操作的前后步骤问题产生的切片干扰

（4）在“工具”面板中，单击“切片选择工具”，在网页设计稿中，右击 Banner 条切片，在弹出的快捷菜单中选择“置为顶层”命令，提升此切片的上下层级，获得优先权，即可修复 Banner 条图片被裁成 3 段的问题，如图 2-12 所示。

图 2-12　通过“置为顶层”命令获得切片优先权，修正干扰问题

2.1.5　组合与拆分切片

有时候设计标题是通过多个图层实现的，如果通过自动切片的方法，可能一个标题会被分别切片，如图 2-13 所示。当然可以通过“切片工具”自己手动切图，不过也可以使用别的更智能的方法来组合或者拆分这些切片。

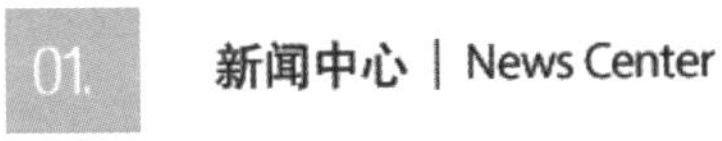

01. **新闻中心** | News Center

图 2-13　标题切片示范

提示

此标题由数字、数字背景、标题文本 3 个图层构成，自动切片时会至少产生两个切片。

（1）在“图层”面板中同时选择“新闻中心 | News Center”和“01 bg”图层，通过菜单“图层→新建基于图层的切片”命令实现自动切片。这时切片的类型是自动切片，无法改变大小，也无法将其组合，如图 2-14 所示。

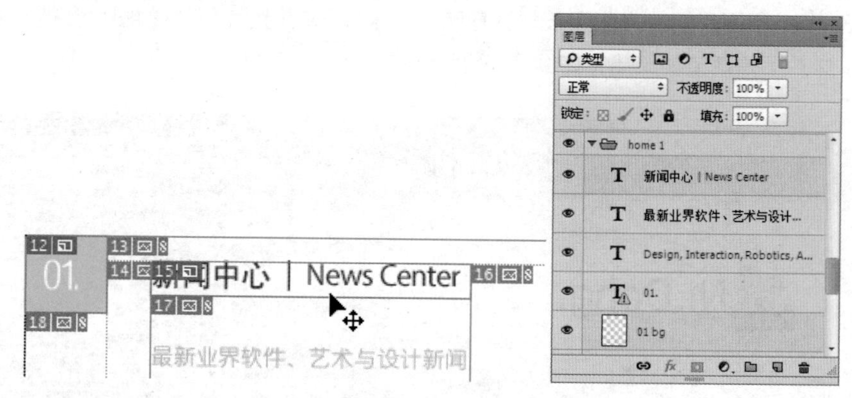

图 2-14　组合切片案例示范

提示

此标题产生了两个切片，应该对它们实现组合，以简化切片。

（2）在“工具”面板上，单击“切片选择工具”，同时选择刚刚创建的这两个切片，右击，在弹出的快捷菜单中选择“提升到用户切片”命令，然后再次右击，在弹出的快捷菜单中发现“组合切片”命令不再是灰色不可执行状态，因此选择此命令后，可实现两个切片的组合，如图 2-15 所示。

图 2-15　通过“组合切片”命令成功简化切片

通过对以上切片方法的学习，读者应该可以自如地创建自动切片和用户切片，实现删除切片、修正切片混乱问题、组合切片以及拆分切片等操作。拆分切片的操作方法和组合切片类似，只是命令不同，就不在这里赘述了。最终完成的切片效果如图 2-16 所示，也可打开“Chapter 2”文件夹下的“index_Final.psd”文档，查看最终完成效果。

图 2-16 本例中切片最终完成效果

2.1.6 切片属性和类型设定

切片分割完成后，接下来需要对各切片输出的图片文件名和切片类型等选项进行设定。打开“切片选项”对话框的方法有两种，一种是使用“切片选择工具”在目标切片上右击，在弹出的快捷菜单中选择“编辑切片选项”命令，如图 2-17 所示；另一种是使用“切片选择工具”，在按住 Alt 键的同时双击目标切片。

图 2-17 “切片选项”对话框

（1）请在上一个范例的基础上继续操作，在“工具”面板中，单击“切片选择工具”，按住 Alt 键的同时双击“课程设置”按钮切片，在弹出的“切片选项”对话框中，设置“名称”参数为“btnClass”，然后单击“确定”按钮完成操作，最终此按钮切片输出的图片文件名就是“btnClass”，如图 2-18 所示。

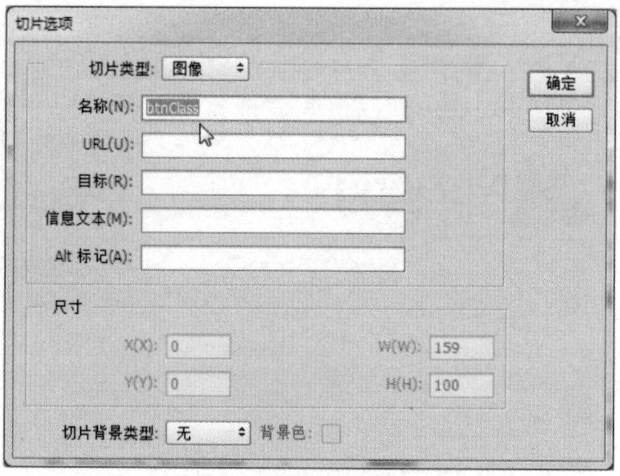

图 2-18　设置“名称”参数为“btnClass”

（2）用同样的方法，将“优秀学员”按钮切片的“名称”参数设置为“btnStudents”，“作品点评”按钮切片的“名称”参数设置为“btnWorks”，“在线咨询”按钮切片的“名称”参数设置为“btnOnline”，“设计俱乐部”按钮切片的“名称”参数设置为“btnClub”。

提示

将文件名都加上“btn”作为前缀的目的是：一方面“btn”其实是“button”按钮英文单词的缩写，表明了图片的用途性质；另一方面，在操作系统中以文件名排序时，这些按钮会在一起出现，方便以后的图片查找和应用。

另外，文件名命名的规则请遵循“驼峰式”命名方法，无论习惯用英语取名还是用汉语拼音取名，都可以遵循此方法，以提高文件名的可识别性。例如，“btnOnline”的可识别性就比“btnonline”要高很多；而汉语拼音“anNiuZaiXianZiXun”同样要比“anniuzaixianzixun”好识别得多。

（3）将导航按钮下面的 Banner 条装饰图片切片的“名称”参数设置为“indexBanner”，另外“新闻中心”“最新课程”“在线课程”3 个标题切片分别设置“名称”参数为“titleNewsCenter”“titleNewCourse”“titleOnlineCourse”。

（4）设置“最新业界软件”标题切片的“名称”参数为“brief01”，两个“Read More”按钮切片的“名称”参数分别为“readMoreGreen”和“readMorePink”，右下角的两张装饰图片切片的“名称”参数分别为“img01”和“img02”。

（5）对于剩下的 5 段文字，因为没有用特殊字体，就使用系统通用的“宋体”，因此将“切片类型”参数设置为“无图像”，然后在“显示在单元格中的文本”文本框中复制、粘贴相应的文本内容，如图 2-19 所示。

（6）最后将最下面页脚的切片“名称”参数设置为“footerBg”，作为页脚背景图的文件名。

所有切片的“切片选项”设置完成后，接下来只要分别指定其图片格式并进行输出即可。虽然现在还没有学习如何输出，也没有分别给定切片影像的图片格式，但是最终输出后的图片和文件名应该如图 2-20 所示，提前查看参考一下。

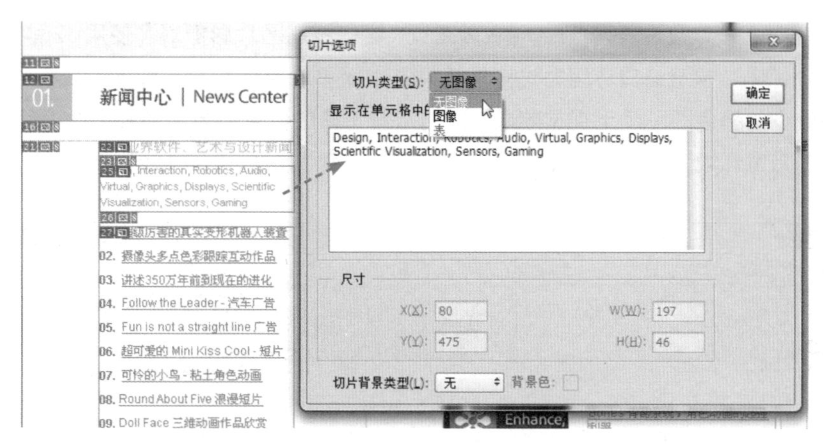

图 2-19 设置“切片类型”为“无图像”

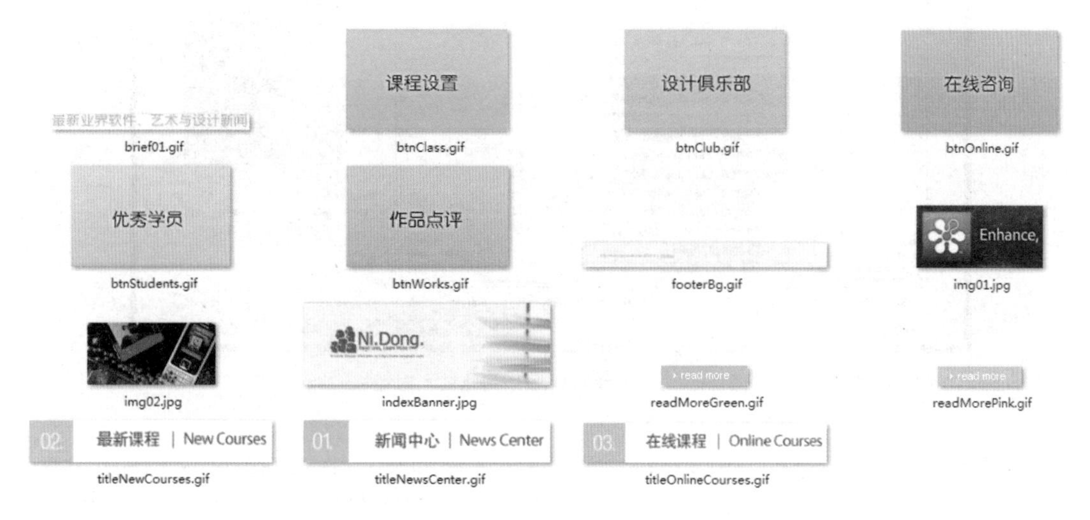

图 2-20 操作系统中，浏览输出后的各切片文件名和图片类型

2.1.7 根据情况输出图片格式

到这一步，已经完成了图像的切片和切片选项设定操作，接下来就是最后一个环节——切片图片的格式和质量设置以及最终输出。图片输出时，对格式的选择有一定原则，在前面的章节中也提到过，这里将根据本实例进行相应的应用和选择。

（1）选择“文件→存储为 Web 所用格式”命令（Photoshop 2021 中选择菜单“文件→导出→存储为 Web 所用格式”命令），或者按 Shift + Ctrl + Alt + S 组合键，打开“存储为 Web 所用格式”对话框。

（2）使用对话框左侧的“切片选择工具”，按 Shift 键的同时选择最上方的 5 个导航按钮切片（选择切片时，如果画面显示不全，可通过按 Enter 键平移视图），然后在对话框右侧的图片类型参数中选择“GIF”格式。

（3）将“颜色”参数设置为“32”（也就是说，这些按钮图片影像最多使用 32 种颜色描绘），观察中间的“优化”预览窗口，因为这些按钮只是由简单的色块和较单纯的渐变构成，因此 GIF 图片格式和较少的颜色即可满足视觉效果，同时从左下角的信息面板中能看出输出后的文件大小以及特定网络带宽环境下下载这些图片所需要的预计时间，如图 2-21 所示。

图 2-21 “存储为 Web 所用格式”对话框

（4）将导航按钮下面的“indexBanner”切片设置为“JPEG”格式，因为该处图片尺寸大，且需要照片级别的画面质量，所以采用支持真彩色的 JPEG 图片格式。另外设置“品质”参数为“60”，即原来影像品质的 60%，在中间“优化”窗口观察对其质量是否有较大影响，同时参看左下角的文件大小信息及平均需要多少时间下载该图片，以作为压缩比例和质量的一种权衡及数值调整依据。

（5）剩下的 3 个大标题、一个文本简介、两个“Read More”按钮和 footer 页脚图像都使用 GIF 图片格式存储。GIF 图片的“颜色”参数都不用太高，有的甚至用 16 种颜色即可，一切调整依据以“优化”窗口中切片影像的实际显示效果为准，同时参看左下角的图片大小综合考虑。

（6）最后，右下角的两个装饰图片采用 JPEG 格式输出，设定其“品质”参数为“50”。

（7）格式和质量设置完毕后，单击“存储”按钮输出切片结果，在弹出的“将优化结果存储为”对话框中，设置“格式”参数为“仅限图像”，因为 Photoshop 只能输出基于表格排版的 HTML 文件，表格排版已经是淘汰的技术，不能在实际工作中使用，所以不要选择“HTML 和图像”选项；“切片”参数请选择“所有用户切片”选项，这样不会像“所有切片”选项那样产生多余的垃圾图片，如图 2-22 所示。

图 2-22 “将优化结果存储为”对话框

到这里，就完成了网页设计稿的所有典型切片任务，基本上经历了创建切片（自动切片和用户切片）、修改切片（删除切片、改切片大小和组合切片）、设置切片属性（图片文件名等）、最终输出（格式的选择和质量的设置）的整个步骤过程，完成了从 Photoshop 平面设计到 Dreamweaver、HTML 设计的准备工作，如图 2-23 所示。接下来，进入新的模块学习。

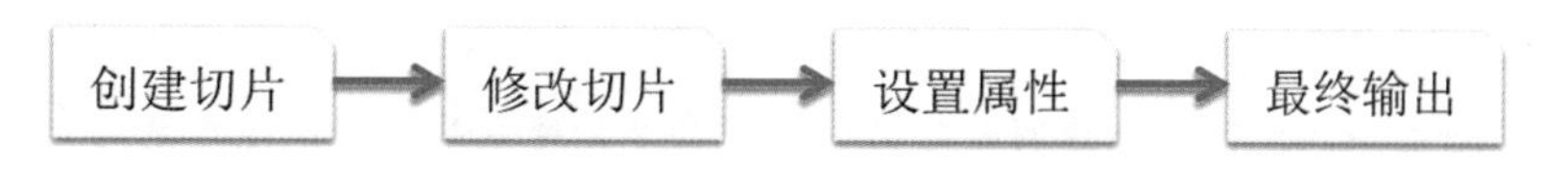

图 2-23 网页设计切片的大致步骤图

2.2 从 Photoshop 跨越到 Dreamweaver 的其他方法

知识要点

- 如何使用 Dreamweaver 软件置入 PSD 文档素材并保持关联关系
- 如何从 Photoshop 中复制图片粘贴到 Dreamweaver 的 HTML 页面中

2.2.1 在 Dreamweaver 中直接置入 PSD 文档

其实，在网页设计过程中还有其他更直接的方法以实现 Photoshop 和 Dreamweaver 之间的沟通协作，Dreamweaver 从 CS4 版本开始，就可以直接置入 Photoshop PSD 格式文档，当然并不是说在 HTML 中可以直接支持 PSD 图片文件，而是会经历一个格式设置和质量设置的过程，使该图片和 PSD 源文件保持一种同步关联关系，当 PSD 文件发生改变时，通过 Dreamweaver 软件可以实现图像的快速自动更新，非常方便快捷，接下来请体验一下这个工作流程。

（1）打开 Dreamweaver 软件，选择菜单“站点→新建站点”命令，打开“站点设置对象”对话框，在“站点”标签页中，将“站点名称”命名为“Chapter 2”，设置“本地站点文件夹”为练习文档文件夹，例如“E:\Keepwalk\Chapter 2\html\”，然后单击“保存”按钮，如图 2-24 所示。

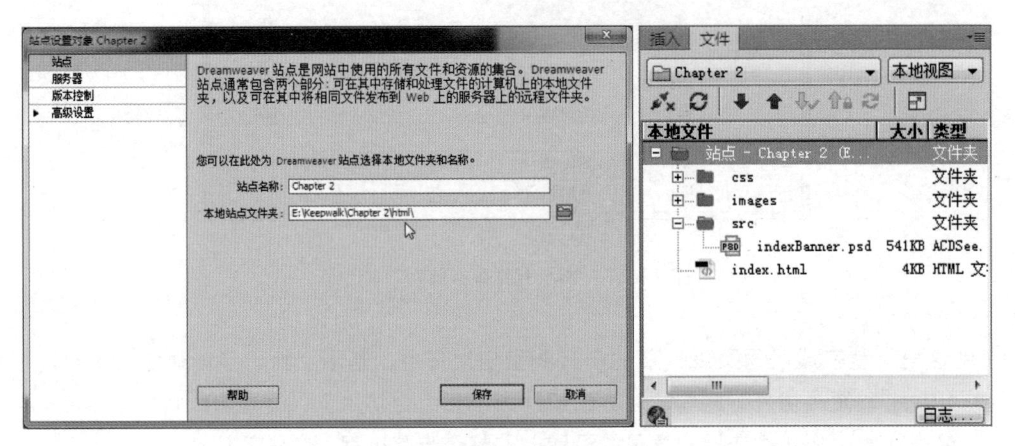

图 2-24　新建站点管理素材和网页文件

提示

在使用 Dreamweaver 软件制作网站之前，为什么要先建立站点呢？主要是因为以下几点。

第一，因为素材文件的路径问题。如果不建立站点，那么页面中所有引用的图片、js 脚本、CSS 样式、多媒体素材等与页面的链接路径都将是绝对路径方式，网页将来上传到服务器或者复制到其他位置时，会导致页面内容的丢失；而在站点模式下，素材会集合导入网站文件夹中，并且保持一种相对路径关系，方便发布和移植。

例如，在无站点模式下，往一个 HTML 页面中置入“indexBanner.jpg”文件时，路径显示“E:\Keepwalk\Chapter 2\html\images\indexBanner.jpg”，不管将来该页面是在服务器上还是其他计算机上，素材只有放在一模一样的目录里才有效，否则页面会出现图片丢失现象；而在站点模式下则不同，置入该图片时，路径会显示为“images\indexBanner.jpg”相对路径，无论将“html”文件夹下的所有文件复制到哪里，浏览器都能根据相对路径找到素材，维持页面的一致性。

第二，建立了站点，当某一素材发生改变时，会自动追踪其改变，更新到所有引用的页面，实现智能化的更新和管理。

第三，只有在站点模式下，才能更好地使用模板、库等可提高工作效率的功能。

最后，只有在站点模式下，才可以启用网络协作和 FTP 上传功能。

（2）在“文件”面板中，双击“index.html”文件，打开此 HTML 文档，以便下一步进行 PSD 文档的置入操作。

（3）从“文件”面板中，找到“src”文件夹下的“indexBanner.psd”文件，直接拖动到如图 2-25 所示的页面位置，然后释放鼠标。

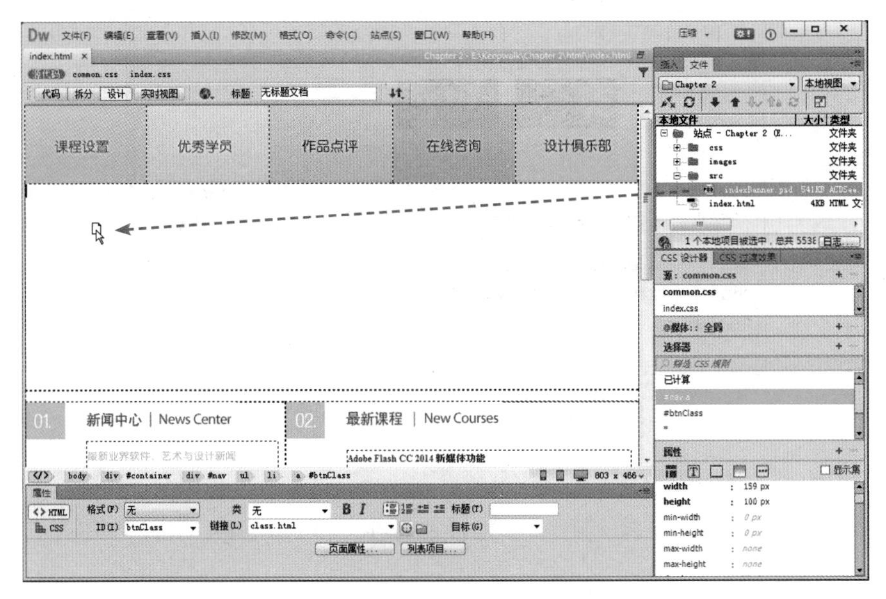

图 2-25　置入 PSD 格式文件

（4）在弹出的“图像优化”对话框中，设置“格式”为“JPEG”，“品质”为“80”，观察左下角“文件大小”的同时，注意文档中插入的图片的最终显示质量是否在可接受的范围，如图 2-26 所示。

图 2-26　网页图片格式转化

（5）单击“确定”按钮，打开“保存 Web 图像”对话框，设置“保存在”为该站点的“images”文件夹，“文件名”命名为“indexBanner.jpg”，最后单击“保存”按钮，完成 PSD 图像的置入操作，如图 2-27 所示。

图 2-27 “保存 Web 图像”对话框

（6）刚刚置入的图片左上角有一个小图标，另外“属性”面板中的“原始”参数显示为“/src/indexBanner.psd”，代表该图片与 PSD 文档存在一种关联关系，如图 2-28 所示。

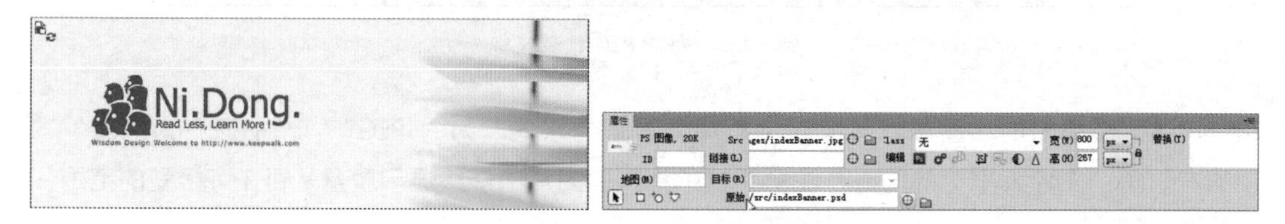

图 2-28 该 JPEG 图片格式与 PSD 源格式建立关联关系

（7）打开 Photoshop 软件，通过“文件→打开”命令，打开“E:\Keepwalk\Chapter2\html\src\indexBanner.psd”文件，将图层“logo”用“移动工具”随意移动一下位置，让 PSD 文件发生改变，然后按 Ctrl+S 组合键保存文档。

（8）回到 Dreamweaver 软件，发现页面中图片左上角的图标发生了改变，如图 2-29 所示，提示 PSD 文档已经进行了修改，与当前网页中看到的图像不再同步，提示更新操作。

图 2-29 提示更新操作

（9）在该图片上右击，在弹出的快捷菜单中选择“从源文件更新”命令，发现图像立刻进行了同步更新，而左上角的图标也恢复成同步状态，确实能感受到 Photoshop 与 Dreamweaver 间非常便捷的协作沟通方式。

2.2.2 从 Photoshop 中复制粘贴到 Dreamweaver

除了可在 HTML 文件中直接置入 PSD 文档的方法以外，Dreamweaver 从 CS4 开始也支持直接从 Photoshop 中复制粘贴影像到 Dreamweaver 的 HTML 页面中。现在继续体验新的无缝沟通方法。

（1）继续上一操作步骤，在 Photoshop 软件中，使用“工具”面板中的“矩形选框工具”，进行如图 2-30 所示的范围选择，只要宽度不超过 220 像素即可。

图 2-30 选择图像范围

（2）无论现在激活的是哪一个图层，为了能复制上下各层完整的影像信息，请选择菜单“编辑→合并拷贝”命令，或者按 Shift + Ctrl + C 组合键。

（3）切换到 Dreamweaver 软件中，在“新闻中心”偏下的位置单击鼠标，将光标激活在此页面位置，按 Enter 键，将光标位置换行后，选择“编辑→粘贴”命令，或者按 Ctrl+V 组合键粘贴从 Photoshop 中复制过来的影像图片。在弹出的“图像优化”对话框中，设置“预置”参数为“高清 JPEG 以实现最大兼容性”选项，单击“确定”按钮，如图 2-31 所示。

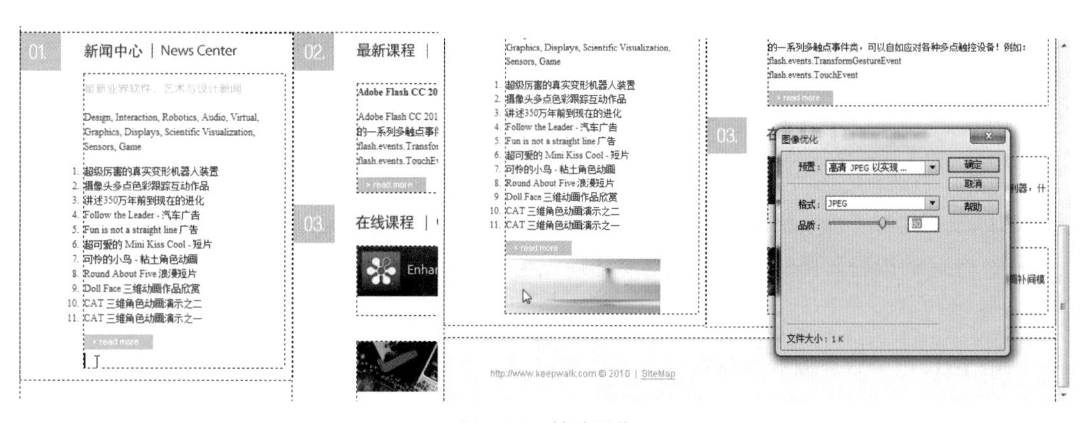

图 2-31 粘贴图像

（4）在弹出的“保存 Web 图像”对话框中，设置“保存在”参数为该站点“images”文件夹，“文件名”参数为“img03.jpg”，最后单击“保存”按钮完成操作。

这种方法虽然不能像上一方法那样实现与 PSD 文档的关联关系，不过也不失为一种 Photoshop 与 Dreamweaver 沟通协作的便利方法。

2.3 扩展知识——详解适合网页的几种图片格式

知识要点

- 3 种常用网页图片格式原理
- 如何根据情况采用合适的图片格式

在网页中，基本上使用的就是 3 种图片格式：GIF、JPEG 和 PNG，它们具体有什么特点将在这里详细讲述，以便在不同设计情况下选择使用。

2.3.1 GIF 图片和 GIF 动画

GIF（Graphics Interchange Format）的原义是“图像互换格式”，1987 年由 CompuServe 公司引入，因其体积小而成像相对清晰，特别适合于初期慢速的互联网，因此大受欢迎。它采用无损压缩技术，只要图像不多于 256 色，就能同时兼顾文件的大小和成像的质量。然而时至今日，256 色的限制大大局限了 GIF 文件的应用范围，使它只适合用于简单色块或单纯渐变、色彩不丰富、色阶相对简单的影像。

每个 GIF 图片都有一个最多 256 种颜色的调色板，也称之为索引彩色模式图片，其记录影像的方法是记录每个像素采用的是该调色板中的第几格颜色的方法，当这个格子的颜色发生改变时，就会导致所有映射到该格子的像素色彩发生同样的变化。通常可以通过减少调色板中的颜色数量来大大缩减图片文档的文件量，达到瘦身压缩的目的，不过在画面的色彩丰富程度上或者色阶变化上也同样会大打折扣，就好比用 4 种颜色去绘制的画面要远远比用 256 种颜色去绘制的画面简单粗糙很多，所以不适合用 GIF 格式存储真彩色要求的影像。

另外，虽然 GIF 图片可以实现透明效果，但此透明效果同样是非常局限的，因为它只能记录像素的透明或者不透明状态，无法实现半透明或者基于 Alpha 通道方式的透明效果，因此通过 GIF 图片存储的透明影像的边缘非常容易出现锯齿或者毛疵等现象，其解决的方法是使用 PNG 格式图片替代。

GIF 图片还可以存储动画信息，其原理是存储动态画面的每一帧数据，然后通过一定的速率回放产生动画图片。不过在 Flash 技术诞生后，网页上的动画逐渐不再使用 GIF 图片实现，因为 Flash 动画文件量更小，动画质量更好，还可以包含丰富的多媒体信息和互动方式等。

2.3.2 JPEG 图片

JPEG 是 Joint Photographic Experts Group（联合图像专家小组）的缩写，是第一个国际图像压缩标准。JPEG 图像压缩算法能够在提供良好的压缩性能的同时，提供比较好的重建质量，被广泛应用于图像、视频处理领域，网页中的真彩色画面则更是 JPEG 图片格式的天下。

JPEG 是一种有损压缩格式，它用有损压缩方式去除冗余的图像数据，能够将图像压缩在很小的储存空间，图像中重复或不重要的资料会丢失，因此容易造成图像数据的损伤。尤其是使用过高的压缩比例将使最终解压缩后恢复的图像质量明显降低，如果追求高品质图像，则不宜采用过高的压缩比例。

总之，JPEG 图片格式非常适用于网页中较大面积的图片，或者色彩丰富、层次丰富的真彩色图片，不过 JPEG 格式不能包含动画或者透明信息等。

2.3.3 PNG 图片

PNG（Portable Network Graphic Format）为可移植网络图形格式，其目的是试图替代 GIF 和 TIFF 文件格式，同时增加一些 GIF 文件格式所不具备的特性。PNG 用来存储灰度图像时，灰度图像的深度可多达 16 位；存储彩色图像时，彩色图像的深度可多达 48 位，并且还可存储多达 16 位的 α（Alpha）通道数据，实现完美的半透明效果。PNG 使用从 LZ77 派生的无损数据压缩算法，它压缩比高，生成文件的容量小，越来越多地用于网页图片，不过它需要 IE 7 以上版本的浏览器的支持。

最值得一提的，就是 PNG 图片对透明效果的支持，它可以为原图像定义 256 个透明层次，使得彩色图像的边缘能与任何背景平滑地融合，从而彻底地消除锯齿边缘。这种功能是 GIF 和 JPEG 没有的。

学习到这里，我们已经掌握了将 Photoshop 的网页平面设计稿进行切图，并根据画面需要和文件大小存储为不同图片格式的方法，以供后续 Dreamweaver 制作 HTML 页面服务。同时，还学习了一些便利的 Photoshop 与 Dreamweaver 软件沟通协作的方法。在接下来的章节中，我们将逐渐步入 Dreamweaver 的世界，学习 HTML 设计与制作的方法。

Dw

第 3 章

新闻网页设计实例

3.1 设计效果预览

第 2 章学习了如何将互动网页的界面设计稿进行切片输出，为下一步的网页排版做素材准备，不过要熟悉 HTML 代码并能自如地运用切片素材排版，还需要学习简单的基础入门课程，不能一蹴而就。因此从本章开始，我们先对 Dreamweaver 软件有一定的基础掌握，并对 HTML 常用的代码和 CSS 样式列表进行初步的了解和熟悉，之后再学习较复杂的 DIV+CSS 排版课程。学习完本章后，大家最终能完成如图 3-1 所示的新闻网页设计。

图 3-1 新闻中心网页设计效果

3.2 从架设站点开始

知识要点

- 如何新建和修改站点
- 如何删除站点
- 如何上传和更新站点

在开始具体网页设计操作之前，应该先规范一下制作流程，那就要从架设站点开始。为什么要架设站点呢？第 2.2 节已经提及，这里就不再赘述了，大家可以翻阅到第 2 章复习该知识点。总之，只有在站点模式下，Dreamweaver 才可以自动跟踪网页素材和相关文件，实现站点管理、上传和同步，并创建站点报告等。

3.2.1 新建和修改站点

这里将更全面地学习站点架设和修改的操作方法及技巧。

（1）打开 Dreamweaver 软件，选择菜单“站点→新建站点”命令，打开“站点设置对象”对话框，在“站点”标签页中，将“站点名称”命名为“Chapter3”，设置“本地站点文件夹”为练习文档文件夹，例如“E:\Keepwalk\Chapter 3\html\”，然后单击“保存”按钮，如图 3-2 所示。

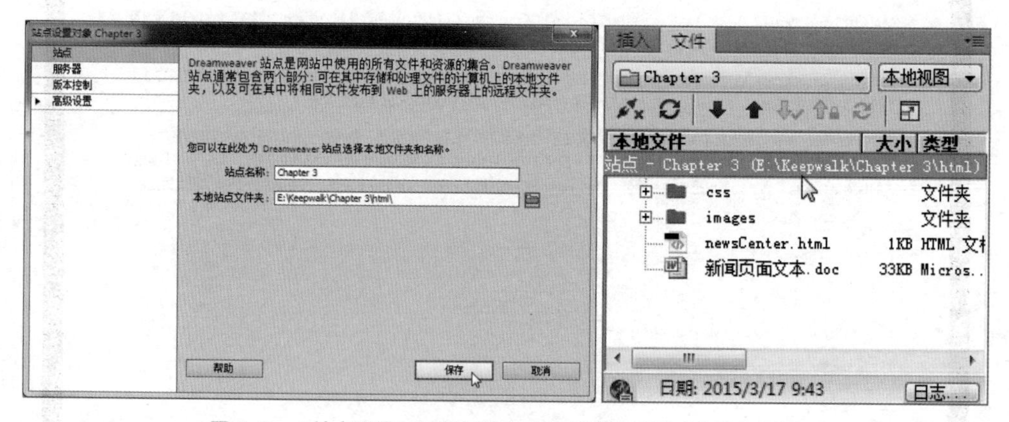

图 3-2 “站点设置”对话框和完成站点设置后的“文件”面板

提示

观察本书提供的范例站点，不难发现，站点中有些文件夹的命名是有规律的，即遵守了行业中的一些简单规范。例如，图片都存储在“images”文件夹中，CSS 样式列表都存储在“css”文件夹中，将来如果接触到 JavaScript 脚本文件，则一般都会放置在“js”文件夹中，而像视频素材则可能统一放置在“video”“media”或者“mp4”为名的文件夹中等。总而言之，在架设站点时就应该注意分配好站点子文件夹，将相关素材合理地规划在一起，以方便管理和应用。

除此以外，站点首页的文件名一般以“index”或者“default”命名，扩展名可以是“.html”“.htm”“.asp”“.aspx”“.php”“.jsp”等。

（2）如果想修改站点，例如要把站点名称改为“栋梁教育”，可选择“站点→管理站点”命令，在打开的“管理站点”对话框的“您的站点”列表中，找到“Chapter 3”名称，双击该名称打开“站点设置对象”对话框，修改“站点名称”为“栋梁教育”，然后单击“保存”按钮回到“管理站点”对话框，再单击“完成”按钮，完成站点的修改操作，如图 3-3 所示。

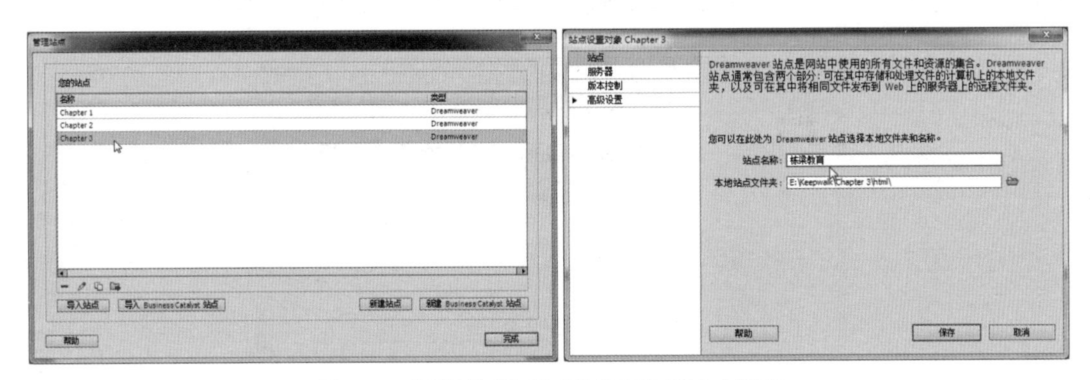

图 3-3 “管理站点”和“站点设置对象”对话框

提 示

如果希望删除站点，可以通过选择“站点→管理站点”命令，在打开的“管理站点”对话框的“您的站点”列表中，选择需要删除的站点，然后单击对话框左下位置的“删除当前选定的站点”按钮 ▬，删除站点。站点的删除并不会影响文件夹中的具体文件，这些网站文件仍然可以通过操作系统的资源管理器进行访问。

3.2.2 上传和更新站点

到了这一步骤，如果大家手头有可用的 FTP 服务器地址，并且公司给你分配了用户名和密码，就可以继续一步步地跟着操作练习，尝试将已有的网页或素材上传到远程的网页服务器上，尝试网页的发布过程，让用户输入相关网址能看到并体验你的设计。否则，请跳过该小节或者仅作简单的浏览阅读，这一部分内容不会影响到后续的页面设计和制作。

提 示

FTP 方式上传和更新网站并不是 Dreamweaver 软件独有的功能，很多公司和设计师也采用其他的第三方软件以实现同一目标，例如业界常用的 Cute FTP 软件和 Leap FTP 软件等。

（1）为了设计作品能实时上传、更新到网站服务器，Dreamweaver 内置了 FTP 功能，这里以网址“ftp://www.keepwalk.com”、端口“21”、用户名“nidong”、密码“123456”为例，带着大家体验网站发布和更新的过程。

提 示

当然这里的 FTP 地址、用户名和密码需要对应改为读者服务器的相应内容，否则会出现连接错误。

（2）选择“站点→管理站点”命令，在打开的“管理站点”对话框的“您的站点”列表中，找到“栋梁教育”名称，双击该名称打开“站点设置对象”对话框，单击左侧的“服务器”标签页，再单击右侧下方的“添加新服务器”按钮 ➕，如图 3-4 所示，打开服务器设置对话框。

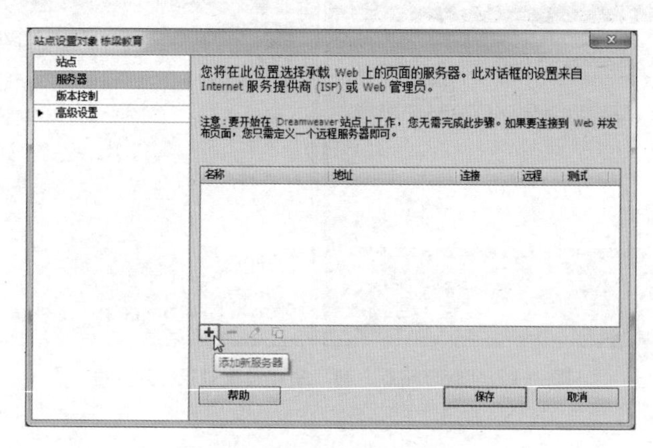

图 3-4　选择“服务器”标签页

（3）将“服务器名称”命名为“keepwalk”，方便服务器进行识别，“连接方法”设置为“FTP”模式，在“FTP 地址”中输入你的远程服务器网址，例如这里的“www.keepwalk.com”，“端口”一般默认的都是“21”，不用修改，然后将“用户名”设置为“nidong”，“密码”设置为“123456”，为了以后不用重复输入登录密码，请确认密码参数右侧的“保存”复选框是否处于选中状态，如图 3-5 所示。

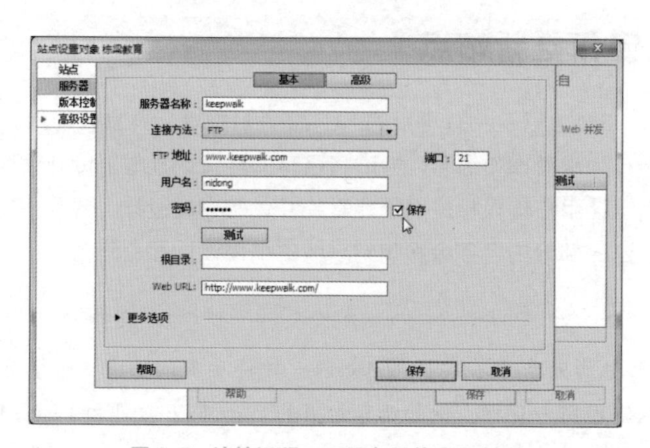

图 3-5　连接远程 FTP 服务器的设置方法

（4）单击“测试”按钮，检验是否连接成功。如果看到弹出的“Dreamweaver 已成功连接到您的 Web 服务器”提示，则代表连接成功，否则请反复检验你的地址、用户名及密码是否正确。最后单击“保存”按钮，完成 FTP 服务器的设置，如图 3-6 所示。

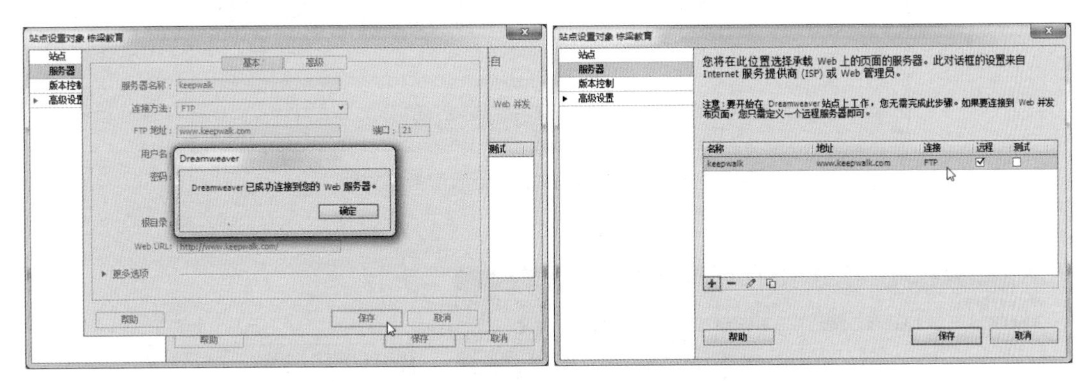

图 3-6　测试 FTP 是否连接成功

（5）为了能有更大的操作空间，方便本地文件和远程文件的对照，请在“文件”面板标题上单击并拖动，将面板由停靠模式拉出来变成浮动模式，并适当扩大“文件”面板范围，如图 3-7 所示。

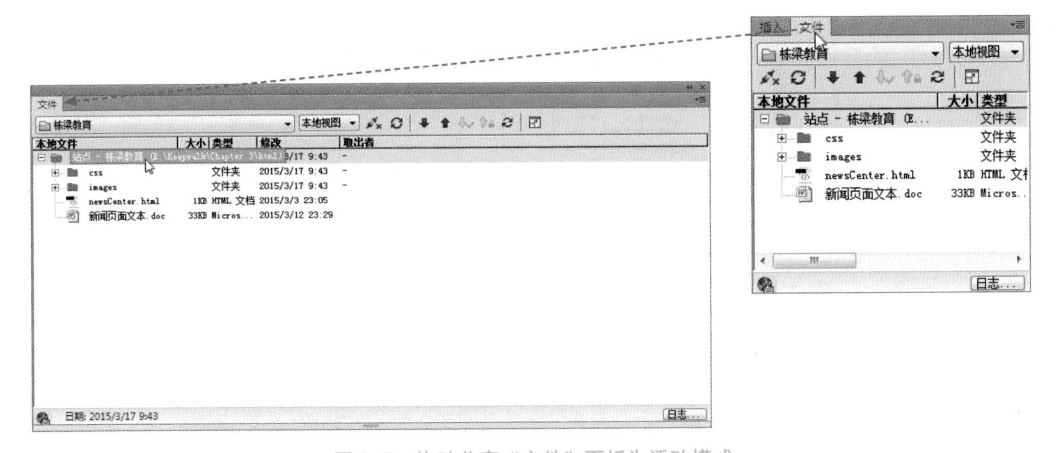

图 3-7　拖动分离“文件”面板为浮动模式

（6）在“文件”面板中单击“连接到远程服务器”按钮，登录远程服务器，为下一步上传、下载和更新网页做准备。如果连接成功，单击“展开以显示本地和远程站点”按钮，以左右分割方式显示“远程服务器”和“本地文件”列表，如图 3-8 所示。

（7）接下来尝试一下上传功能。在“文件”面板右边的“本地文件”列表中，按 Ctrl 键依次单击“css”“images”文件夹和“newsCenter.html”文件，以同时选择它们，然后单击“向‘远程服务器’上传文件”按钮，上传这两个文件夹中的所有文件。这时，Dreamweaver 会弹出一个友好提示，询问“相关文件是否应包含在传输中”，单击“是”按钮或者等待 30 秒后继续完成上传操作，如图 3-9 所示。

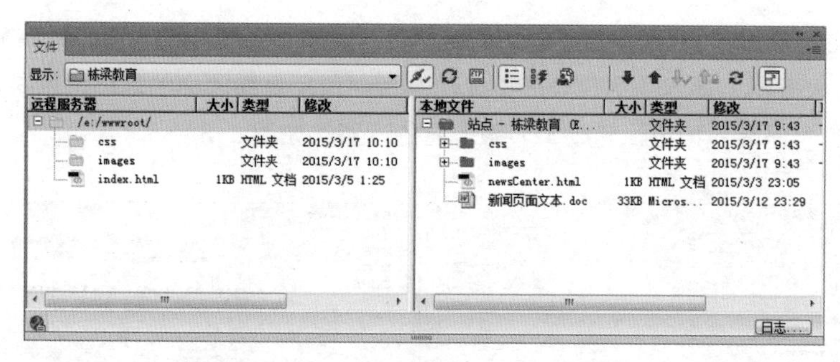

图 3-8　并列显示本地文件和远程服务器文件

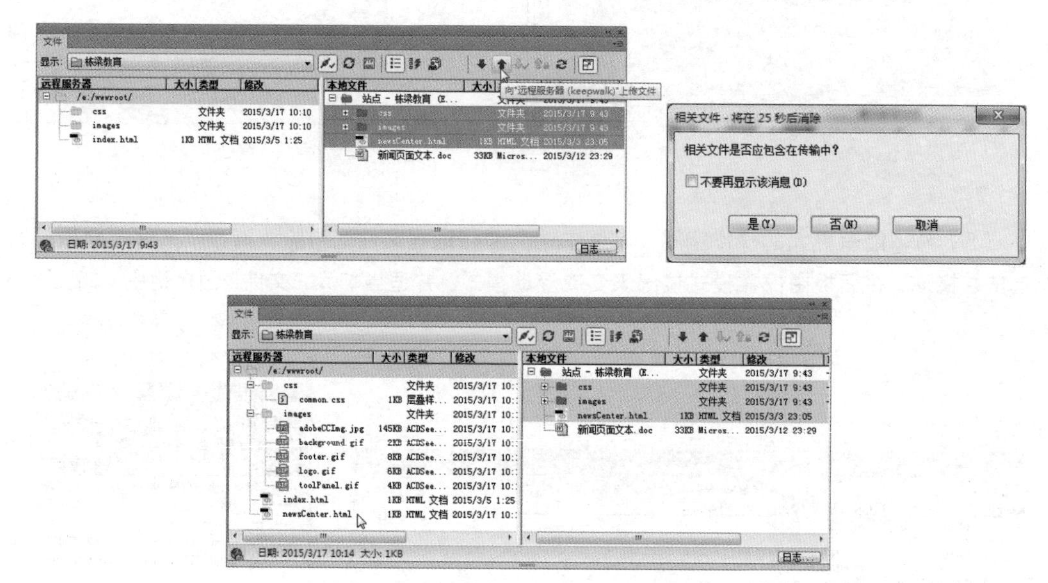

图 3-9　将本地文件上传到远程服务器

（8）网速不同，上传完成的时间也不同。全部上传完成后，在浏览器中输入相应网址，例如输入“http://www.keepwalk.com/newsCenter.html”，看到的结果如图 3-10 所示。

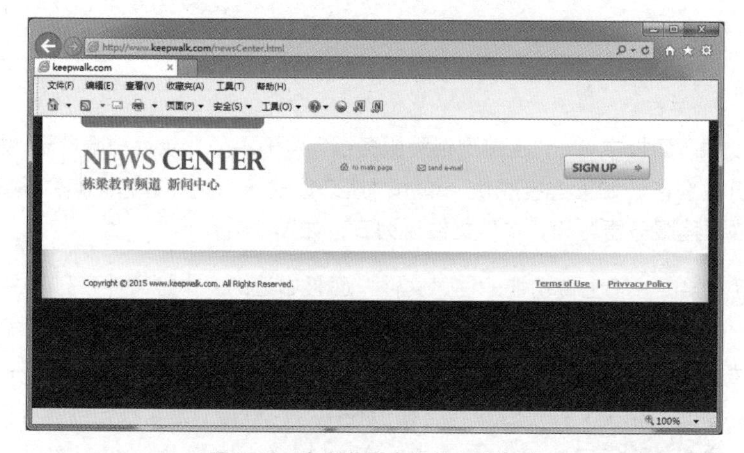

图 3-10　在浏览器中检验上传结果

（9）上传成功后，尝试一下下载功能。在“文件”面板右边的“远程服务器”文件列表中，选中“index.html”文件，然后单击“从‘远程服务器’获取文件”按钮，下载“index.html”文件，如果再次弹出了“相关文件是否应包含在传输中”提示，则可以考虑选中“不要再显示该消息”复选框，避免以后再次出现，如图 3-11 所示。

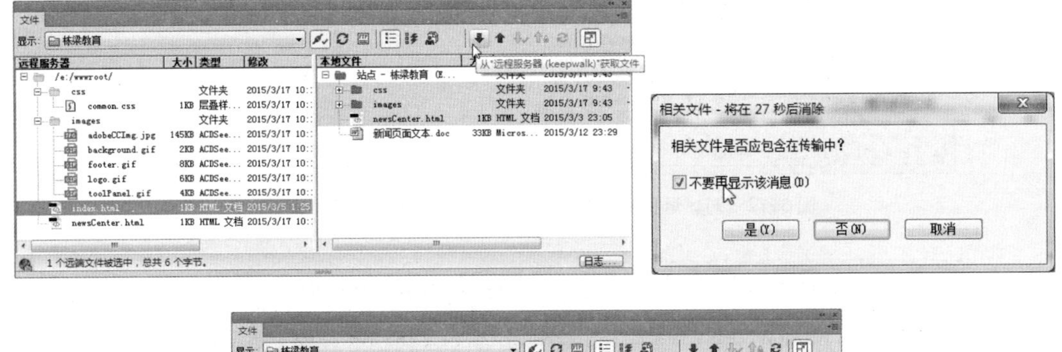

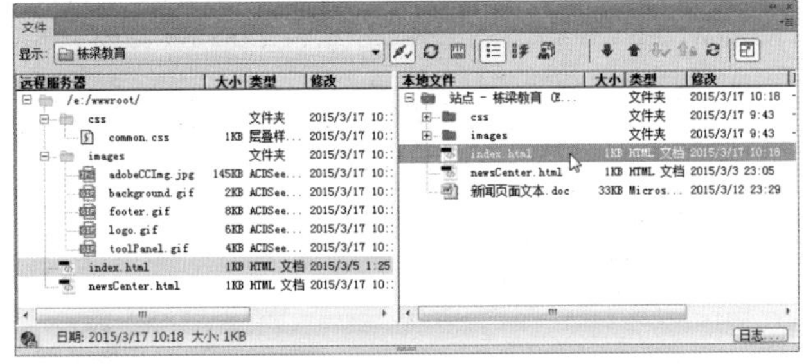

图 3-11　将远程服务器文件下载到本地站点

提 示

下载操作还可以通过双击“远程服务器”文件列表中的“index.html”文件快速实现，另外也可以通过在两个文件列表之间直接拖动的方式实现上传或下载。

除了可手动上传、下载站点素材和文件以外，Dreamweaver 还有非常智能化的自动“同步”功能，以维持本地电脑和远程服务器文档的一致问题。具体操作步骤如下。

（1）首先在“文件”面板右侧的“本地文件”列表中，双击“index.html”文件，在 Dreamweaver 中打开此文件，随意进行任何内容的编辑，例如输入一段文字等，然后选择“文件→保存”命令或者按 Ctrl+S 组合键实现文档修改后的保存。注意观察“本地文件”中该文件的修改日期与“远程服务器”中的修改日期有了不同，同时文件大小也可能有了细微的变化，如图 3-12 所示。

（2）在“文件”面板右侧的“本地文件”列表中，选择“站点 - 栋梁教育”层级，代表选择整个站点，然后单击“与远程服务器同步”按钮，打开同步对话框。注意，“同步”选项中需再次确认是同步整个站点，还是仅同步选中的本地文件；“方向”选项中可以选择“放置较新的文件到远程”“从远程获得较新的文件”“获得和放置较新的文件”3 种方式中的一种进行同步，本例中选择“放置较新的文件到远程”选项。单击“预览”按钮，打开“同步”确认对话框，如图 3-13 所示。

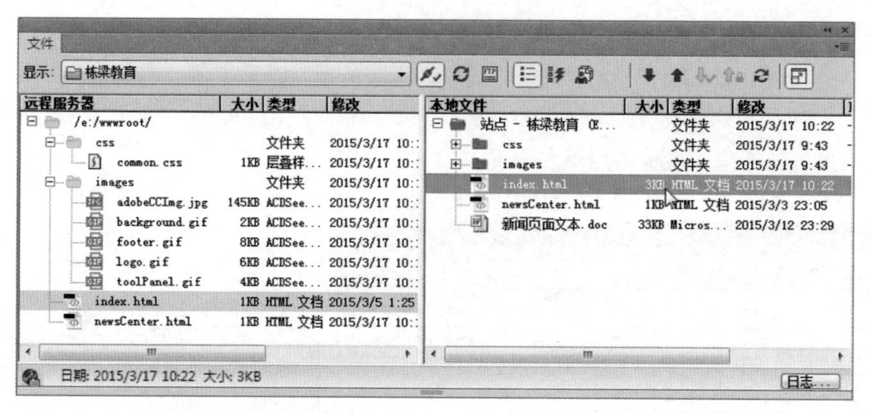

图 3-12　对比远程服务器和本地站点中文件的更新变化信息

图 3-13　与远程服务器同步新版本文件

（3）确定要更新的文件准确无误之后，单击“确定”按钮，完成自动同步操作，如图 3-14 所示。

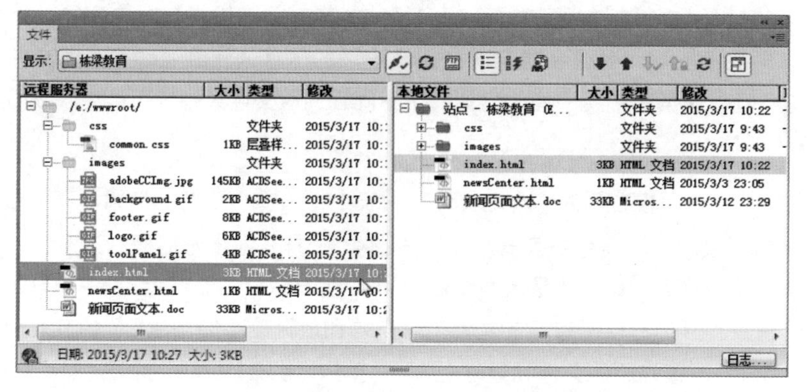

图 3-14　完成远程服务器文件同步操作

到此为止，我们已经掌握了如何建立和修改站点，以及如何上传、下载和更新站点等操作。关于站点的知识点就学习到这里，接下来请将“文件”面板还原到原来的停靠状态，准备开始网页内容和结构的设计。

3.3　页面结构设计

知识要点

- 结构与设计相分离的设计理念
- HTML 基础知识
- 常用的 HTML 标记 img、p、h1、span、ol、ul、li、a 的应用方法
- Dreamweaver 中插入标记和修改属性的便捷方法
- 如何置入 Word 文档中的文本

在网页设计过程中，请遵循内容结构和设计相分离的原则，内容结构交给 HTML 标签去解决，最好不要在 HTML 中掺杂设计类的标签或属性，而视觉排版和设计效果则交给 CSS 样式列表去实现。因此这里将按部就班，先从新闻网页页面的结构设计开始，格式化好各类文本后，下一个步骤才是视觉样式的设计。

继续先前的站点练习，在“文件”面板中双击“newsCenter.html”文件，用 Dreamweaver 打开它，准备进行内容结构的设计。首先在设计视图上方的“标题”文本框中输入文本“新闻中心 - 栋梁教育”，如图 3-15 所示。

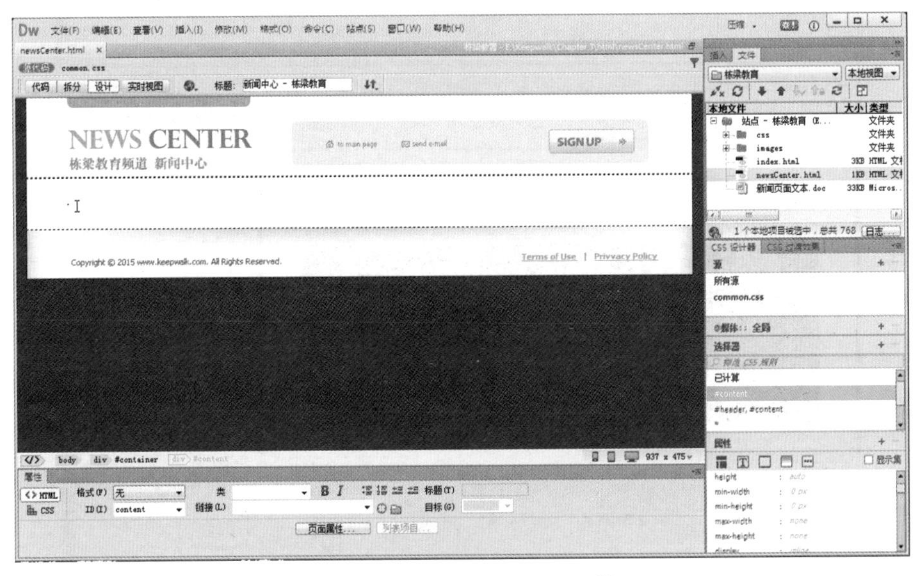

图 3-15　设置页面“标题”属性

提示

虽然“标题”属性不会影响到视觉设计，但是基于业界行业标准和规范，请确保每个页面设计时都有准确的标题内容，一方面方便人们载入页面时通过浏览器上方的标题栏清楚地了解当前所处的页面，另一方面也是为了方便搜索引擎的搜索。

3.3.1 如何插入图片

新闻页面往往会首先用图片装饰或展示事件，因此先看看如何用 Dreamweaver 往页面中插入图片，并学习第一个 HTML 标记“<img>”图片标记和其相关属性用法。

（1）单击页面中间部分，将输入光标激活在此区域，后续步骤会在这里插入一张新闻图片，并导入若干段落文字。单击“插入”面板标题以激活它，再单击“图像”按钮 图像：图像，在打开的“选择图像源文件”对话框中，找到并选择“images”文件夹下的“adobeCCImg.jpg”文件，然后单击“确定”按钮，完成新闻图片的插入操作，如图 3-16 所示。

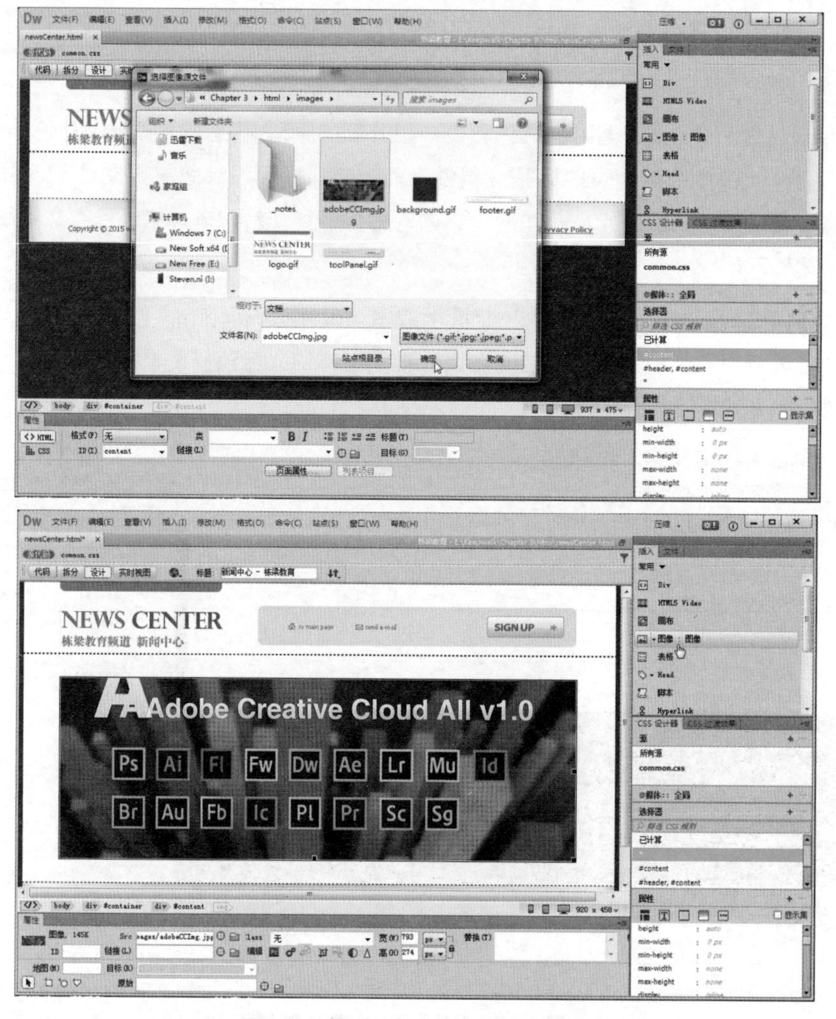

图 3-16 通过“插入”面板插入图片

（2）为了将来能更自如地实现代码设计，这里不仅要学习如何通过 Dreamweaver 软件实现网页设计，也会学习一些基础的 HTML 代码知识。单击文档面板左上角的“拆分”按钮，同时显示代码视图和设计视图，如图 3-17 所示。

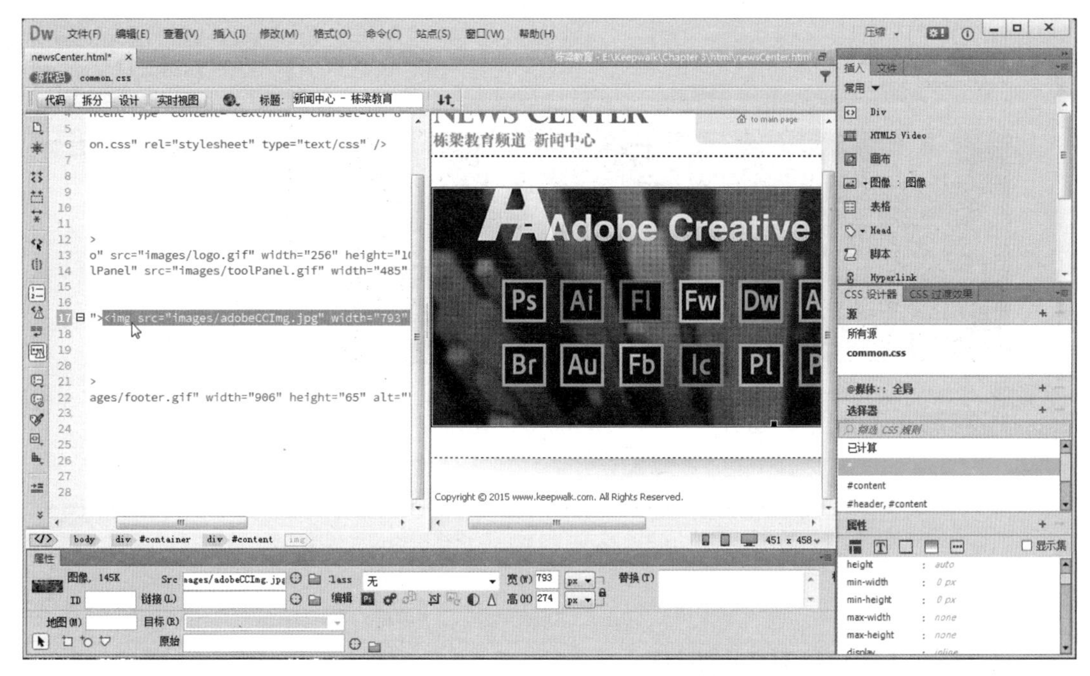

图 3-17　拆分显示代码视图和设计视图

注意

最新 Dreamweaver CC 版本中，视图切换系列按钮处在文档面板上方的中间位置，并且最右边的视图模式默认为实时视图模式，可以通过右侧的小三角形切换到设计视图模式，以方便编辑。当然，在实时视图模式下预览页面更精确，只是编辑内容时需要通过双击才能进入编辑状态。

（3）在默认情况下，拆分后的代码视图和设计视图是左右并列显示的，这比较适用于编辑 CSS 样式代码，而不太适用于编辑 HTML 代码。因为 HTML 代码往往比较长，如果以折行方式显示，会影响阅读的流畅性，而不折行又会导致频繁地平移视图，不能整体浏览完整的代码。因此编辑 HTML 代码时，建议选择“查看→垂直拆分”命令，去掉垂直拆分状态的选择，以上下水平的方式显示代码视图和设计视图，如图 3-18 所示。

（4）观察代码视图，不难发现 HTML 代码是一些很有规律的纯文本，即一系列通过“<>”尖括号包含起来的一种标记语言，控制着网页中的诸多元素，例如标题、段落、图片、Flash 等，用于管理各类素材、内容的嵌套层级结构和父子兄弟关系等。刚刚插入的图片就是通过“<img />”标记实现的，只不过还涉及了一些属性，例如“src”代表图片路径，“width”代表宽度，“height”代表高度，“alt”代表无法显示图片时的替代说明文本。

操作到这里，先补充点 HTML 基础理论知识吧。

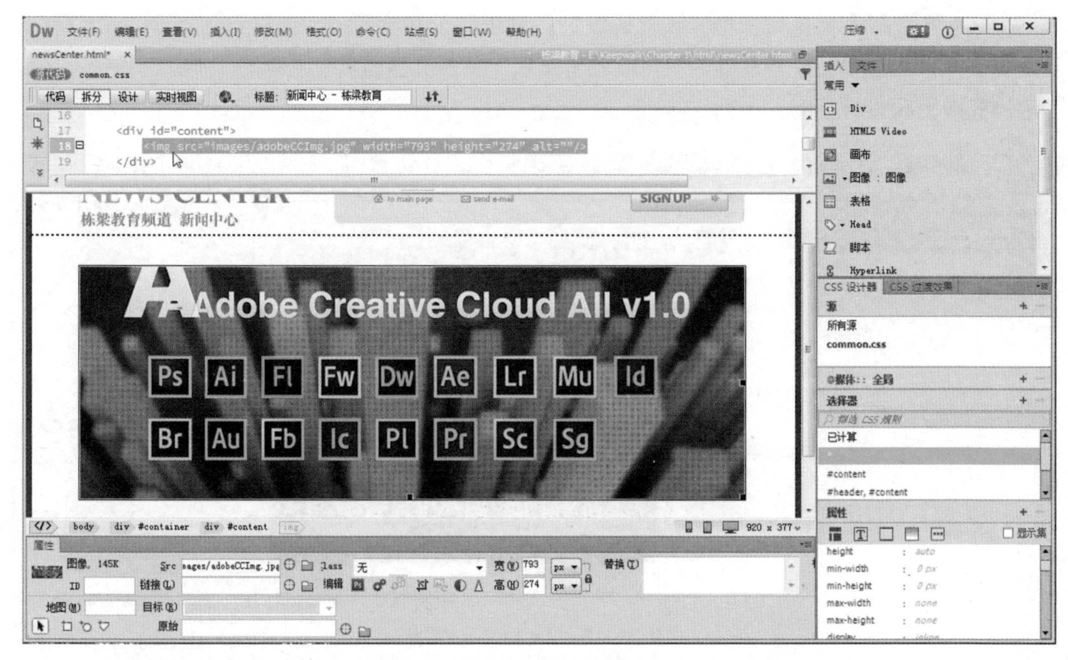

图 3-18 水平拆分方式同时显示代码视图和设计视图

3.3.2 HTML 基础知识

HTML（Hyper Text Markup Language）中文翻译为“超文本标记语言”，现在已经发展到了 HTML 5 的版本。

最开始，HTML 只是一种单纯的描述文档结构的标记语言，它不能描述实际的表现形式。浏览器通过这些描述性的标记符（或者叫标签）区分纯文本的各个部分，对看似一样的文本进行分类，使其扮演不同的角色，例如哪一行是一级标题，哪一行是二级标题，哪一行又是段落文本等。总之，HTML 标记就像一个个的分界符，将文档划分为不同的逻辑和结构，向浏览器提供该文档的格式化信息。例如：

```
<h1> 这里的文字是一级标题 </h1>
<p> 这里的文字是普通的段落。</p>
<img src="images/logo.jpg" />
```

第一行文本被一组“<h1>…</h1>”标记包含，“<h1>”代表该类型文本的开头，而“</h1>”代表该类型文本的结束，其中“h1”就代表一级标题的意思，浏览器就会以一级标题该用的字体、大小和颜色呈现该行文本。

第二行文本被一组“<p>…</p>”标记包含，代表第二行的文本是普通段落，浏览器就会用普通段落的字体、大小和颜色呈现该行文本。

而第三行标记并没有包含其他要呈现的文本信息，只是用一个“<img />”标记并设置了一个“src”源路径属性，代表此处插入一张路径为“images”文件夹、文件名为“logo.jpg”的 JPEG 图片。需要特别注意的是，这个标记结束符的写法和上两行代码不同，直接在最后用“/>”

代表结束，因为标签中间并没有包含需要呈现的文本，所以可以使用这种方法结束。当然，也可以用以下方法编写：

```
<img src="images/logo.jpg"></img>
```

上面这种写法稍微有些冗余，不过请一定记得：不管用哪种方法，都不要忘记写结束符号。有开头标记，就一定要记得使用结束标记。

言归正传，随着网络的发展，其要与生动的电视、专业的期刊互相竞争，因此设计师们期望能有更激动人心、引人入胜的版式设计，于是开始怂恿浏览器开发商开发和支持面向表现设计的标记，例如“<font>”字体标记、“<b>”粗体标记、“<i>”斜体标记等。这些设计类的标记从此“污染”了HTML，使它朝着装饰方向发展，而不再专注于逻辑结构。这导致了设计师穿插于越来越复杂的结构代码和设计代码之间，同样也导致了程序员在进行源码编辑时，不得不面对设计层面代码的问题。另外，这些表现层代码在各个浏览器、平台中实现的效果经常不一致，设计时需要逐一对单个对象进行处理，不能实现批量化、模块化的高效设计，使得制作和修改过程异常烦琐，代码冗余而耗时。

因此，分离结构内容和设计排版变得刻不容缓，CSS（Cascading Style Sheet）层叠样式列表孕育而生。通过CSS真正实现了将内容结构和设计表现的分离，让HTML专一地负责结构和内容，而CSS文档则负责布局和设计表现。

与此同时，XHTML代替了原来的HTML 4.0。XHTML是为了适应XML而重新改造的HTML，是HTML向XML过渡的一个桥梁，一方面是为解决HTML不规范、臃肿、数据与表现混杂、跨平台、跨浏览器、跨设备不兼容的问题；另一方面是帮助设计师和程序员去掉表现层代码，还一片更纯净的HTML网页。因此XHTML比HTML 4.0更严格、更规范，并且还有一些额外的规则，但是反而更容易学习，更便于应用。下面稍微介绍一下XHTML中重要的特点。

> 所有标记都必须有结束符

HTML 4.0标记闭合要求不严格，可以默许使用只有开头没有结束的标签，因此在早期的网页中很容易看到这样的孤立代码，例如“<p>”段落、“<br>”换行标记。从XHTML开始，则必须规范为“<p></p>”“<br />”或者“
</br>”的方式。

> 标记和属性名称必须以小写字母开头

例如，前面提到的插入图片标记不能是以下几种写法。

```
<Img Src="images/logo.jpg" />  错误写法例一：“I”和“S”是大写
<img SRC="images/logo.jpg" />  错误写法例二：属性“SRC”全是大写
```

> 属性值必须用引号括起来，而且必须有值

一个标记可以有多种属性，在HTML 4.0时代，属性值有时候可以不放在双引号内，或者只有孤零零的属性存在，这都是规范不够严格的做法。例如，设计一个性别选择的单选按钮默认被选中的状态，甚至可以这样书写：

```
<input name="gender" type="radio" value="male" checked />
```

而从XHTML开始，HTML标记的属性必须有值，并且值必须用引号括起来。上面的例子就

应该按以下标准写法书写。注意，代码中“checked”默认被选择，属性是有值的。

```
<input name="gender" type="radio" value="male" checked="checked" />
```

基础理论就补充到这里，让我们继续操作方面的学习吧。

3.3.3 如何导入文本

新闻页面肯定离不开丰富的文本，在 Dreamweaver 中可以直接在网页中输入文本，或者以复制、粘贴的方式添加文本。不过本节主要学习如何简单地导入常用的 Word 文档，并确保所有段落文本使用“<p>”段落标记包含。

继续前面的练习，在刚刚插入的图片最右边单击鼠标，在该图片结尾处激活输入光标，然后按 Enter 键换行。接着选择“文件→导入→ Word 文档”命令，打开“导入 Word 文档”对话框，找到并选择站点文件夹下的“新闻页面文本 .doc”Word 文档，例如“E:\Keepwalk\Chapter 3\html\新闻页面文本 .doc”，本例中请注意不要选中“清理 Word 段落间距”复选框，确保导入的文本段落之间使用的是“<p>”段落标记隔开，而不是“
”换行标记隔开，如图 3-19 所示。

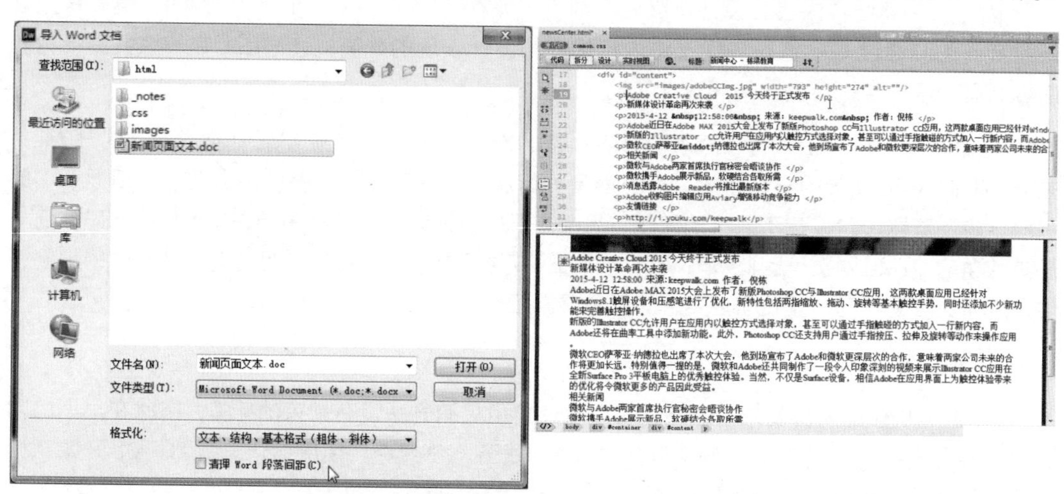

图 3-19 “导入 Word 文档”对话框

注意

如果所用的软件版本不包含导入 Word 文档功能，需自行复制、粘贴文本到 Dreamweaver 软件的文档窗口中。

3.3.4 如何设置标题文本

新闻标题一般是除了图片以外首先进入人们眼帘的重要元素，无论其大小、字体还是颜色都应该与正文区分开。下面学习如何标记出网页中的不同级别标题并掌握“<h1>”标题标记的应用。

（1）在设计视图中，选择刚刚导入的第一段文字，然后在“属性”面板的“格式”下拉列表框中选择“标题 1”选项，将第一段文字由“<p>”段落标记换成“<h1>”一级标题标记，如图 3-20 所示。

图 3-20　通过“属性”面板设定文本格式

（2）选择第二段文字，同样在“属性”面板的“格式”下拉列表框中选择“标题 2”选项，将第二段文字由“<p>”段落标记换成“<h2>”二级标题标记，如图 3-21 所示。

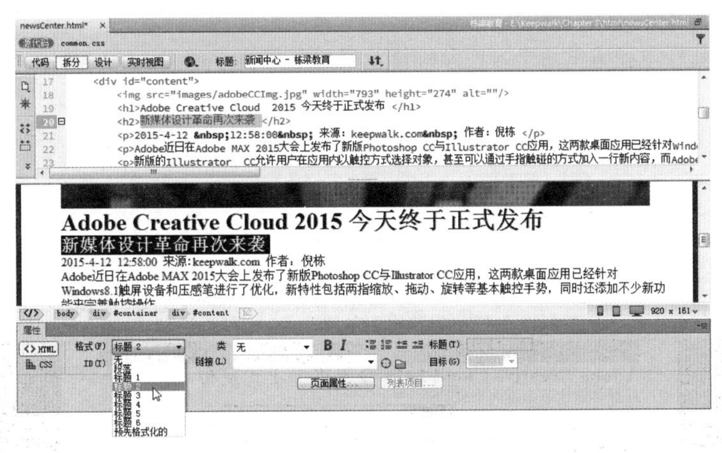

图 3-21　通过“属性”面板再次设定文本格式

提 示

这里如果看到源代码中出现了“ ”，不用惊慌，它代表空格的意思。

3.3.5　如何用区域标记环绕特殊文本

即使是一段文本中，有时对某些文本部分要做特别的处理，因此需要将这几个特殊文本用区域标记囊括起来，并通过 id 属性对应 CSS 样式，接下来的步骤将尝试这样的方法，并掌握“<span>”区域标记的应用。

（1）选择第三段文字中的日期和时间部分“2015-4-12 12:58:00”，因为后续希望这段文字中的日期和时间部分的文本颜色淡雅一些，但又不想影响到整段文本，所以要使用“<span>”区域标记隔开其他文本。遗憾的是，不能像设置标题文本一样通过“属性”面板实现此标记的应用，而需要通过组合键和输入方式实现。按 Ctrl+T 组合键打开“环绕标签”文本框，输入“span id="date"”，按 Enter 键确定标记输入，如图 3-22 所示。伴随“<span>”区域标记还输入了一个“id”属性，因为将来页面里的“<span>”标记不止一个，设置“id”属性的目的是为了在应用设计样式时，和其他的“<span>”区域标记区分开，得到不同的视觉效果。

图 3-22 通过“环绕标签”文本框输入 HTML 代码（1）

提 示

“id”属性更像是一个身份证，对象唯一的标识，理论上一个页面中不能出现两个“id”名称一样的对象，就好像现实生活中人的身份证号码不能相同一样。

（2）对“来源：keepwalk.com”和“作者：倪栋”文本做同样的处理，“<span>”标记的“id”属性分别为“newsSource”和“author”，如图 3-23 所示。

图 3-23 通过“环绕标签”文本框输入 HTML 代码（2）

（3）在接下来的正文普通段落中，选择“Adobe MAX 2015”这几个文本，这次想通过“<span>”区域标记将其归类到重点强调文本的行列，将来用红色和斜体样式设计突出效果。按 Ctrl+T 组合键打开“环绕标签”文本框，输入“span class="emText"”（其中“emText”是自定义类名称，代表强调类型文本的意思，并非固定用法，可以用别的名字代替）；然后按 Enter 键确定标记的输入，如图 3-24 所示。请特别注意，这里伴随区域标记使用的不是“id”属性，而是“class”属性。“class”属性代表类的意思，因为在一个页面中，可能很多地方都会出现需要强调的文本，这时就不适合用“id”属性了，而“class”属性可以在一个页面中被多个具有相同值的对象共用，以实现归类的目标。

（4）对第三段正文段落中的“Surface Pro 3”文本做同样的操作，将“<span>”标记的“class”属性设置为“emText”，如图 3-25 所示。

图 3-24　通过“环绕标签”文本框输入 HTML 代码（3）

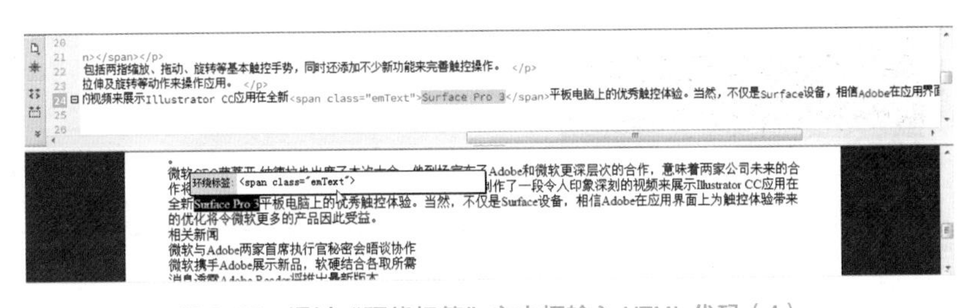

图 3-25　通过“环绕标签”文本框输入 HTML 代码（4）

（5）选择“相关新闻”文本，在“属性”面板的“格式”下拉列表框中选择“标题 3”选项，将该文字由“<p>”段落标记换成“<h3>”三级标题标记。用同样的方法，对“友情链接”文本设置“<h3>”三级标题标记，如图 3-26 所示。

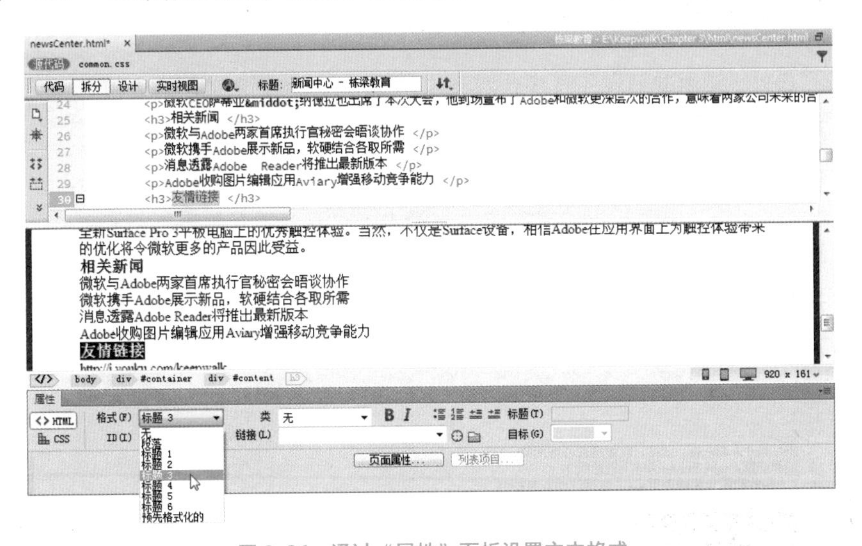

图 3-26　通过“属性”面板设置文本格式

3.3.6　如何应用编号列表

在新闻页面中也常常看到编号列表文本的身影，它是用于罗列同类信息的常用手段。下面将介绍如何用 Dreamweaver 软件快速实现段落文本向编号列表文本的转化，同时掌握“<ol>”和“<li>”编号列表标记的应用。

选择“相关新闻”下一段直到“友情链接”上一段的 4 段文本，然后单击“属性”面板上的“编号列表”按钮，将这 4 段原本为“<p>”段落标记的文本改为一组由“<ol>”编号列表标签和“<li>”子项目标签标记的文本，如图 3-27 所示。

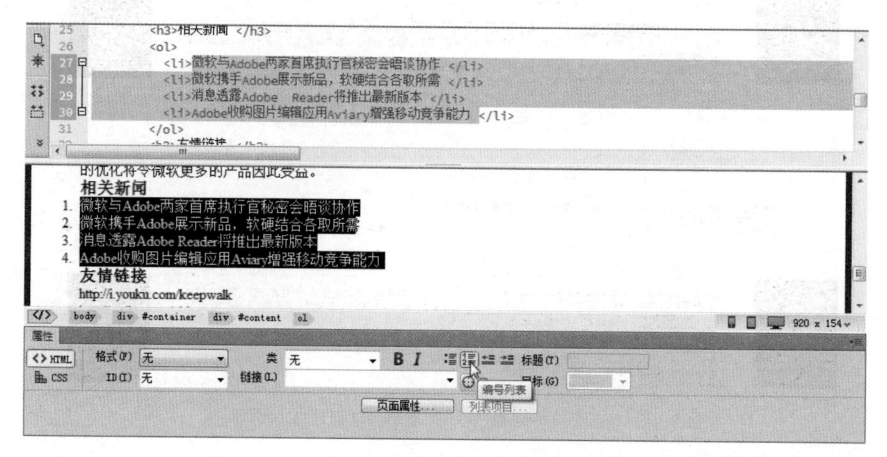

图 3-27　观察代码视图中数字列表标签的代码结构

3.3.7　如何应用符号列表

除编号列表外，常用的列表还有符号列表。下面介绍符号列表的创建方法，以及对“<ul>”和“<li>”符号编号标记的应用。

选择“友情链接”文本下的 3 行网址段落，然后单击“属性”面板上的“项目列表”按钮，将这 3 段原本为“<p>”段落标记的文本改为一组由“<ul>”符号列表标签和“<li>”子项目标签标记的文本，如图 3-28 所示。

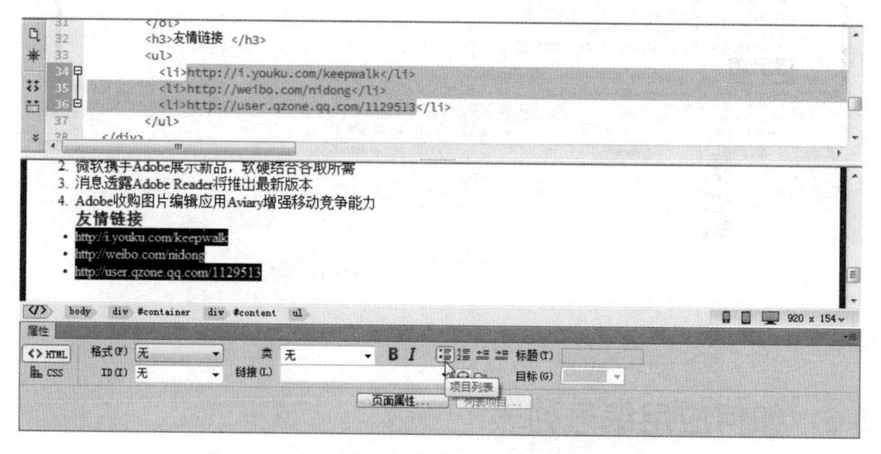

图 3-28　观察代码视图中符号列表标签的代码结构

注意

与前面相关新闻列表不同的是，新闻列表用的是“<ol>”标记，代表数字序号列表；而这里列表用的是“<ul>”标记，代表符号项目列表。而无论是数字列表还是符号列表，里面的子项目标记都要用“<li>”表示。

3.3.8 如何创建超链接

网页最有魅力的地方便是其超链接功能，用户可以在阅读的过程中随意地跳转到其他相关资讯位置，因此这里将带着大家学习如何通过 Dreamweaver 软件创建超链接，以及“<a>”超链接标记及其相关属性的应用。

（1）在设计视图中，选择“http://i.youku.com/keepwalk”这段网址文本，按 Ctrl+C 组合键复制该文本，然后在“属性”面板的“链接”文本框中单击激活输入光标，再按 Ctrl+V 组合键粘贴网址，最后按 Enter 键确定输入；为了能在新浏览器窗口中打开此网址而不替换当前页面，请将“属性”面板的“目标”参数设置为“_blank”，如图 3-29 所示。按 F12 键将页面保存后，通过默认浏览器预览和测试该超链接效果。

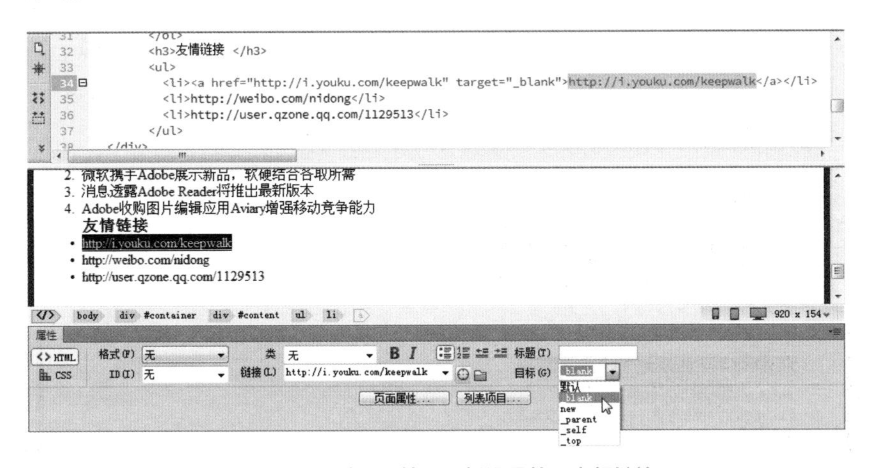

图 3-29 通过“属性”面板设置第一个超链接

观察代码视图，此时创建了一组“<a>”超链接标记，实现了超链接网址的跳转功能，其中的“href”属性就是网址属性，“target”属性就是目标属性。“target”目标属性值通常包含以下内容。

- **_blank**：在新窗口中打开网址。
- **_top**：如果该页面被包含在某个框架结构中，那么将用超链接网址刷新顶级框架网址。
- **_self**：如果该页面被包含在某个框架结构中，那么将用超链接网址刷新当前框架网页，不影响父级或顶级网页内容。
- **_parent**：如果该页面被包含在某个框架结构中，那么将用超链接网址刷新父级框架网页。
- **具体框架名**：直接用超链接网址刷新目标名称命名的框架网页。

（2）仍然在设计视图，逐一选择最后两行网址文本，做与上一步同样的操作，实现可跳转的网页超链接，如图 3-30 所示。

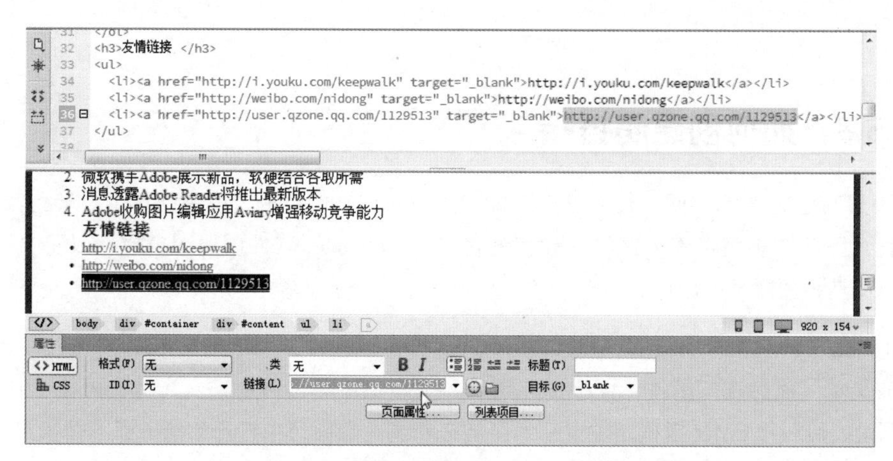

图 3-30　通过“属性”面板设置第二个和第三个超链接

（3）有时候需要创建一些空的超链接，这里将介绍两种创建空链接的方法。首先请选择“相关新闻”列表中的第一行文本，然后在“属性”面板的“链接”文本框中输入空链接标志“#”，如图 3-31 所示。按 F12 键将页面保存后，通过默认浏览器预览测试该超链接效果，发现当单击这种方式创建的空链接时，会导致页面位置置顶的变化。

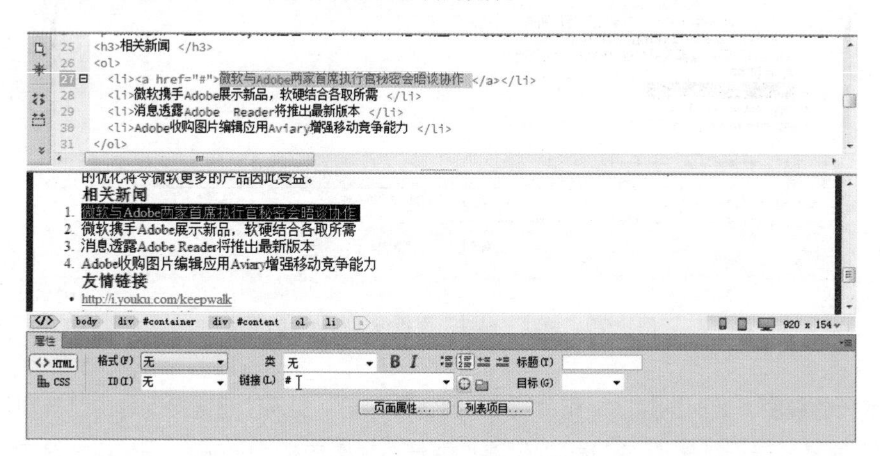

图 3-31　通过“属性”面板设置“#”类型的空链接

（4）如果单击空链接时不期望页面发生位置置顶变化，那么可以使用“javascript:;”代替“#”符号。选择“相关新闻”列表中的第二行文本，然后在“属性”面板的“链接”文本框中输入空链接标志“javascript:;”，如图 3-32 所示。按 F12 键将页面保存后，通过默认浏览器预览测试该超链接效果，发现当单击这种方式创建的空链接时页面位置不会发生改变。

（5）对“相关新闻”列表中第三、第四行文本做任意一种空链接效果，最终完成效果如图 3-33 所示。

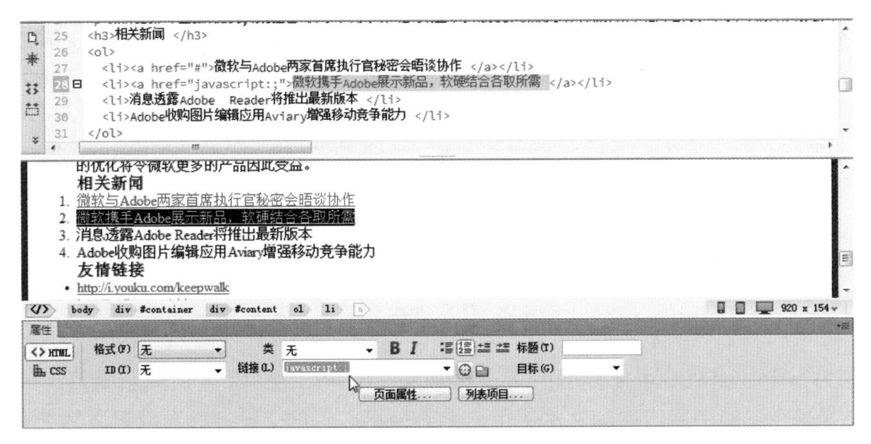

图 3-32 通过“属性”面板设置“javascript:;”类型的空链接

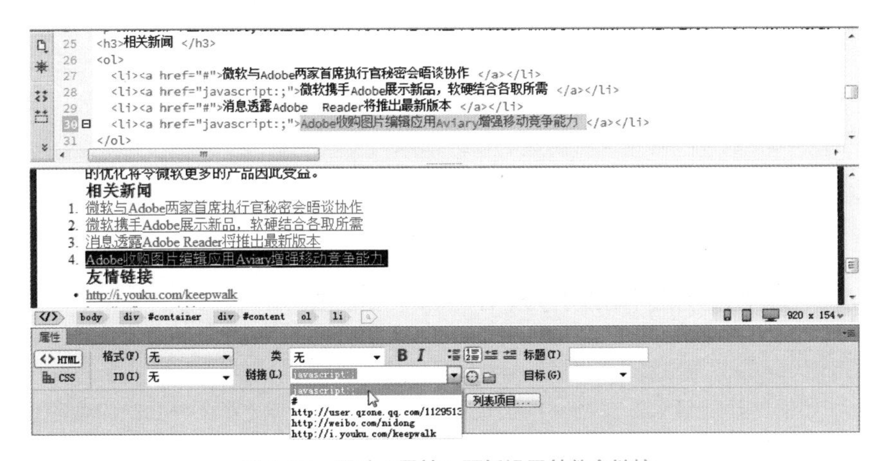

图 3-33 通过“属性”面板设置其他空链接

至止，新闻网页的 HTML 标记设计（内容结构设计）步骤就全部完成了，页面效果如图 3-1 所示。文本现在有了一些简单的区别，但是离我们预期的设计效果还相差甚远，因此接下来将学习如何通过 CSS 样式列表对页面进行视觉设计。

3.4 页面样式设计

知识要点

- CSS 基础概念和语法
- 如何创建外部 CSS 文件
- 如何应用 Dreamweaver 中的 CSS 设计器
- 4 种选择符（标记、伪标记、id、class）的应用
- 组合选择符的应用

如果仅用 HTML 设计网页，看到的视觉效果是乏味无趣、黯淡无光的，而 CSS 则是一剂强心药，能令纯 HTML 网页蓬荜生辉。接下来我们将快速体验 CSS 是如何增强 HTML 的设计能力的。

3.4.1 CSS 入门

CSS 的全称是 Cascading Style Sheets（层叠式样式列表），是 W3C（World Wide Web Consortium）组织自 1996 年以来一直力荐的网页技术，它是一种 HTML 范畴外的、简便的、易于理解的解决网页设计问题的辅助性代码技术，主要用于实现网页中视觉方面的控制和特效等。

CSS 的另一个优点就是可重复引用。一次编写，任意引用，大大提高了网页设计的工作效率。例如，在整个站点中警告性的文本都用一个设计标准，这个设计标准就可以写在外部的 CSS 文档中，在各个需要的页面中进行引用，将来如果需要修改警告性文本的具体呈现方式，那么只需要修改这个外部的 CSS 文档即可，而不需要到各个页面中进行多次重复修改。

再者，应用 CSS 样式列表可以优化代码，大大减小网页文件的大小；结合 CSS 文件可以缓存的特性，加快网页的加载速度；对浏览器、屏幕大小、设备类型等信息进行识别，实现自动判断；应用不同的 CSS 设计样式，实现响应式的页面设计等。

对 CSS 层叠式样式列表有了一个初步认识后，让我们进入操作部分的学习吧。

3.4.2 如何创建和应用外部 CSS 文档

虽然 CSS 代码的书写位置可以是该 HTML 页面内部，但是这样不方便共享和管理，因此首先来学习一下如何创建外部 CSS 文档。前面的范例已经完成了新闻网页页面的内容和结构设计，这里在前面完成的基础上开始进行视觉设计。这个视觉设计的 CSS 文档我们准备存储在外部，而不是写在当前的 HTML 代码文件里，以方便给别的页面共用。

（1）在“CSS 设计器”面板的“源”展卷栏右侧，单击“添加 CSS 源”按钮 +，在弹出的菜单中选择“创建新的 CSS 文件”命令，打开“创建新的 CSS 文件”对话框，单击右上角的“浏览”按钮，打开“将样式表文件另存为”对话框，设置路径为相对于站点根目录的“css”文件夹，文件名为“newsCenter”，最后单击“保存”按钮，如图 3-34 所示。

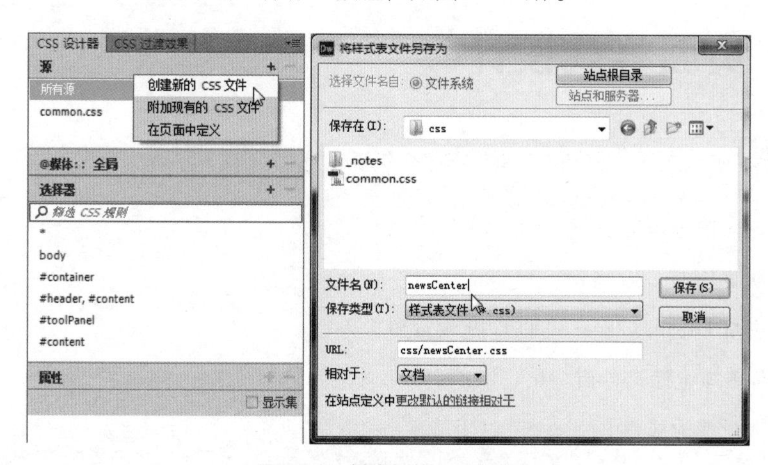

图 3-34　创建新的 CSS 文件

（2）返回“创建新的 CSS 文件”对话框，选择“添加为”属性为“链接”模式，最后单击“确定”按钮，完成外部 CSS 列表文档的创建，如图 3-35 所示。

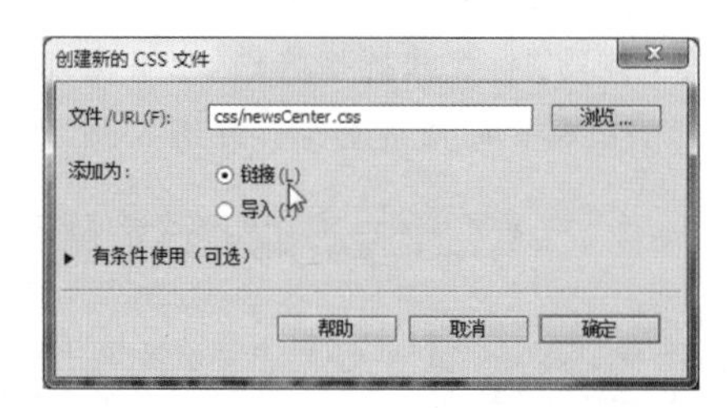

图 3-35　创建新的 CSS 文件时注意选择“链接”模式

（3）在文档标题“newsCenter.html”下面单击“newsCenter.css”链接，将代码视图由 HTML 代码切换成 CSS 代码，然后选择“查看→垂直拆分”命令，将 CSS 代码视图和设计视图以垂直方式左右拆分预览，如图 3-36 所示。

图 3-36　通过垂直拆分方式同时展示 CSS 代码视图和设计视图

（4）在设计视图中，选择第一行的一级标题文字，然后在“CSS 设计器”面板的“源”展卷栏中选中“newsCenter.css”文件，代表接下来的 CSS 样式将写入此 CSS 文档中，接着单击“选择器”展卷栏右侧的“添加选择器”按钮 ，添加 CSS 样式作用的范围，也就是“选择符”，系统默认将出现“#container #content h1”选择符，代表样式将作用于“container”对象中“content”对象的“h1”标记。其实该 CSS 选择符不用限定得这样具体，可以按两次↑键，对选择符进行修改，最终仅剩下“h1”选择符，这样该样式的视觉效果就可以作用于任何位置的“<h1>”一级标题标记了，如图 3-37 所示。

图 3-37　在“CSS 设计器”面板中添加“h1”一级标题标签选择符

提 示

有一种快速选择当前层级文本和标记的方法，那就是在需要选择的文本的任意位置单击，激活输入光标，然后在设计视图下方的“标记快捷导航栏”中单击当前层级标记，完成选择。另外，还可以单击父级标记，体验不同层级标记的快捷选择，如图 3-38 所示。

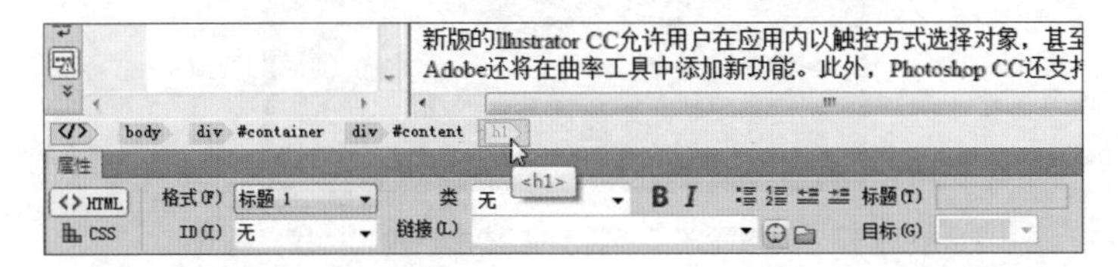

图 3-38　在“标记快捷导航栏”中选择标记元素

（5）在“CSS 设计器”面板中单击“属性”展卷栏的“文本”按钮T，跳转到文本样式设置区域，单击“color”颜色属性右边的色块，设置一级标题为红色显示，具体颜色的十六进制值为“#CC3B3D”，如图 3-39 所示。

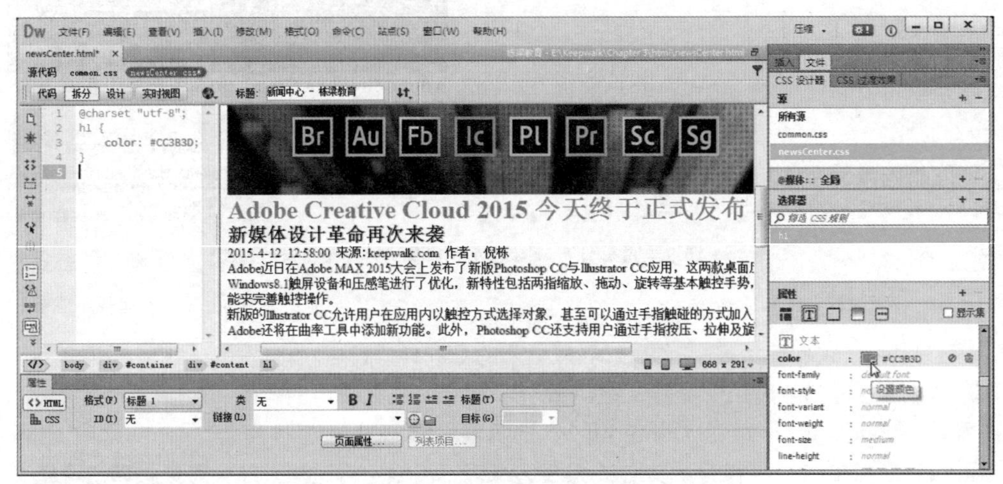

图 3-39　在“CSS 设计器”面板中选择颜色

提 示

网页设计中的颜色通常用 6 位十六进制数表示，其中“#”符号是前缀，接下来每两位一组，分别对应“RGB”红绿蓝光源的三原色，每种颜色的强度最低为 0，最高为 255，而 255 用十六进制表示就是“FF”。如果要设置颜色为纯红色，则可以写为“#FF0000”或简写为“#F00”，当然也可以使用英语“red”表示（当用英语表示时不必输入“#”符号）。

3.4.3　CSS 基础语法

下面仔细观察代码视图，学习一下 CSS 层叠式样式列表的基础语法。CSS 就是一个简单的定义集，指定页面元素如何出现，解决网页的布局和设计问题，其与 JavaScript 代码配合，还能实现丰富的互动特效等。CSS 代码主要包括两个部分：选择符和声明，如图 3-40 所示。

```
2  h1 {
3      color: #CC3B3D;
4  }
5
```

图 3-40 观察代码视图中的 CSS 代码

- **选择符：**最开始的部分就是选择符，主要用来限定 HTML 代码中哪些部分要应用此声明样式。
- **声明：**一系列的属性和值，决定着相关 HTML 元素应如何呈现。

关于 CSS 代码，有以下事项需要注意。

> CSS 中选择符遇到 ID 或者类名称时，大小写是敏感的。例如，如果在 HTML 代码中，某个元素的 id 属性等于“date”，而 CSS 代码中的选择符是“#Date”，就会发生不对应情况，CSS 样式无法作用于该 HTML 元素，因此建议大家养成区分大小写的习惯，无论是选择符，还是属性或者值。

> 除固定语法外，推荐自定义名称时采用驼峰式命名方法，即用小写字母开头，遇到新单词时首字母大写。例如，新闻标题“newsTitle”就远比“newstitle”好识别，“xinWenBiaoTi”也远比“xinwenbiaoti”好识别。驼峰式命名方法虽然不是严格的语法规定，但却是广泛应用于行业中的编程代码规范。

> 一组花括号“{……}”用于声明代码区段，表示样式的开始和结束。

> 属性和值之间用“:”隔开，并最终使用“;”结束。值可以只有一个，当遇到多个值时，中间用空格隔开。例如，控制段落元素上、右、下、左四周间距的 CSS 代码可以这样书写：

```
p {
    margin: 10px 20px 10px 20px;
}
```

3.4.4 使用“标记”选择符

对 CSS 代码的基础语法有一定了解后，请继续操作练习，后面遇到新的语法问题时会再展开叙述。

（1）在设计视图时，选择第二行的二级标题文字，然后在“CSS 设计器”面板的“源”展卷栏中，选中“newsCenter.css”文件，接着单击“选择器”展卷栏右侧的“添加选择器”按钮 +，添加 CSS 样式作用的范围，系统将默认出现“#container #content h2”选择符，同样按两次 ↑ 键，仅剩下“h2”选择符即可。这样该样式视觉效果就可以作用于任何位置的“<h2>”二级标题标记了，如图 3-41 所示。

图 3-41 在“CSS 设计器”面板中添加“h2”二级标题标记选择符

（2）在“CSS 设计器”面板中，单击“属性”展卷栏中的“文本”按钮T跳转到文本样式设置区域，单击“font-family”字体属性右侧的默认值，在弹出的列表中发现并没有适合的中文字体组，此时选择“管理字体”命令，打开“管理字体”对话框，选择“自定义字体堆栈”选项卡，在“可用字体”中找到并选择“微软雅黑”字体，然后单击“添加到选择的字体”按钮 << ，将该字体添加到“选择的字体”列表中；接着再从“可用字体”中找到并选择“黑体”字体，然后同样单击 << 按钮，将该字体添加到“选择的字体”列表中，如图 3-42 所示。

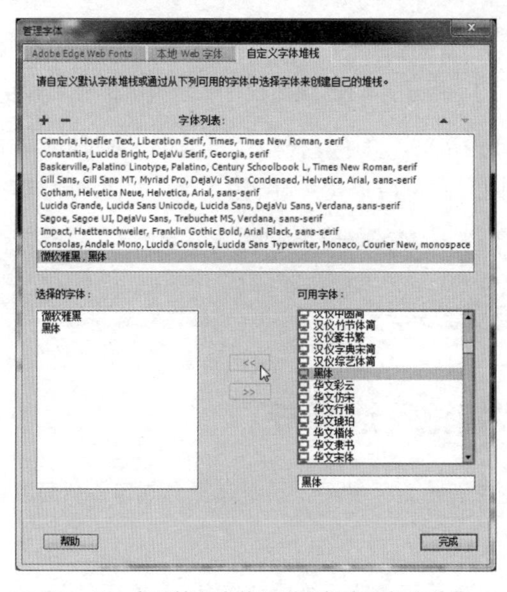

图 3-42 在“管理字体”对话框中添加字体集

提示

如果不小心添加错了字体，可选择该字体，然后单击“从选择的字体移除”按钮 >> ，移除该字体。

（3）在“管理字体”对话框中，单击“完成”按钮，完成中文字体组的添加。然后再次单击“font-family”字体属性右侧的默认值，这次在弹出的列表中选择“微软雅黑，黑体”选项，代表浏览器将优先采用用户系统中的“微软雅黑”字体来显示二级标题；当用户系统中找不到“微软雅黑”字体时，会用第二个字体“黑体”来替代，如图 3-43 所示。

图 3-43 选择添加的字体集

（4）观察设计视图，发现二级标题被自动加粗了，中文字体加粗后并不好看，因为中文字体的设计是很有讲究的，笔触粗细改变会影响原本的字体设计效果，因此在确保“CSS 设计器”面板“源”选择的是“newsCenter.css”文件且“选择器”选择的是“h2”选择符的情况下，单击“属性”展卷栏中“font-weight”字体粗细属性右边的默认值，在弹出的列表中选择“normal”正常粗细选项，如图 3-44 所示。

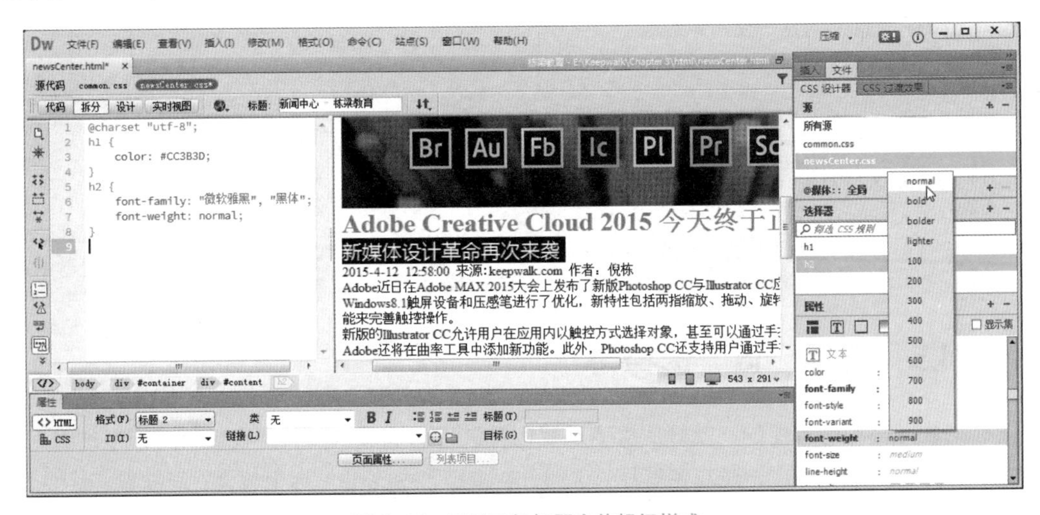

图 3-44 设置二级标题字体粗细样式

（5）在设计视图中选择三级标题“相关新闻”，然后在“CSS 设计器”面板的“源”展卷栏中选择“newsCenter.css”文件，在“选择器”展卷栏的右上角单击“添加选择器”按钮 +，添加新的 CSS 样式，同样按两次↑键，让选择符不那么具体化，仅剩下“h3”字符后按 Enter 键确定。然后单击“属性”展卷栏中的“文本”按钮T，跳转到文本样式设置区域，单击“color”颜色属性右边的色块，设置三级标题为深蓝色，十六进制值为“#2E326C”，如图 3-45 所示。

图 3-45　设置三级标题文本颜色

提示

虽然上述操作看上去是只对“相关新闻”文本做了 CSS 样式设计，其实不然，应该说是对“相关新闻”这类三级标题标记统一做了 CSS 样式设计。因为 CSS 样式的选择符是“h3”，也就代表页面中其他由“<h3>”三级标题标记包含的文本都采用了一致的视觉设计。例如，下面的“友情链接”文本也会得到同样的字体样式设计。

总而言之，这种 CSS 选择符直接对应 HTML 标记的方式，我们称之为“标记选择符”，它将 CSS 声明样式作用于页面中所有该标记包含的视觉对象，非常方便批量化设计。其应用规律是选择符和标记直接对应，如下所示。

```
CSS 部分:
h3 {
    color: red;
}
HTML 部分:
<h3> 这个三级标题是红色的 </h3>
<h3> 这个三级标题也是红色的 </h3>
```

3.4.5　使用“id”选择符

标记选择符不是万能的，就好比接下来我们要进行的操作，若希望设置第三行中的时间文本“2015-4-12 12:58:00”为浅灰色呈现，这部分文本被“<span>”标记包含，同样被“<span>”标记包含的还有后面的来源文本和作者文本，但是这三部分文本却要设计成不同的文本样式，因此定义 CSS 样式的选择符不能直接使用“span”标记选择符了，因为那会同时影响这三部分文本，所以这里要使用第二种类型选择符——“id”选择符。所谓“id”选择符，就是对应 HTML 标记中“id”属性的一种选择符，在 CSS 代码中需要加“#”作为前缀说明。例如：

```
CSS 部分:
#date {
    color: gray;
}
HTML 部分:
<span id="date">2015-4-12 12:58:00 为灰色显示 </span>
<span id="others">这里的文本不会显示为灰色 </span>
```

（1）在设计视图中，选择第三行时间文本“2015-4-12 12:58:00”，然后在“CSS 设计器”面板的“源”展卷栏中选择“newsCenter.css”文件，在“选择器”展卷栏的右上角单击“添加选择器”按钮 +，添加新的 CSS 样式，同样按两次 ↑ 键，让选择符不那么具体化，仅剩下“#date”字符后按 Enter 键确定，然后单击“属性”展卷栏中的“文本”按钮 T 跳转到文本样式设置区域，单击“color”颜色属性右边的色块，设置时间文本为浅灰色，十六进制值为“#8D8D8D”，如图 3-46 所示。

图 3-46　设置时间文本的颜色样式

（2）采用同样的方法，分别设置“来源：keepwalk.com”文本和“作者：倪栋”文本颜色为“#686868”和“#171D5C”，如图 3-47 所示。

图 3-47　设置其他两处文本的颜色样式

3.4.6 使用“class”类选择符

除了“标记”选择符和“id”选择符以外，还有别的类型选择符吗？答案是肯定的。例如，在段落中希望对某类文本进行特别处理，在前面的 HTML 结构设计过程中，我们已经将“Adobe MAX 2015”文本和“Surface Pro 3”文本用“<span>”标记和“class”类属性标记为“emText”强调类型文本，这里就来看看如何针对该类进行 CSS 样式设计。

所谓“class”类选择符，就是对应 HTML 标记中“class”属性的一种选择符，在 CSS 代码中需要加“.”作为前缀说明。例如以：

```
CSS 部分:
.emText {
    color: blue;
}
HTML 部分:
<span class="emText">这行文本是蓝色的</span>
<p class="emText">这段文本也是蓝色的</p>
```

在设计视图中，选择“Adobe MAX 2015”文本或者将输入光标定位在这几个文本中的任何一个字母位置，在“CSS 设计器”面板的“源”展卷栏中选择“newsCenter.css”源文件，单击“选择器”展卷栏右上角的“添加选择器”按钮 +，按两次↑键，让选择符只剩下“.emText”部分，然后单击“属性”展卷栏“文本”按钮 T，跳转到文本样式设计区域，设置“color”属性为“#CC3B3D”，设置“font-style”为“italic”，如图 3-48 所示。

图 3-48 设置强调类型文本样式为斜体

注意观察，通过“<span>”标记和“class”属性归类的这两个文本同时被应用了该样式，成功实现了对一类文本的样式设计。不像“id”属性只能在页面中对一个对象应用，“class”类属性可以应用给页面中的众多对象。

3.4.7 使用“伪标记”选择符

下面来学习一下“伪标记”选择符。我们在 HTML 结构设计时已经接触过了“<a>”超链接标记，超链接默认的样式是以下画线和蓝色显示文本，如果希望在光标移上超链接文本时用红色方式显示文本，该使用什么选择符来定义超链接标记的光标移上去的状态呢？

标记选择符“a”肯定不行，因为会影响其普通状态；类选择符同样控制不到超链接标记光标移上去的状态，更不要说“id”选择符了。这里向大家推荐“伪标记”选择符。

所谓“伪标记”选择符，就是其对应的标记并不存在，但是却可以起到特殊作用，代表标记的特别状态，例如这里提到的“<a>”标记，如果想控制其光标移上去的状态，则可以通过“a:hover”伪标记选择符实现。另外，其他常用的“伪标记”选择符列举如下。

- **a:link**：代表超链接的普通状态，同“a”标记选择符类似。
- **a:visited**：代表超链接已经被访问过的状态。
- **a:avtive**：代表当前正在被激活的超链接状态。
- **a:hover**：代表光标移动到超链接上的“rollover”状态。
- **a:focus**：类似于“a:hover”选择符，代表通过键盘移动到超链接上的“rollover”状态。
- **p:first-letter**：代表段落中第一个文本的选择符。
- **p:first-line**：代表段落中第一行文本的选择符。

“伪标记”选择符对应 HTML 标记的一些额外状态和选择，在 CSS 代码中用“标记:详细状态”表示。例如：

```
CSS 部分：
a:hover {
    color: red;
    text-decoration: underline;
}
HTML 部分：
<a href="http://www.keepwalk.com">www.keepwalk.com</a>
```

（1）继续前面的练习，在设计视图中，选择某个超链接文本，或者将输入光标定位在任意超链接文本中，在“CSS 设计器”面板的“源”展卷栏中选择“newsCenter.css”源文件，单击“选择器”展卷栏右上角的“添加选择器”按钮 +，按两次↑键，让选择符只剩下“a”部分，然后紧接着输入“:”，这时 Dreamweaver 会弹出该标记选择符所有的伪标记选择符，以选择的方式或者输入的方式确保最终选择符为“a:hover”，如图 3-49 所示。

（2）在“CSS 设计器”面板中，单击“属性”展卷栏中的“文本”按钮 T，跳转到文本样式设计区域，设置“color”属性为“#CC3B3D”，设置“text-decoration”为“underline”，如图 3-50 所示。

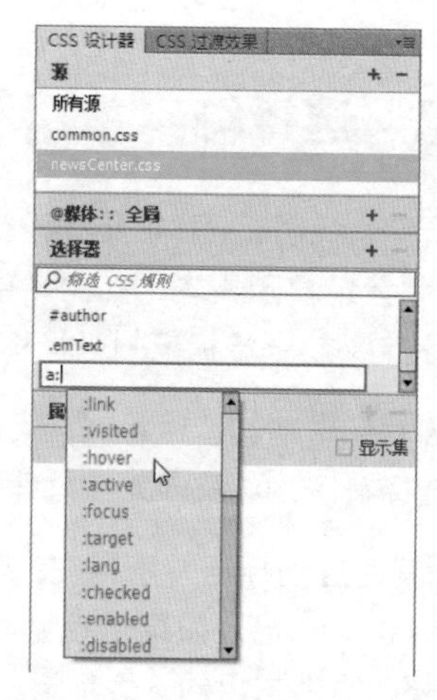

图 3-49　添加“a:hover”伪标记选择符

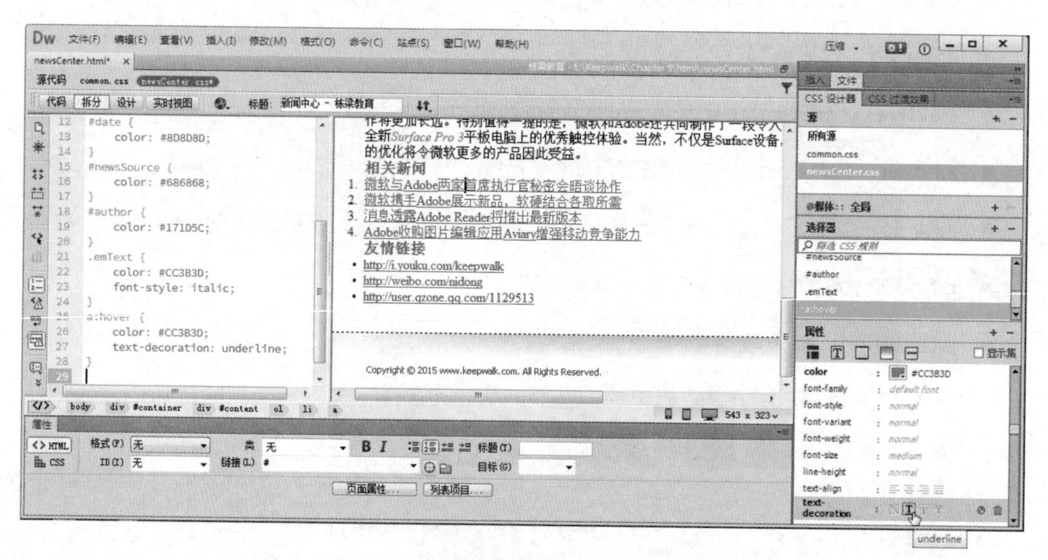

图 3-50　设置超链接的颜色和下画线样式

3.4.8　群组选择符的应用

现在，CSS 中 4 种类型的选择符（“标记”“id”“class”“伪标记”）就全部学习完毕了，如果说单个地使用它们已经让你觉得非常激动的话，组合使用它们一定让你兴奋不已。确实，组合使用各类选择符能让你更加简便地完成复杂的设计任务，大大提高工作效率。接下来就体验一下群组选择符的强大吧。

我们应在什么时候使用群组选择符呢？例如，想将一级标题、二级标题和三级标题的字体颜色都设置为红色，逐一地设置各标记选择符样式，肯定会产生冗余的代码，将来修改起来也麻烦，甚至需要修改多次，因此可以通过群组选择符将系列样式规则同时赋给多个选择符（选择符之间用“,”隔开）。例如：

```
CSS 部分：
h1, h2, h3 {
    color: red;
}
HTML 部分：
<h1> 一级标题是红色显示 </h1>
<h2> 二级标题也是红色显示 </h2>
<h3> 三级标题还是红色显示 </h3>
```

本例中感觉页面中各个文本段落之间的段距不够，因此也可以通过群组选择符的方法提高设计效率，实现批量样式设计，具体操作方法如下。

（1）在设计视图中某一级标题的文本中间单击，在此位置激活输入光标，在“CSS 设计器”面板的“源”展卷栏中选择“newsCenter.css”源文件，单击“选择器”展卷栏右上角的“添加选择器”按钮 **+**，按两次↑键，让选择符只剩下“h1”部分，然后紧接着输入“, h2, h3”，实现群组选择符的定义，然后在“属性”展卷栏中“margin”属性的顶部间距参数中输入“14px”，按 Enter 键确认输入，如图 3-51 所示。

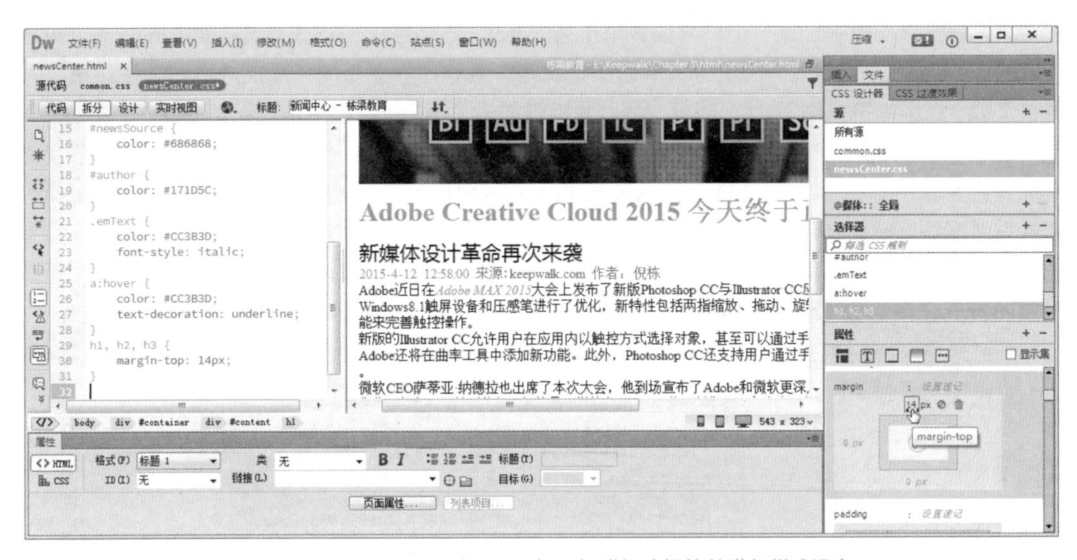

图 3-51　使用“CSS 设计器”面板添加群组选择符并进行样式设定

不难发现，此间距属性同时作用于“<h1>”一级标题标记、“<h2>”二级标题标记和“<h3>”三级标题标记，版式设计统一在一个样式里面，省去了 3 次定义样式的麻烦，以后修改也只需修改一次即可，其便捷效果不言而喻。

（2）观察设计视图，两个列表也有左边间距设定问题，数字和符号都没有缩进，可以通过同样的方法批量设置其左边距，统一缩进。在设计视图“相关新闻”列表中任何一个项目的文本上定位输入光标，在“CSS 设计器”面板的“源”展卷栏中选择“newsCenter.css”源文件，单击“选择器”展卷栏右上角的“添加选择器”按钮 **+**，删除后面的两个选择符，让选择符只剩下“ol”部分，然后紧接着输入“, ul”实现群组选择符的定义，然后在“属性”展卷栏中“margin”属性的左边间距参数中输入“20px”，按 Enter 键确认输入，如图 3-52 所示。

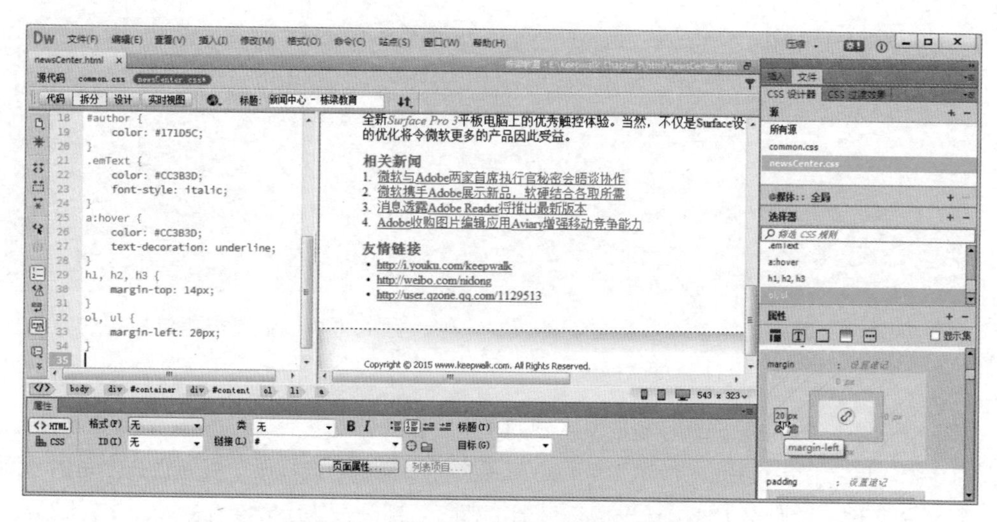

图 3-52 设置“margin”左边间距样式属性

（3）最后，对“<p>”段落和“<li>”列表项目标记统一进行字体大小、行高、顶间距和色彩定义。在设计视图中任意一个段落位置单击插入光标，然后在“CSS 设计器”面板的“源”展卷栏中选择“newsCenter.css”源文件，单击“选择器”展卷栏右上角的“添加选择器”按钮 ，按两次↑键，让选择符只剩下“p”部分，然后紧接着输入“, li”实现群组选择符的定义，然后在“属性”展卷栏中“margin”属性的顶间距参数中输入“12px”，单击“文本”按钮 ，切换到文本样式设置区域，设置“color”属性为“#3C3C3C”，“font-size”属性为“14px”，“line-height”属性为“24px”，如图 3-53 所示。

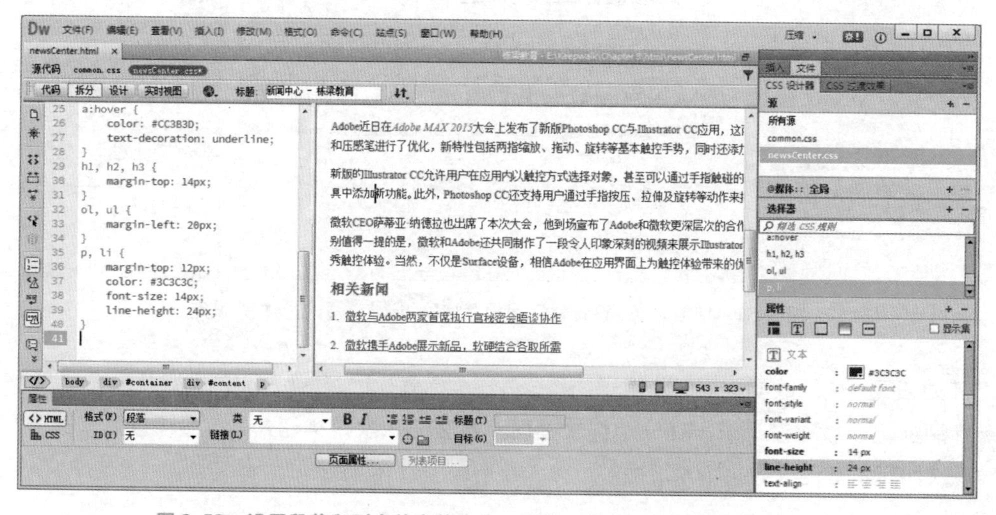

图 3-53 设置段落和列表的字体大小、行高、色彩、顶部间距等样式信息

3.4.9 关联选择符的应用

通过前面的学习，轻松实现了对多个选择符进行同样样式的批量设置，确实大大提高了创作效率，但有时还会遇到精确性的问题。假设需要精确地对一系列的标记进行样式设计，或者是

对某种条件环境下的系列标记实现样式设计，这时就可以用到关联选择符了。不过关联选择符又可以分为几种情况，其中最常用的两种是子孙关联选择符和属性关联选择符，首先从子孙关联选择符开始学习。

3.4.9.1 子孙关联选择符的应用

在本例中，如果期望“相关新闻”下的超链接普通状态中不包含下画线效果，而又不想影响到“友情链接”下的超链接普通状态，就可以通过子孙关联选择符的应用，巧妙地实现“<ol>”标记下所有“<a>”标记样式的定义。具体方法是同时列举出父子或子孙选择符，且多个选择符之间用空格隔开。例如：

```
CSS 部分：
ol a {
    text-decoration: none;
}
HTML 部分：
<ol>
    <li><a href="#">此超链接普通状态没有下画线显示</a></li>
    <li><a href="javascript:;">此超链接普通状态也没有下画线显示</a></li>
</ol>
<ul>
    <li><a href="#">这个列表里的超链接普通状态都有下画线显示</a></li>
</ul>
```

这里就轻松实现了只有“<ol>”标记下的所有“<a>”标记受到样式设置的控制，而不影响其他位置的“<a>”标记样式的效果。结合实例，具体操作步骤如下。

在设计视图“相关新闻”列表中任何一个项目的文本上定位输入光标，在“CSS 设计器”面板的“源”展卷栏中选择“newsCenter.css”源文件，单击“选择器”展卷栏右上角的“添加选择器”按钮 ＋，删除中间的标记选择符“li”，让选择符只剩下“ol a”部分，实现子孙关联选择符的定义，然后在“属性”展卷栏中单击“文本”按钮 T，设置“text-decoration”属性为“none”，如图 3-54 所示。

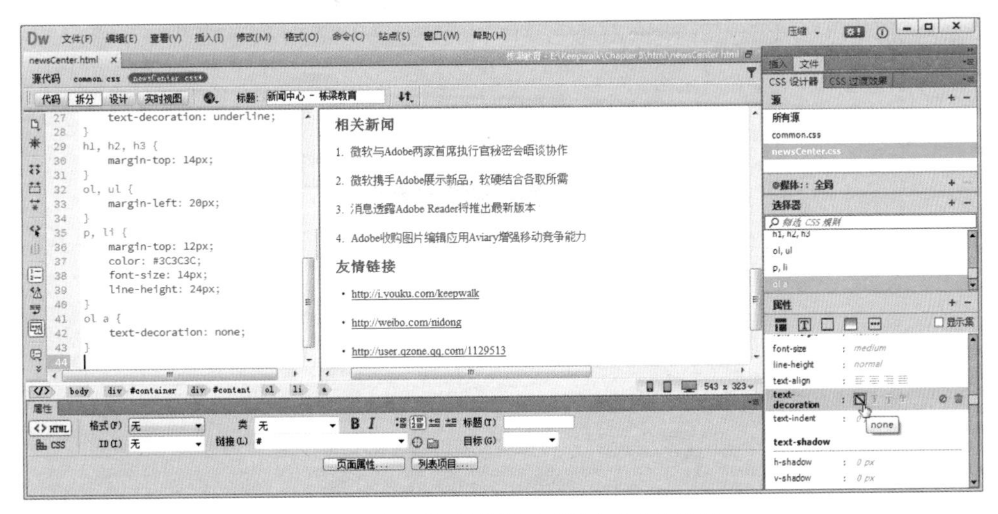

图 3-54 添加子孙关联选择符和具体样式设定

3.4.9.2 属性关联选择符的应用

如果希望所有链接到某类网址的超链接都以某种设计样式呈现，例如所有链接到 QQ 空间的网址都用斜体呈现，就可以先给这些“<a>”超链接标记添加“class”类属性，然后采用 CSS 属性关联选择符实现精确的批量样式设计，具体方法是同时列举出两个选择符，且选择符之间不要用空格隔开。例如：

```
CSS 部分：
a.qq {
    font-style: italic;
}
HTML 部分：
<ol>
    <li><a href="javascript:;">微软携手 Adobe 展示新品，软硬结合各取所需
</a></li>
    <li><a class="qq" href="http://user.qzone.qq.com/1129513/blog/
1285998315">消息透露 Adobe Reader 将推出最新版本</a></li>
</ol>
<ul>
    <li><a href="http://weibo.com/nidong">http://weibo.com/nidong</
a></li>
    <li><a class="qq" href="http://user.qzone.qq.com/1129513" target="_
top">http://user.qzone.qq.com/1129513</a></li>
</ul>
```

结合实例，具体操作步骤如下。

（1）在设计视图中，单击“相关新闻”中第三行“消息透露 Adobe Reader 将推出最新版本”的任意文本位置，在“属性”面板中，修改“链接”属性为“http://user.qzone.qq.com/1129513/blog/1285998315”，然后单击视图左下角标签导航栏中的 a 按钮，选择整个“<a>”标记，通过 Ctrl+T 快捷键打开“编辑标签”浮动面板，为该超链接标记添加“class”类属性，并设置其值为“qq”，按 Enter 键确定输入，如图 3-55 所示。

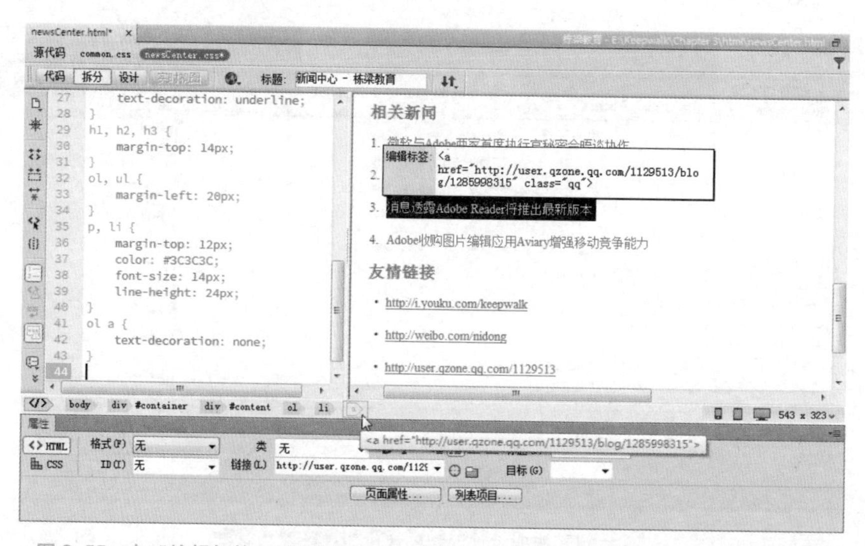

图 3-55 在“编辑标签”浮动面板中对“相关新闻”中的超链接设置“class”类属性

（2）以同样的方法，在设计视图中设置“友情链接”中的第三行“http://user.qzone.qq.com/1129513”超链接标记的“class”类属性为“qq”，如图 3-56 所示。

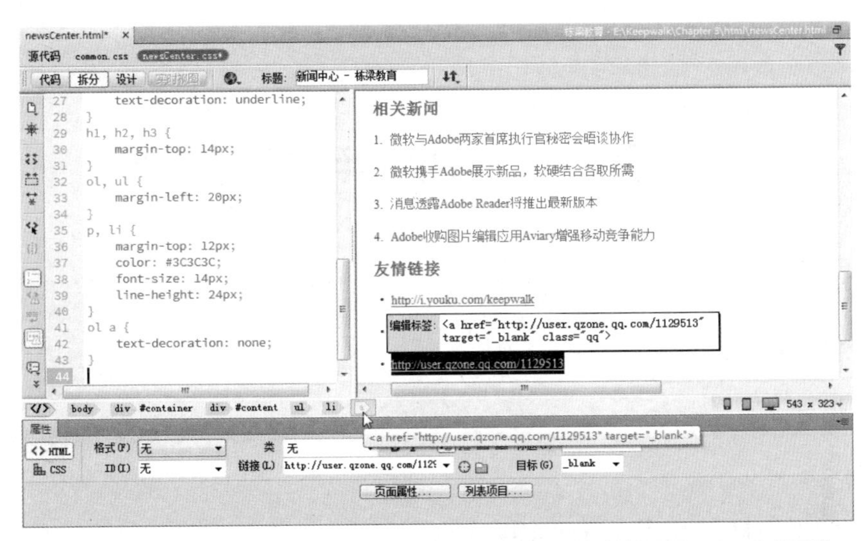

图 3-56 在“编辑标签”浮动面板中对“友情链接”中的超链接设置“class”类属性

（3）确保“友情链接”中的第三条超链接仍为选择状态，在“CSS 设计器”面板的“源”展卷栏中选择“newsCenter.css”源文件，单击“选择器”展卷栏右上角的“添加选择器”按钮 + ，按两次↑键，让选择符只剩下“.qq”部分，然后在前面输入字符“a”，使最终选择符为“a.qq”。接下来单击“属性”展卷栏中的“文本”按钮 T ，跳转到文本属性设置区域，设置“font-style”属性值为“italic”，如图 3-57 所示。

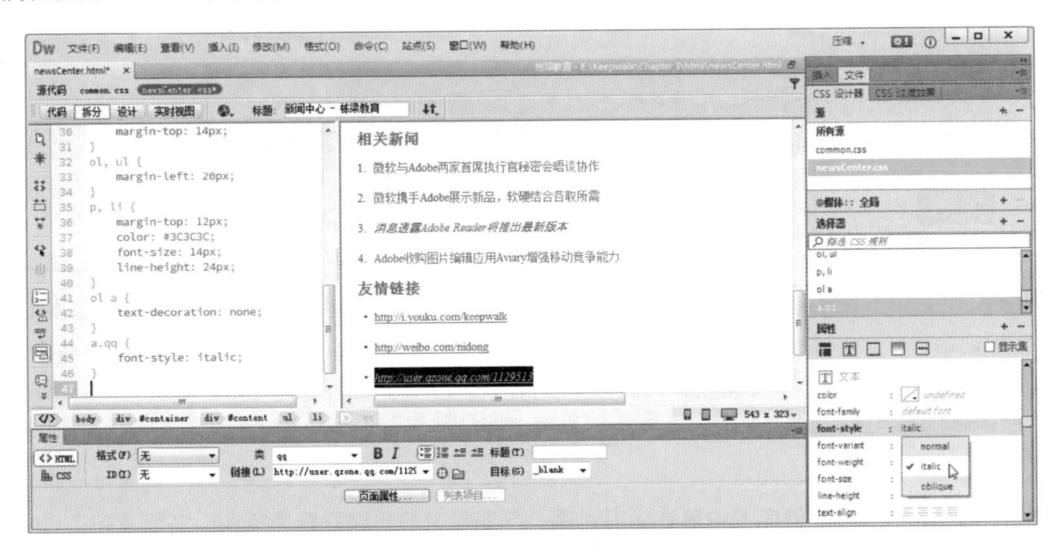

图 3-57 添加属性关联选择符和具体样式设定

（4）最后，选择“文件→保存全部”命令，将 HTML 和 CSS 文件全部保存以后，按 F12 键对页面进行预览，完成本例操作。

到目前为止，新闻页面设计实例全部完成，不过这只是HTML标记和CSS样式设计知识的入门，还有很多语法和应用等着去发掘，我们将在后面的实例练习中逐一地学习，请大家耐心地继续阅读。

3.5 扩展知识——其他常用关联选择符

知识要点

- "限定子"关联选择符
- "隔代"关联选择符

3.5.1 "限定子"关联选择符

除前面实例中提及的"子孙"关联选择符和"属性"关联选择符以外，还有一些其他关联选择符值得去学习，例如"限定子"关联选择符。"限定子"关联选择符主要用于只希望子元素被选择的应用样式（非整个后裔层级情况），具体方法是选择符之间用">"隔开。例如以下代码：

```
CSS 部分：
p > i {
    color: red;
}
HTML 部分：
<p> 这是普通文本，<i> 这里的文本将呈现为红色 </i>，这里将恢复普通文本样式。</p>
<p> 这是普通文本，<strong><i> 仍然是普通文本 </i></strong>，还是普通文本。</p>
```

注意

虽然这个范例中使用了一些看似视觉元素的标记，例如"<i>"斜体标记和"<strong>"粗体标记，但是请不要误会，其目的是在HTML中应用视觉标记。因为即使是在HTML5的版本中，这些标记还是可以使用的，但不是利用它们在布局中所呈现的样式，而是利用这些标记把部分文本定义为某种类型而已。至于视觉方面的斜体和粗体表现，还是应当通过CSS样式去定义和实现。

3.5.2 "隔代"关联选择符

"隔代"关联选择符主要用于只希望标记层级的关系中孙子级别或者曾孙子级别的标记被应用于某种设计样式，就像现实中的"隔代遗传"一样，具体方法是在选择符之间用一个或多个"*"隔开。例如，以下代码仅希望"<p>"标记的孙子级"<i>"标记应用为红色字体。

```
CSS 部分:
p * i {
    color: red;
}
HTML 部分:
<p> 这是普通文本，<i> 仍然是普通文本 </i>，还是普通文本样式。</p>
<p> 这是普通文本，<strong><i> 这里的将呈现为红色 </i></strong>，恢复普通文本。
</p>
```

以下代码仅希望“<p>”标记的曾孙子级“<i>”标记应用为红色字体。

```
CSS 部分:
p * * i {
    color: red;
}
HTML 部分:
<p> 这是普通文本，<i> 仍然是普通文本 </i>，还是普通文本样式。</p>
<p> 这是普通文本，<strong><i> 仍然是普通文本 </i></strong>，还是普通文本样式。
</p>
<p> 普通文本，<strong><em><i> 这里呈现为红色 </i></em></strong>，普通文本。
</p>
```

学习到这里，虽然还有一些关联选择符及其组合用法没有提到，不过在当前范例中应用学过的知识已经绰绰有余了。如有兴趣，请参阅其他 CSS 样式设计书籍深入学习，特别是如何组合使用这些方法以得到更强大的批量选择定义或精确选择定义，值得大家一起探讨研究。

3.6 扩展知识——HTML 如何同时应用多个 CSS 类

知识要点

- 如何应用多个 CSS 类

除了可对选择符进行复合范围的定义以实现批量或者精确选择以外，我们还可以对 HTML 标记中的“class”类属性实现多个 CSS 类的指定。也就是说，可以同时给一个 HTML 标记设置多个 CSS 类样式，例如以下代码。

```
CSS 部分:
.redTxt {
    color: red;
}
.bigTxt {
    font-size: 24px;
}
HTML 部分:
```

```
<p>这是普通文本，<span class="redTxt">这是红色文本</span>，还是普通文本。
</p>
<p>普通文本，<span class="redTxt bigTxt">红色大字号文本</span>，普通文本。
</p>
```

3.7 扩展知识——CSS 样式列表的继承和层叠

知识要点

- CSS 的继承
- CSS 的层叠

3.7.1 关于继承

CSS 样式可以通过继承高效率地使用、所谓继承，就是对父元素应用的 CSS 规则同样会适用于子元素。例如，给 body 元素设置“color:blue;”的样式规则，那么 body 元素内部的所有子元素如果没有其他同样规则的重复定义、冲突覆盖，也都会变成蓝色显示。继承特性最典型的应用就是在整个网页样式的预设时，对页面中顶级或者父级对象定义通用样式、共性样式，让所有子对象都遵循而不用逐一设置。

不过也有无法实现样式规则的继承的特殊情况，例如以下几种常见情况。

> 某些 CSS 样式规则本身不应具备继承能力，例如 border 边框、margin 间距、padding 边距之类的规则；

> 虽然继承的样式优先权重值和通配符优先权重值一样都为 0，但是通配符选择符比继承样式的特殊性高，例如“* { color:black; }”，此规则选择符是通配符“*”，因此样式规则优先权比继承高；

注意

关于权重优先值，将在第 4 章的 4.6 节进行详细介绍。

> 使用“!important”声明的规则比继承样式权限高，例如“.imp { color:red !important; }”。“!important”的应用方法是在规则的结束符号“;”前插入此短语即可。

IE6 版本的浏览器是无法识别“!important”声明的，因此有时也用这种方法区别 CSS 规则到底是作用于 IE6 还是作用于 IE6 以上的浏览器版本，以实现不同浏览器版本的 CSS 代码兼容性。例如，有以下样式：

```
div { width:200px !important; }
div { width:180px; }
```

上面两条样式看似重复，并且第二条会替代、覆盖第一条中的宽度样式规则属性值，但其实第一条样式会被 IE6 以上版本的浏览器采用，而 IE6 则会采用第二条样式的宽度设置。

3.7.2 关于层叠

网页中某个元素可能同时被多个 CSS 选择符选中，而每个选择符中都有一些 CSS 样式规则对其产生作用，这就产生了层叠，当遇到重复（冲突）的规则样式时，当然不可能都起作用，一定有取舍或者优先采用的原则。

3.8 扩展知识——HTML5 标记

知识要点

- HTML5 标记简介

上一代的 HTML 标准（HTML4 和 XHTML）至今已经应用了十几年。在这十几年的时间里，网页的发展已经有了翻天覆地的变化，但是网页前端设计却仍没有一个完善而统一的标准，各个浏览器之间仍有着诸多的不兼容现象，造成了设计师和开发者的种种困扰，设计师们疲于应付各种兼容性问题，制约了创意的发挥。同时，多媒体资讯、动画的应用都需要通过 Flash 实现，而 Flash 在移动终端浏览器的发展上遇到瓶颈。这一系列的问题催生了 HTML5 版本的诞生。HTML5 让网页设计更加标准化、结构化，通用性、兼容性更强，更加独立于设备，跨平台、跨系统支持更好等。

HTML5 算不上颠覆性的改变，不过其发展性不容小窥，HTML5 集成了很多实用的网页功能，例如更加语义化的标记，音频、视频的直接支持，类似 Flash 的动画和互动功能，本地数据的存储，Socket 通信能力等。HTML5 新标准解决了浏览器兼容性、文档结构不够明确以及网页客户端应用功能受限三大问题。

在前面的课程内容中，通过实例已经学习了一些最基础、常用的 HTML 标记，这里看看最新的 HTML5 有哪些新增的标记和特点。

首先，HTML5 标记比 XHTML 有着更好的语义性。例如，代表页眉的 <header> 标记、代表主结构的 <main> 标记和代表页脚的 <footer> 标记，可以更明确地表示网页的结构；代表导航的 <nav> 标记、代表侧边栏的 <aside> 标记、代表文章的 <article> 标记和代表章节的 <section> 标记等也更有利于网页结构的清晰化。

其次，HTML5 新添了一些处理多媒体的标记，让网页设计在处理多媒体资讯时变得更加直接、方便和快捷，例如 <audio> 音频标记和 <video> 视频标记等。

再有，Flash 在移动终端浏览器支持上遇到发展瓶颈，Flash Player 的移动终端浏览器版本已经停止升级，Flash 从此转战 App 应用程序开发，而 HTML5 新添的 <canvas> 画布标记有望弥补这一缺陷，逐渐替代网页浏览器中 Flash 动画、多媒体和互动处理的角色和地位。

最后，值得关注的还有 HTML5 新添的一系列表单控件，例如 <date> 日期标记、<datetime> 日期和时间标记、<email> 电子邮件标记、<url> 网址标记、<number> 数字标记、<range> 范围滑块标记、<color> 颜色拾取标记、<search> 搜索标记以及 <tel> 电话标记等。

完整的 HTML5 特性和语法并不在本书的讨论范围之内，请大家参阅其他专业书籍。在此只希望大家关注这些最新的技术和标准，后续的内容中虽然还会涉及，不过也仅仅是抛砖引玉，带着大家快速入门，无法全面阐述。

第 4 章

明苑画廊作品展示设计实例

4.1 设计效果预览

第 3 章学习了如何使用 Dreamweaver 软件实现网页的 HTML 结构设计和 CSS 样式设计，对 HTML 常用标记和 CSS 语法有了一定程度的了解。下面将进一步讲解网页设计中的基础核心问题：盒子对象和两种定位方法（浮动和坐标定位法），并开始接触简单的 JavaScript 互动脚本，实现画廊作品展示类型的页面设计，最终完成如图 4-1 所示的网页设计介绍。

图 4-1　明苑画廊作品展示网页设计的最终样貌

4.2 盒子对象的概念和应用

知识要点

- 对盒子概念的理解
- 理解 margin、border、padding、width、height 与占用面积之间的关系
- 理解 background color、background image 和实际内容之间的关系

4.2.1 从盒子对象的概念开始

盒子对象是每一个网页设计师都必须掌握的基础核心概念。网页中的视觉元素都是由一组盒子对象组成的，从占地面积上来讲，包括 4 个方向的“margin”（间距）、“border”（边框）、“padding”（边距）、“width”（内容宽度）以及“height”（内容高度）元素；从设计元素上来讲，还可以包括“background-color”（背景色彩）和“background-image”（背景图片）两个部分，如图 4-2 所示。理解了盒子对象，就可以透彻地掌握各元素是如何布局排版的以及它们之间是如何相互作用的。

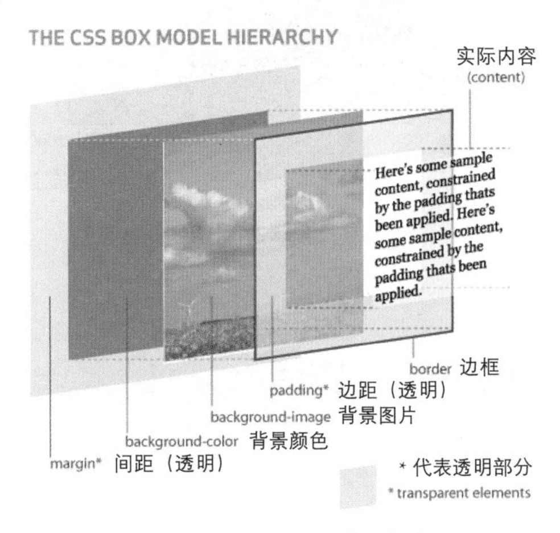

图 4-2 背景图和背景颜色

盒子对象最形象的一个比喻就是，可以把它看作是挂在墙上的一幅画，这幅画通过装裱放在了画框里，挂在墙上时，各幅画之间、画与墙柱之间都保持了一定的间距。对应到网页中，盒子对象的具体参数就是这幅画由其“width”（宽度）、“height”（高度）组成，画框的边框厚度由“border”（边框）决定，画框与画之间的装裱距离称为“padding”（边距），画框与其他画框或者柱子等其他对象之间的距离称为“margin”（间距），如图 4-3 所示。

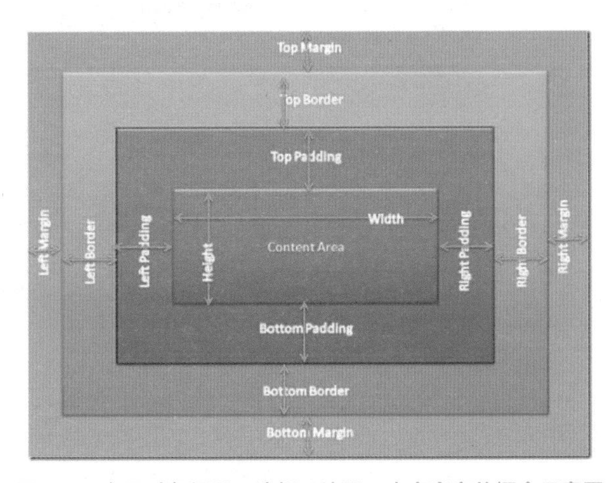

图 4-3 盒子对象间距、边框、边距、内容高宽的概念示意图

以视觉对象实际占用的宽度为例，如图 4-4 所示，总宽度的计算方法为：margin-left + border-left + padding-left + width + padding-right + border-right + margin-right = 实际占用宽度。

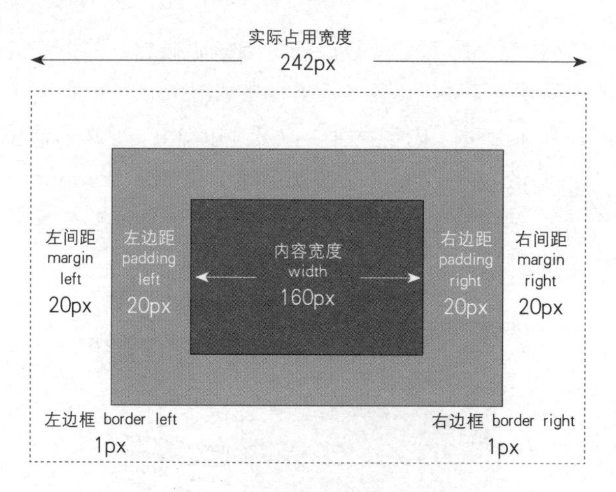

图 4-4　盒子对象实际占用宽度案例示范

4.2.2　盒子对象的设计与应用

现在，对盒子对象的概念有了全面了解后，开始实例设计和操作方面的学习吧。

（1）打开 Dreamweaver 软件，选择“站点→新建站点”命令，打开“站点设置对象”对话框，在“站点”标签页中，将“站点名称”命名为“明苑画廊”，设置“本地站点文件夹”为练习文档文件夹，例如“E:\Keepwalk\Chapter 4\html\”，然后单击“保存”按钮，如图 4-5 所示。

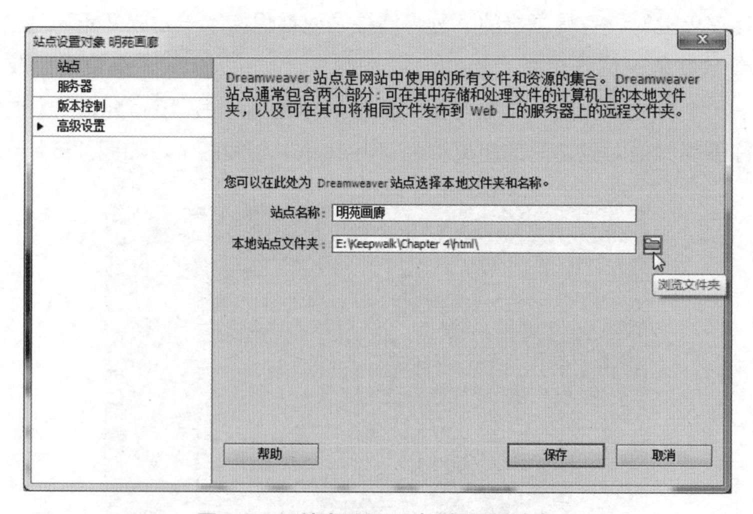

图 4-5　“站点设置”对话框设置站点

（2）在“文件”面板中双击“gallery.html”打开文件，如图 4-6 所示，看上去版式有些混乱，不过没关系，通过 CSS 样式的设计和定义会逐步实现最初预览的设计目标。

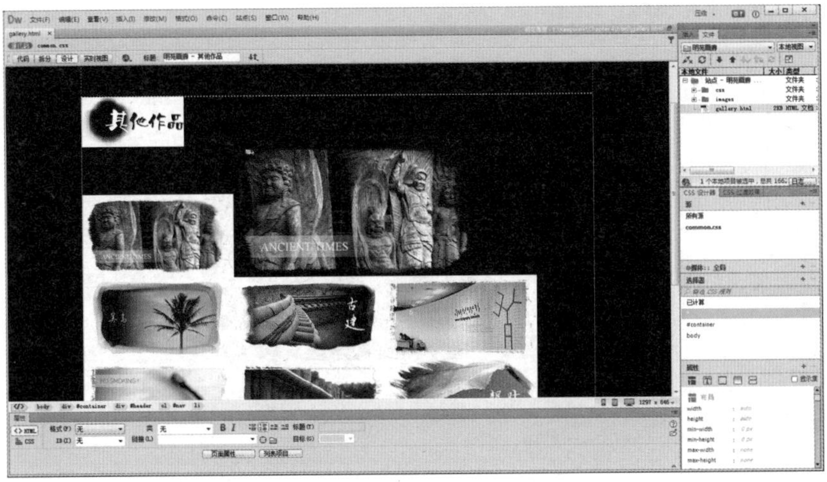

图 4-6　初始文档效果

（3）在“CSS 设计器”面板的“源”展卷栏右侧，单击“添加 CSS 源”按钮 +，在弹出的菜单中选择“创建新的 CSS 文件”命令，打开对话框，单击右上角的“浏览”按钮，设置路径为站点根目录的“css”文件夹，文件名为“gallery.css”，最后单击“保存”按钮，回到“创建新的 CSS 文件”对话框，如图 4-7 所示。

（4）选择“添加为”属性为“链接”模式，最后单击“确定”按钮，完成外部 CSS 列表文档的创建步骤，如图 4-8 所示。

图 4-7　创建新的外部 CSS 文件

图 4-8　外部 CSS 文件的“链接”模式设定

（5）在文档标题“gallery.html”下面单击“gallery.css”链接，将代码视图由 HTML 源代码切换成 CSS 源代码，然后选择“查看→垂直拆分”命令，将 CSS 源代码和设计视图以垂直方式左右拆分预览，如图 4-9 所示。

（6）在设计视图中，页眉框架结构内的第一行位置插入输入光标，虽然看不见什么内容，但其实范例中已经输入了列表式菜单文本，接下来将对其样式化设计。在标记快速导航栏中单击“li”列表项目标记按钮 li，实现标记和内容的选择，如图 4-10 所示。

图 4-9　以左右拆分方式显示 CSS 代码和设计视图

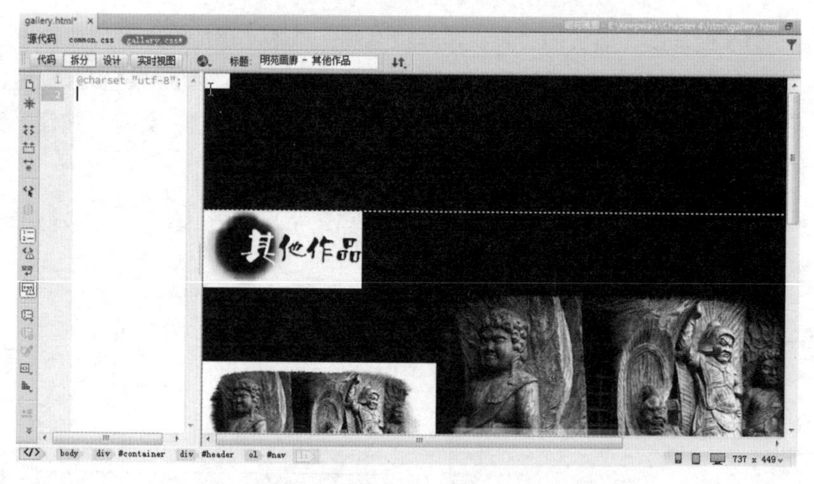

图 4-10　在页面中确定选中了列表中的某项目元素

（7）在“CSS设计器”面板的“源”展卷栏中，选中“gallery.css”文件，代表接下来的 CSS 样式将写入此 CSS 文档中，接着单击“选择器”展卷栏右侧的“添加选择器”按钮 **+**，添加 CSS 样式作用的范围（也就是“选择符”），系统默认将出现“#header #nav li”选择符，代表样式将作用于“header”对象中“nav”对象的“li”标记，不过其实该 CSS 的选择符不用限定得这样死，因此可以按↑键一次，仅剩下“#nav li”选择符，这样该样式的视觉效果可以作用于 ID 为“nav”对象里的“<li>”项目标记，如图 4-11 所示。

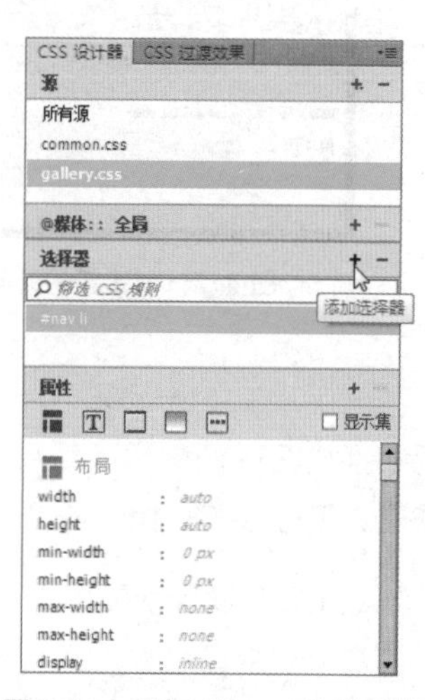

图 4-11　添加“#nav li”选择符

（8）还是在“CSS 设计器”面板中，单击“属性”展卷栏中的“文本”按钮 **T**，跳转到文本样式设置区域，单击“color”（颜色）属性右边的色块，设置导航列表菜单文本为红色显示，具体颜色的十六进制值为“#FF0000”；单击“font-size”（字体大小）属性右边的默认参数，选择“px”（像素）为单位，再输入数值“14”，最终属性值为“14px”；继续下拉属性列表，直到找到“list-style-type”（列表样式类型）属性，设置其值为“none”（无符号方式），如图 4-12 所示。

图 4-12　设置“#nav li”选择符中的具体样式选项

（9）到这一步骤，发现列表中的项目默认是换行堆叠布局，不符合最初大家看到的设计原稿。事实上，应该是菜单并列排列成一行，并在页面中靠右对齐。因此请确保在“CSS 设计器”面板中，“源”展卷栏中选择的是“gallery.css”，“选择器”展卷栏中选择的是“#nav li”选择符，然后在“属性”展卷栏中向下滑动属性列表，找到“float”浮动属性，设置其值为“right”；虽然菜单向右浮动对齐了，但是菜单之间贴得太紧而没有间距，根据盒子对象概念，可以通过“margin”属性实现间距，因此请向上滑动属性列表，找到“margin”属性，单击左边的数值参数文本框，输入“10px”，完成“margin-left”左间距属性设置，如图 4-13 所示。

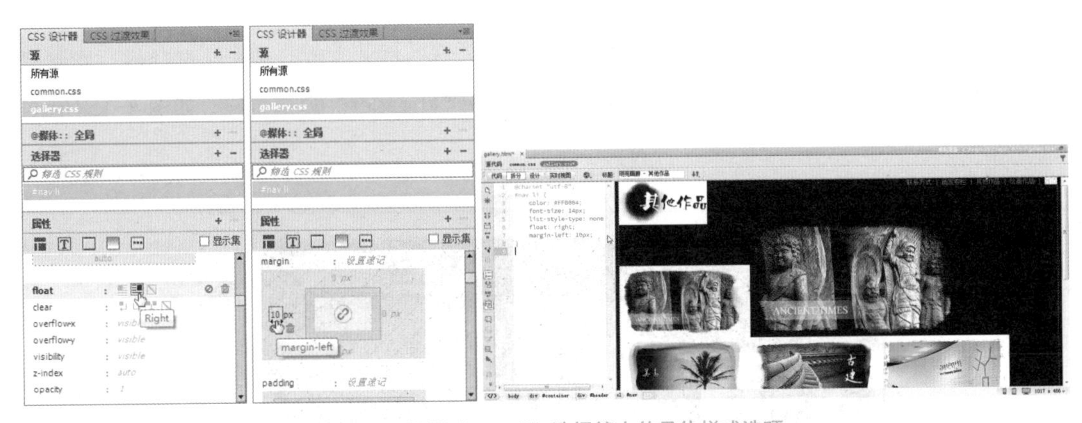

图 4-13　设置“#nav li”选择符中的具体样式选项

（10）细心的读者肯定发现了，现在的菜单顺序不对，与预期的网页设计效果刚好相反，“首页”被放在了最后一项。这说明一个很重要的网页设计概念起了作用，那就是文档流概念，即浏览器总是按照文档一行一行地顺序处理 HTML 和 CSS 代码（请大家养成以“行”的概念去思考的习惯），所以首先被浮动到右边的就是“首页”菜单，然后是“绘画作品”等。为了修正这一排版问题，请大家移动列表顺序，将菜单顺序倒置，如图 4-14 所示。

```
10  <body>
11  <div id="container">
12
13    <div id="header">
14          <ol id="nav">
15              <li>首页</li>
16              <li>|</li>
17              <li>绘画作品</li>
18              <li>|</li>
19              <li>其他作品</li>
20              <li>|</li>
21              <li>画家专栏</li>
22              <li>|</li>
23              <li>联系方式</li>
24          </ol>
25      </div>
26
27      <div id="content">
28        <p><img src="images/titleOthers.gif" width="20
29        <p><img src="images/image01.jpg" alt="" width='
30      </div>
31
32    <div id="footer"></div>
33  </div>
34  </body>
```

```
10  <body>
11  <div id="container">
12
13    <div id="header">
14          <ol id="nav">
15              <li>联系方式</li>
16              <li>|</li>
17              <li>画家专栏</li>
18              <li>|</li>
19              <li>其他作品</li>
20              <li>|</li>
21              <li>绘画作品</li>
22              <li>|</li>
23              <li>首页</li>
24          </ol>
25      </div>
26
27      <div id="content">
28        <p><img src="images/titleOthers.gif" width="20
29        <p><img src="images/image01.jpg" alt="" width='
30      </div>
31
32    <div id="footer"></div>
33  </div>
34  </body>
```

图 4-14　对比源代码中前后顺序变化

提示

如果使用的是最新版本的 Dreamweaver CC，这种元素之间的顺序调整可以通过 DOM（文档对象模式）面板，直观、方便地进行上下直接拖动，改变其文档流中的顺序。在本书后面的章节中将提及该使用方法，此处不要求一定掌握。

（11）接下来设计和制作页眉部分。请在设计的导航菜单任意位置插入光标，然后在设计视图左下角的标记快速导航栏中，找到当前标记的父级标记 div #header，单击并选择它；然后在“CSS 设计器”面板的“源”展卷栏中选择“gallery.css”样式文件，单击“选择器”展卷栏右侧的“添加选择器”按钮 +，再按一次↑键，仅剩下“#header”ID 选择符，如图 4-15 所示。

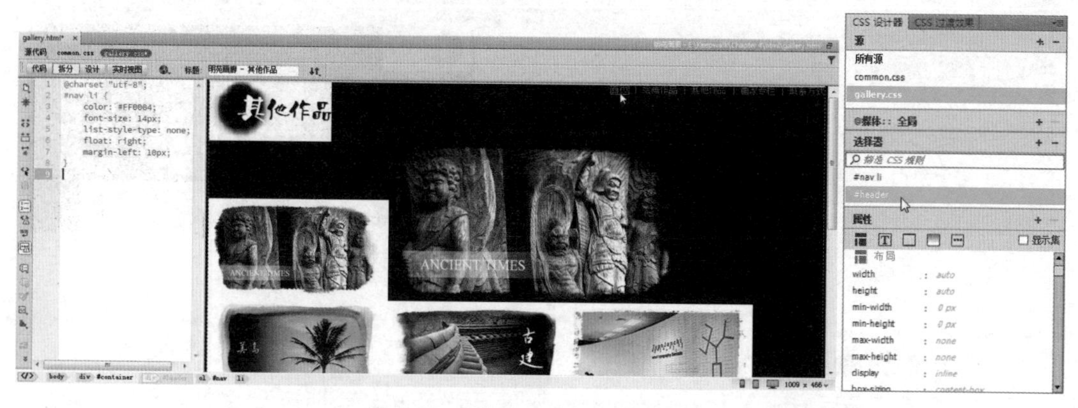

图 4-15　添加“#header”ID 选择符

（12）继续在“CSS 设计器”面板单击“属性”展卷栏上的“背景”按钮，跳转到系列背景 CSS 样式属性位置，单击“background-image”属性下“url”右边的“输入文件路径”参数框后，再单击“浏览”按钮打开“选择图像源文件”对话框，找到“images”文件夹下的“banner.gif”图片，单击“确定”按钮，完成页眉框架背景图的设置，如图 4-16 所示。不过此时还看不到任何内容，需要继续设置该框架的高度才能看到。

图 4-16　设置“background-image”背景图片样式

（13）向上滑动“属性”展卷栏或者单击“布局”按钮，直到找到“height”高度属性，单击右边的参数输入框，选择“px”（像素）为单位后，依据背景图的高度输入数值“150”，如图 4-17 所示。

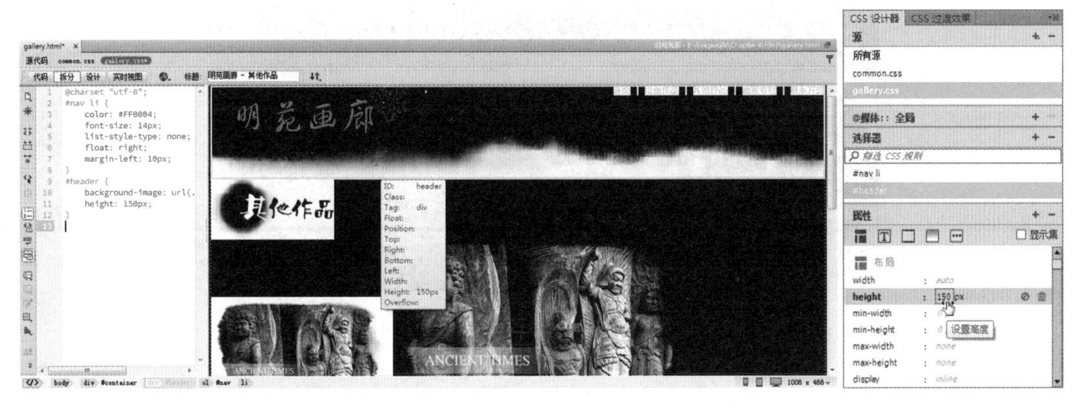

图 4-17　设置“height”高度样式

（14）现在导航菜单位于页眉框架的顶部右侧，感觉不舒服，不够透气，接下来需要依据盒子对象概念设置页眉框架的“padding”（边距）属性。保持在“CSS 设计器”面板，还是“gallery.css”样式表中的“#header”选择符被选择状态，向下移动“属性”展卷栏中的属性列表，直到找到“padding”（边距）属性，在参数示图的顶部参数位置输入数值“20px”，完成

“padding-top: 20px;”的 CSS 设置；接下来在参数示图的右边参数位置输入数值“20px”，完成“padding-right: 20 px;”的 CSS 样式设置，如图 4-18 所示。

图 4-18 设置“padding”（边距）样式

（15）到这一步，相信大家都发现了，页眉框架的高度发生了变化，不再是开始设置的“150px”，而是扩张到了“170px”。根据盒子对象理论，该框架实际占用的高度是“height + padding-top”也就是“150px + 20px = 170px”，而背景图的高度只有“150px”，所以框架下部出现了瑕疵，漏出了黑底，如图 4-18 所示。通过修正该框架的高度属性值为“130px”可解决问题，因此请再次单击“属性”展卷栏中的“布局”按钮，找到“height”属性并修改其值为“130px”，如图 4-19 所示。

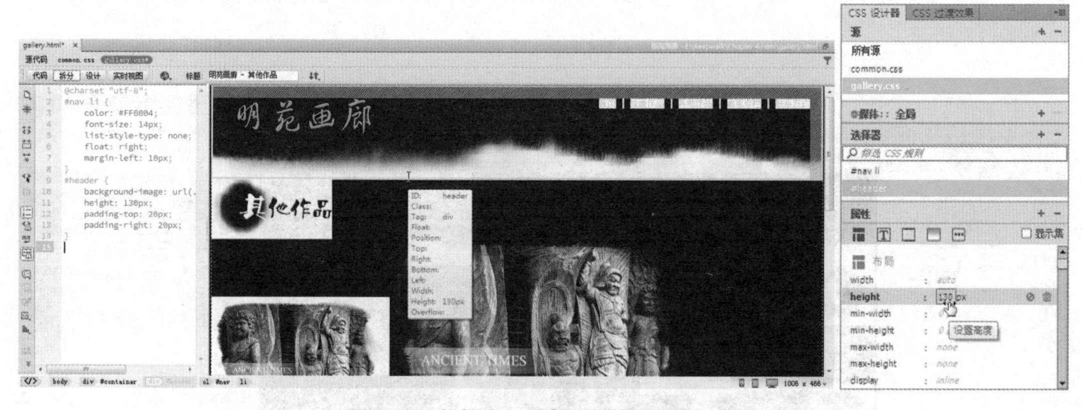

图 4-19 根据盒子对象原理修正瑕疵问题

（16）接下来将设计中间的图片展示部分。单击中间框架的“其他作品”标题图片以选择它，然后在设计视图左下角的标记快速导航栏中单击 div #content 按钮，选择 ID 为“content”的 DIV 框架，然后在“CSS 设计器”面板中设置“源”为“gallery.css”样式文件，单击“选择器”右侧的“添加选择器”按钮，再按一次↑键，仅剩下“#content”ID 选择符，如图 4-20 所示。

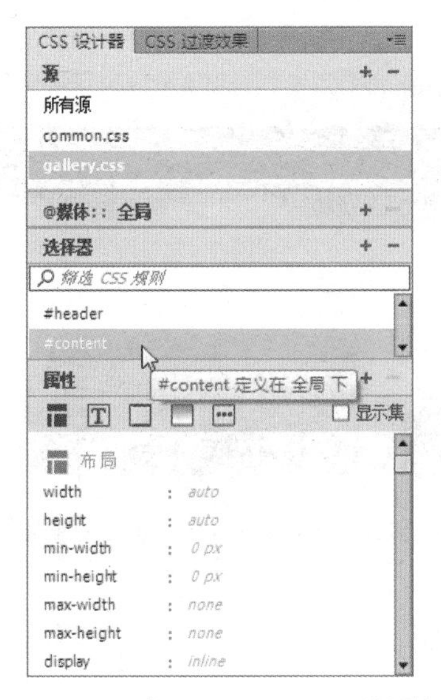

图 4-20　添加“#content”ID 选择符

（17）在“属性”展卷栏部分向下滑动属性列表，找到“padding”（边距）属性，在参数示图中分别设置顶、右、下、左边距数值为 20px、26px、40px 和 26px，这样使得中间内容框架里的内容都和该框架的边缘保持一定边距，不紧贴而变得美观舒适，如图 4-21 所示。

图 4-21　设置“padding”边距样式

（18）再单击“属性”展卷栏上的“背景”按钮▭，跳转到背景的 CSS 样式设置位置，单击“background-color”属性右边的色彩方块，设置颜色值为“#FFFFFF”（白色），如图 4-22 所示。

（19）现在，中间内容框架里的作品展示小图片还没有居中等间距分布。通过计算得知，图片之间的间距如果为“20px”，则正好居中等分分布。图片间距计算的方法是：（内容框架宽度 - 内容框架左边距 - 图片宽度 ×3 张 - 内容框架右边距）÷3= 各图片间距。具体数值带入后，结果为 (1000px-26px-296px × 3-26px) ÷ 3=20px。

图 4-22　设置“background-color”（背景色）样式

接下来将设置该框架里的图片“margin-right”和“margin-left”的值为“10px”。

（20）在中间的内容框架中，单击选择任意一张作品展示小图，然后在“CSS 设计器”面板中选择“源”为“gallery.css”，单击“选择器”右侧的“添加选择器”按钮 ，删除中间的“p”标记选择符，剩下“#content img”子孙关联选择符，代表仅 ID 为“content”的子或孙“<img>”标记应用此系列 CSS 样式，如图 4-23 所示。

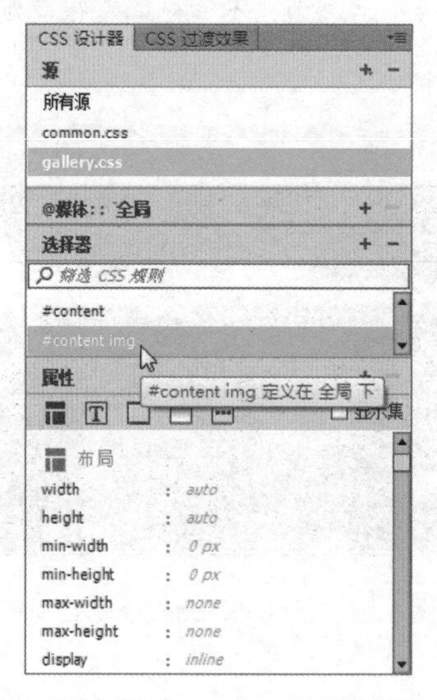

图 4-23　添加“#content img”子孙关联选择符

（21）在“属性”展卷栏中，找到“margin”间距属性，在参数示图的右侧单击数值，输入“10px”，设置“margin-right: 10px;”CSS 样式。然后再单击参数示图的左侧数值，同样输入“10px”，实现“margin-left: 10px;”CSS 样式设置，如图 4-24 所示。

至此，只差处理页面中的那张大展示图片和回到页面顶端的祥云按钮图片了。大的展示图片在默认情况下是隐藏起来的，用户单击小的作品缩略图时恢复大图的显示，并切换成单击缩略图所对应的大图；再次单击展示大图时，恢复隐藏自己。在开始操作之前，先来了解两个重要概念——文档流浮动排版和坐标系定位排版。

图 4-24 设置“margin”间距属性

4.3 文档流浮动排版 vs 坐标系定位排版

知识要点

- 两种定位排版的理念与四类定位方式
- absolute 绝对方式定位的实际应用
- relative 相对方式定位的辅助配合
- fixed 固定方式定位的实际应用

4.3.1 两种定位排版的理念与四类定位方式

默认情况下，当添加一个视觉对象到网页中时，如果没有指定特定的定位方式，它将遵循文档流浮动排版方法，采用“static”静态方式排版。除了静态方式排版以外，常用的还有 3 种定位排版方式，分别是“relative”相对方式、“absolute”绝对方式和“fixed”固定方式。其中，“static”和“relative”方式属于文档流浮动排版方式，“absolute”和“fixed”方式属于坐标系定位方式。

文档流浮动排版方式是依据文档流顺序处理定位排版，需要以“行”的概念去思考。

- **static 静态方式**：默认的定位方式，当未指定任何位置参数时，对象按照文档流顺序从左依次排放，但是不能通过坐标值去影响对象位置，也就是说“top”“right”“left”“bottom”之类的属性对其无效，更不能通过 JavaScript 脚本语言调整其位置，对象始终保持原有的“静态”方式布局。

■ **relative 相对方式：** 类似于 static 静态方式，基于文档流，但可以通过“top”“right”“left”“bottom”等属性，相对于文档流中的前一对象调整默认的位置，并且调整出来的空余位置不会被文档流中的后一对象填补，始终维持空缺状态，如图 4-25 所示。

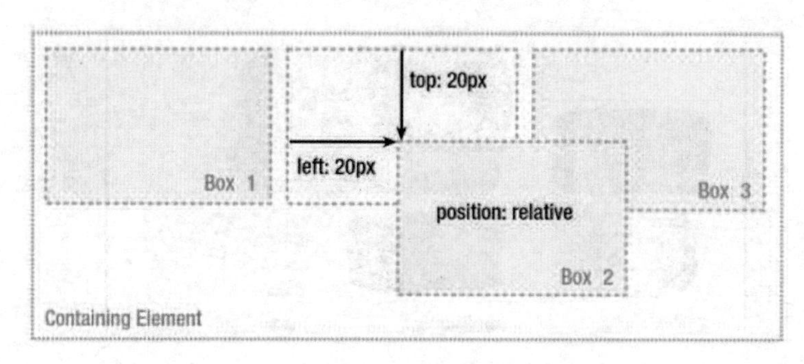

图 4-25 relative 相对方式定位示意图

坐标系定位排版是脱离文档流，以浏览器或者父级对象左上角为原点定位排版。

■ **absolute 绝对方式：** 脱离文档流顺序，脱离其他对象关系，以浏览器或者父级框架左上角为原点，通过“top”“right”“left”“bottom”等属性定位对象，对象之间可以层层叠加，脱离出来后的空余位置被文档流中的后一对象填补，如图 4-26 所示。这种方式适合用来制作下拉菜单、浮动面板等效果。

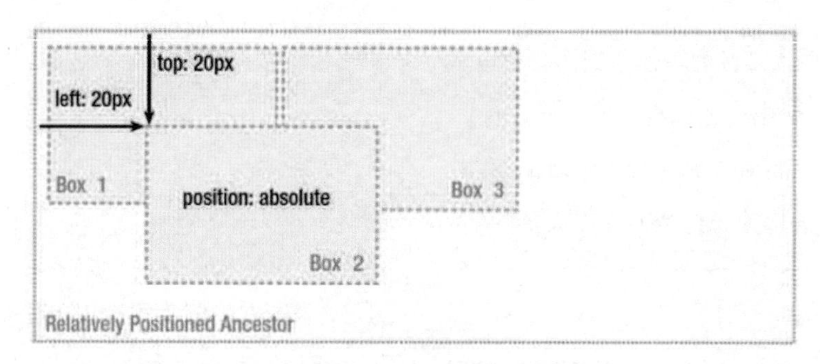

图 4-26 absolute 绝对方式定位

■ **fixed 固定方式：** 脱离文档流顺序，脱离其他对象关系，以浏览器框架左上角为原点，通过“top”“right”“left”“bottom”等属性定位对象，并且浏览器上下左右滚动页面时，该模式对象也不会移动，始终保持固定位置不变，脱离出来后的空余位置被文档流中的后一对象填补。这种方式适合用来制作返回顶部的固定按钮、网页中的固定位置工具条等效果。

4.3.2 absolute 绝对方式定位的应用范例

了解了以上 4 种定位方式之后，就可以继续操作练习了。根据前面的页面完成稿预览效果，首先将大图脱离文档流，不占用当前位置空间，然后通过“absolute”绝对方式结合“top”顶部距离和“left”左边距离进行定位，具体操作方法如下。

（1）在设计视图中选择展示大图，在“CSS 设计器”面板中激活“源”展卷栏中的“gallery.css”样式文件，单击“选择器”右侧的“添加选择器”按钮 +，再按两次↑键，仅剩下“#imgBig”ID 选择符，如图 4-27 所示。

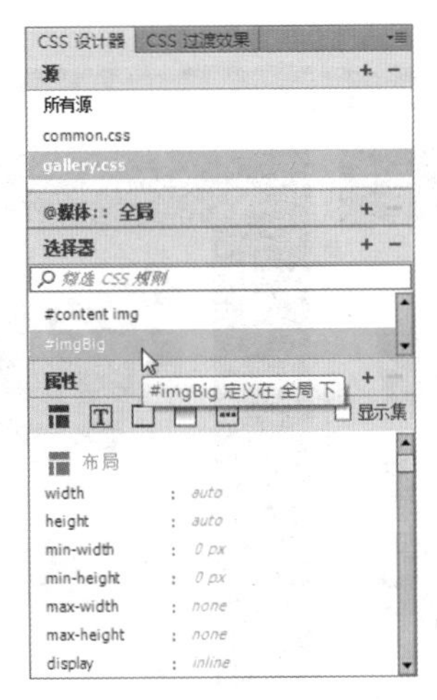

图 4-27　添加“#imgBig”ID 选择符

（2）向下滑动“属性”展卷栏中的属性列表，找到“position”（位置）属性，单击右边的默认“static”静态值，将其改为“absolute”绝对方式定位，单击参数示图中“top”（顶部）属性下面的默认值“auto”，改为“px”并随即输入“216px”，以同样的方法设置“left”左边的属性值为“252px”，如图 4-28 所示。

图 4-28　在“CSS 设计器”面板设置具体样式

提示

如果设计视图没有根据新的 CSS 样式更新画面，可以通过“查看→刷新设计视图”命令，或者关闭后重新打开该文档，刷新页面显示。

（3）选择“文件→保存全部”命令保存所有相关文件，然后单击设计视图上方的“在浏览器中预览 / 调试”按钮，选择一种预览方式，或者按 F12 键在默认浏览器中浏览效果，发现展示用的大图确实脱离了文档流，实现了以浏览器中页面左上角为原点的坐标排版定位。在拉大或者缩小浏览器视图时会发现，该图片不能随着主体框架运动而运动，主框架制作了自动居中的效果，但是展示大图的坐标原点始终在整个页面的左上角，所以不会随之运动，如图 4-29 所示。

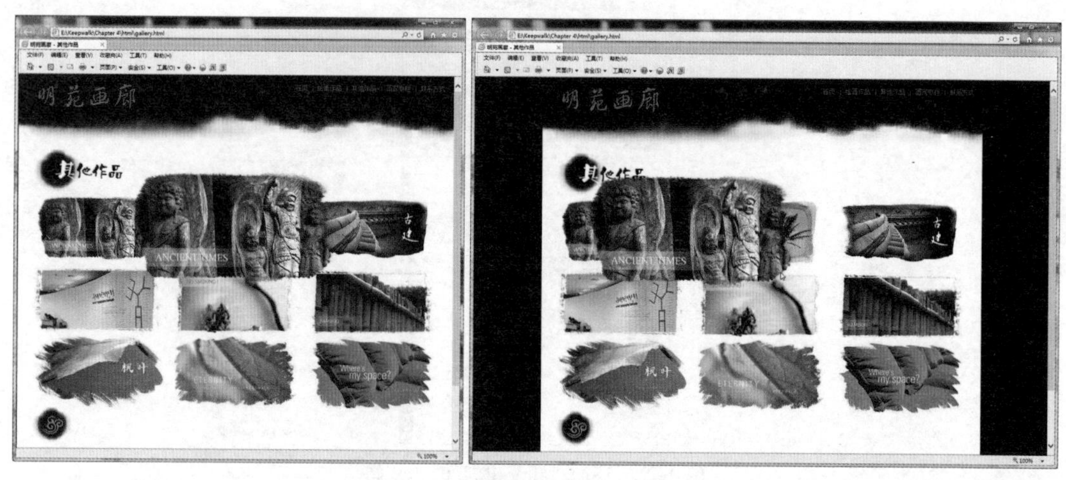

图 4-29　在浏览器中预览当前设计效果

有趣的是，这一原点特性也是可以改变的。只要“absolute”绝对方式定位对象的某级上级对象采用“relative”相对方式定位，则原点将从整个页面的左上角转移到该上级对象的左上角。本例中大图“imgBig”的上上级对象就是 ID 为“content”的 DIV 框架，只要设置该 DIV 的“position”位置属性为“relative”，即可解决问题。

（4）在设计视图中选择展示大图，然后单击左下角的标记快速导航栏中的 div #content，准确快速地选择 ID 为“content”的 DIV 标记，在“CSS 设计器”面板的“源”展卷栏中选择“gallery.css”样式，在“选择器”展卷栏中选择已有的选择符“#content”，向下滑动“属性”展卷栏中的属性列表，找到“position”属性，单击右边的默认值“static”，将其改为“relative”相对方式，再次通过按 F12 键在浏览器中预览网页，弹出提醒保存对话框时单击“是”按钮，保存所有相关文件，打开浏览器后请拉大窗口，发现中间框架自动居中的同时，展示大图也随之发生位置变化，如图 4-30 所示。

（5）为了排版布局上更美观，请依次进行以下样式设计。向上滑动“属性”展卷栏找到“padding”（边距）属性，单击右边的“设置速记”参数，同时设置上、右、下、左 4 个方向的边距值，输入“10px”，如图 4-31 所示。

（6）单击“属性”展卷栏中的“边框”按钮，快速跳转到边框属性设置区，设置“width”（宽度）属性为“12px”，“style”（样式）为“solid”（实线）模式，“color”（颜色）为“#C4C4C4”，如图 4-32 所示。

图 4-30 在“CSS 设计器”面板中修改样式

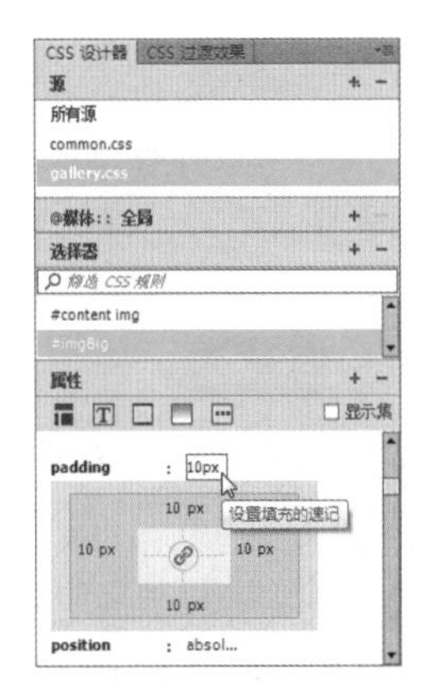

图 4-31 尝试使用“设置速记”参数

图 4-32 设置边框样式

（7）单击“属性”展卷栏中的“背景”按钮，快速跳转到背景属性设置区，设置“background-color”（背景颜色）属性为“#FFFFFF”（白色），向下滑动属性列表，找到“box-shadow”（投影）属性设置区，设置“h-shadow”（水平投影）属性为“12px”，“v-shadow”（垂直投影）属性为“15px”，“blur”（模糊）属性为“28px”，“color”（颜色）为“#232323”（深灰色），如图 4-33 所示。

图 4-33 设置投影等样式

提 示

如果设计视图中看不到投影特效，请单击设计视图左上角的“实时视图”按钮预览投影特效，观察妥当之后，再次单击“实时视图”按钮取消实时预览，恢复普通编辑模式。

注 意

细心的读者肯定注意到了，CSS 源码中有两行描述投影的代码“-webkit-box-shadow”和“box-shadow”，其中“-webkit-box-shadow”是用来针对支持“webkit”的浏览器引擎，例如火狐浏览器和苹果的 Safari 浏览器等；而“box-shadow”是标准的 CSS3 样式定义。为了跨平台和跨版本的兼容性，请保持两段代码同时存在。

4.3.3 fixed 固定方式定位的应用范例

展示大图的设计效果到这一步已经完成。图片脱离了文档流，并能跟随主体框架的精确坐标定位布局，在完成回到顶端图片按钮的设计之后，就可以为它添加互动效果了。接下来先对祥云按钮图片进行相应布局设计。

（1）在设计视图中选择祥云按钮图片，然后在“CSS 设计器”面板的“源”展卷栏中选择“gallery.css”样式，单击“选择器”右侧的“添加选择器”按钮 +，再按两次↑键，仅剩下“#upBtn”ID 选择符，如图 4-34 所示。

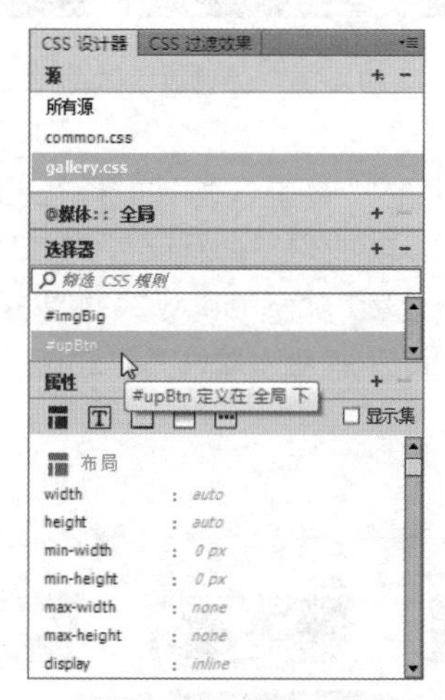

图 4-34　添加“#upBtn”ID 选择符

（2）在“属性”展卷栏中向下滑动属性列表，找到“position”属性，单击默认的“static”（静态）方式参数，在弹出的下拉菜单中选择“fixed”（固定）方式定位，然后单击“right”（右边）距离下的值“auto”，在弹出的下拉菜单中选择“px”为单位，然后输入值“20px”。以同样的方法修改“bottom”底部距离参数为“30px”。此时，该图片将脱离文档流，无论浏览器中页面如何上下左右滑动，或者改变浏览器窗口大小，图片始终距离浏览器右边边缘“20px”像素，底部边缘“30px”像素。按 F12 键在浏览器中浏览该效果，弹出提醒保存对话框时单击“是”按钮，保存所有相关文件，如图 4-35 所示。

图 4-35　在“CSS 设计器”面板中设置样式

提 示

在浏览器中单击祥云图片，发现确实可以实现页面跳转到顶端的效果。因为已经为此图片添加了一个空白超链接，在 Dreamweaver 中选择该图片，可以看到“属性”面板中的“链接”属性值为“#”符号。

4.4　JavaScript 互动图片展示制作

知识要点

- 交换图像互动制作技巧
- 行为面板的使用
- 显示或影藏元素互动制作

4.4.1　交换图像互动制作

本例中的所有页面布局和设计操作都已经完成了，现在请为展示大图添加互动效果，实现展示大图初始隐藏状态，单击小图片后显示相应大图效果，具体操作步骤如下。

（1）在“CSS 设计器”面板的“源”展卷栏中选择“gallery.css”样式文件，然后在“选择器”展卷栏中选择“#imgBig”选择符，在“属性”展卷栏中向下滑动属性列表，找到“visibility”可见度属性，设置值为“hidden”隐藏，如图 4-36 所示。

图 4-36　设置可见度样式属性为“hidden”隐藏

（2）在设计视图中选择第一张展示缩略图，选择“窗口→行为”命令，或者按 Shift+F4 组合键打开“行为”面板，单击“添加行为”按钮 +，在弹出的下拉菜单中选择“交换图像”命令，打开“交换图像”对话框，如图 4-37 所示。

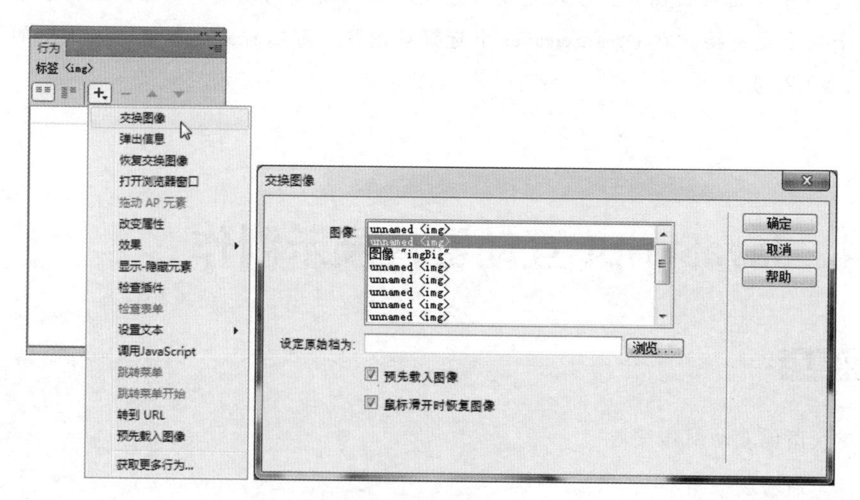

图 4-37　添加“交换图像”互动功能

（3）在“图像”列表框中选择“图像 "imgBig"”，单击“设定原始档为”参数右边的“浏览”按钮，打开“选择图像源文件”对话框，单击对话框右下角的“站点根目录”按钮，然后双击进入“images”文件夹中，选择“image01.png”图片后单击“确定”按钮，返回“交换图像”文本框，取消选中“鼠标滑开时恢复图像”复选框，如图 4-38 所示，最后单击“确定”按钮，完成 JavaScript 互动行为设置。

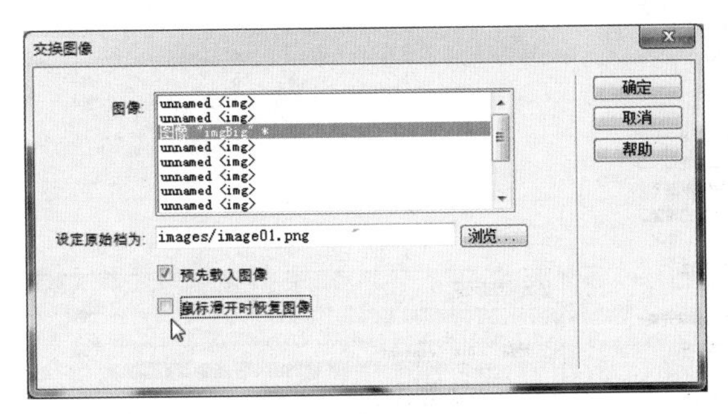

图 4-38 设置“交换图像”互动功能

（4）仔细观察“行为”面板，发现触发“交换图像”行为的事件并非“onClick”，而是默认的“onMouseOver”。单击该事件，在下拉菜单中选择“onClick”，完成触发事件的更改，如图 4-39 所示。

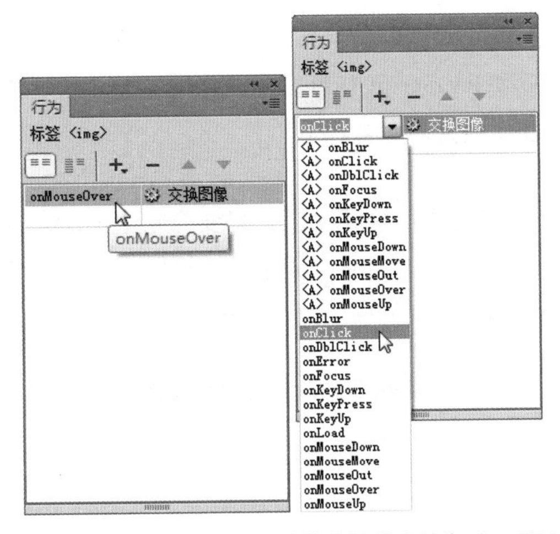

图 4-39 改变“交换图像”功能的触发事件为“onClick”

4.4.2 显示或隐藏元素互动制作

到这一步，展示大图仍然是处于隐藏状态，还需要通过添加相关的 JavaScript 脚本，互动地改变展示大图 CSS 样式的“visibility”属性值，实现可见状态的转变，具体操作步骤如下。

（1）在设计视图中，选择第一张展示缩略图，然后在“行为”面板中单击“添加行为”按钮+，在弹出的下拉菜单中选择“显示 - 隐藏元素”命令，打开相应对话框，在“元素”列表框中选择目标“imgBig”图片，然后单击“显示”按钮，最后单击“确定”按钮完成互动设置，如图 4-40 所示。

注意

这次触发事件默认就是“onClick”单击时，不用修改。

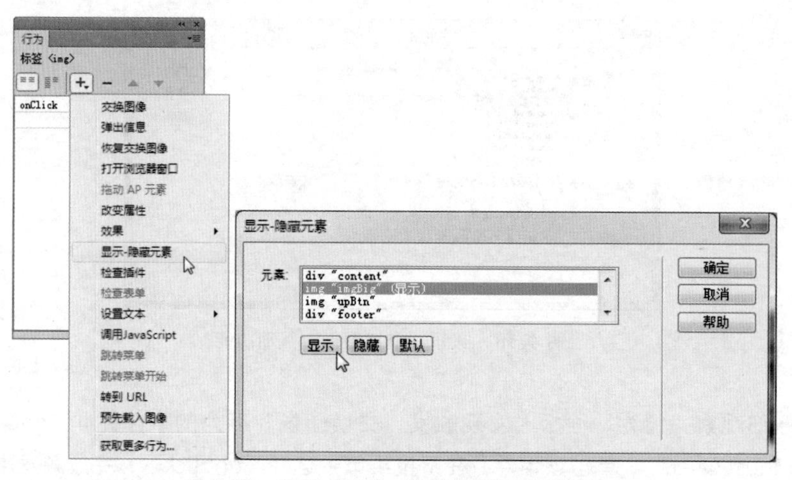

图 4-40　添加“显示－隐藏元素”互动功能

提示

如果不小心多添加了互动 JavaScript 行为，请选择该行为，然后单击“行为”面板上的“删除事件”按钮[−]，删除该事件触发的相关行为。

（2）为了单击展示大图时能再次隐藏大图，也要为它添加 JavaScript 互动脚本，不过它现在处于隐藏状态，要选择它可以通过“查看→元素快速视图”命令或者按 Ctrl+/ 组合键打开标记大纲视图，从中选择 ID 为“imgBig”的展示大图标记，如图 4-41 所示。

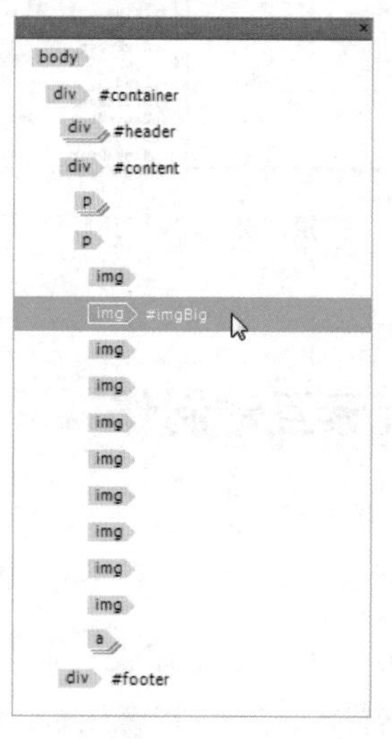

图 4-41　选择“imgBig”展示大图标记

提示

如果使用的是最新版本的 Dreamweaver CC 软件，此步骤请通过 DOM（文档对象模式）面板实现，可以通过“窗口→DOM”命令或者按 Ctrl+F7 组合键打开 DOM 面板。

（3）在“行为”面板中单击“添加行为”按钮 +，在弹出的下拉菜单中选择“显示 - 隐藏元素”命令打开相应对话框，在“元素”列表框中选择目标“imgBig”图片，然后单击“隐藏”按钮，最后单击“确定”按钮，完成互动设置，如图 4-42 所示。

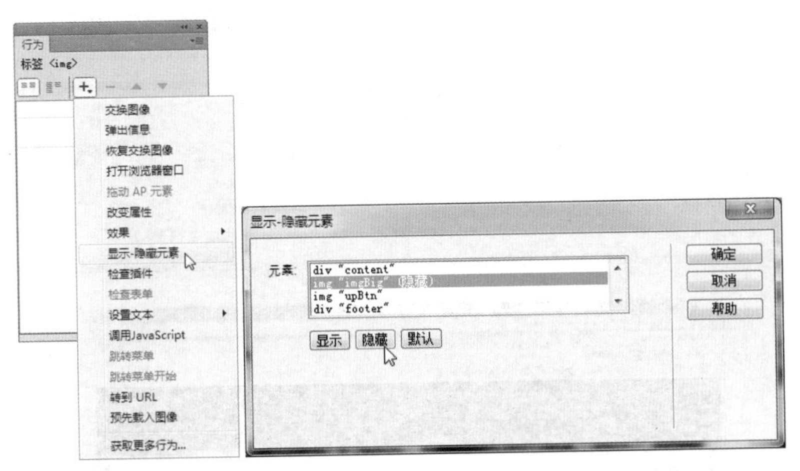

图 4-42 在“行为”面板添加“显示 - 隐藏元素”互动功能

（4）选择“文件→保存全部”命令保存所有文档，然后按 F12 键在浏览器中浏览页面效果。这里是在本地端浏览带有 JavaScript 脚本的网页，浏览器默认情况下会自动阻止 JavaScript 脚本，因为担心是恶意的程序文件。如果将该页面上传到服务器端，然后通过浏览器浏览就不会阻止该脚本。此时请在弹出的“Internet Explorer 已限制此网页运行脚本或 ActiveX 控件”对话框中，单击“允许阻止的内容”按钮，允许 JavaScript 脚本的执行，然后再到页面中单击第一张缩略图，发现可以显示出相应的大图展示，然后单击大图，则可以实现再次隐藏，如图 4-43 所示。

图 4-43 在浏览器中预览当前设计效果

（5）对第二张和第三张缩略图做类似的互动操作，“交换图片”中的图片路径分别为“images/image02.png”和“images/image03.png”，如图 4-44 所示。全部文档保存后，该范例操作完成。

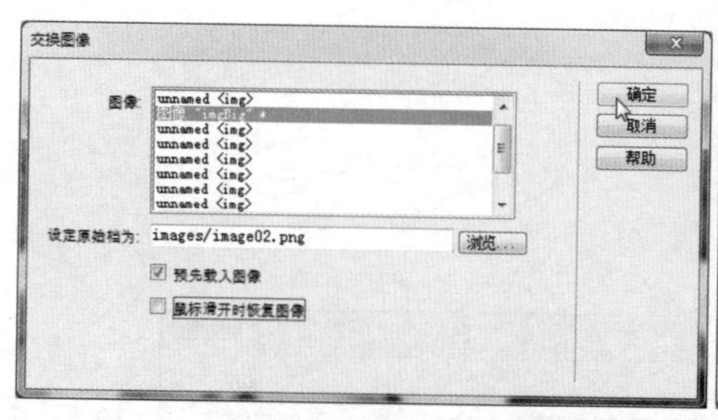

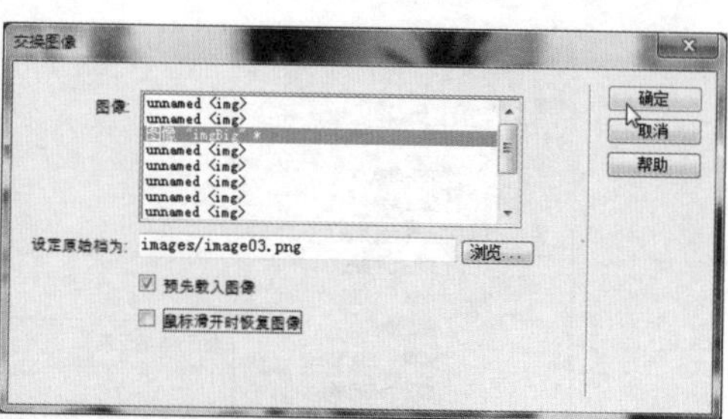

图 4-44 在浏览器中浏览效果

4.5 扩展知识——图片间隙的解决方法

知识要点

- 图片源代码不折行、无空格方法去除间隙
- 图片父级“font-size: 0px;”方法去除间隙
- 垂直堆叠图片“display: block;”方式去除间隙
- 水平图片“float”浮动方式去除间隙

4.5.1 图片源代码不折行、无空格方法去除间隙

网页图片设计排版时，经常会遇到神秘的间隙问题。但本例中大家并没有遇到盒子对象虽宽度计算准确无误却容纳不下，导致自动折行的排版问题，请大家观察本例源代码，不难发现，所有展示图片标记全部写在了连续的一行中，没有空格间隙，没有折行处理，所以避免了图片之间的自动间隙，也就不会带来宽度布局问题。

不过，如果大家期望将源代码中的图片标记更结构化地体现，进行如图 4-45 所示的折行处理，当再次刷新页面时，会发现布局全部混乱了，原本一行三图的布局变成了一行两图，而仔细检查盒子对象的宽度尺寸，也查不出任何错误来。难道只能恢复之前的单行无空格的源代码编写方式吗？答案是否定的。其实，还有至少 3 种常用方法可用来解决间隙问题。

```
50              <li>其他作品</li>
51              <li>|</li>
52              <li>绘画作品</li>
53              <li>|</li>
54              <li>首页</li>
55          </ol>
56      </div>
57
58      <div id="content">
59        <p><img src="images/titleOthers.gif" width="201" height="97" alt=""/></p>
60        <p>
61          <img src="images/image01.jpg" alt="" width="296" height="161" onclick="MM_swapImage('imgBig','','images/image01.png',1);MM_showHideLayers('imgBig','','
62          <img src="images/image01.png" alt="" name="imgBig" width="480" height="253" id="imgBig" onclick="MM_showHideLayers('imgBig','','hide')"/>
63          <img src="images/image02.jpg" alt="" width="296" height="161" onclick="MM_swapImage('imgBig','','images/image02.png',1);MM_showHideLayers('imgBig','','
64          <img src="images/image03.jpg" alt="" width="296" height="161" onclick="MM_swapImage('imgBig','','images/image03.png',1);MM_showHideLayers('imgBig','','
65          <img src="images/image04.jpg" width="296" height="161" alt=""/>
66          <img src="images/image05.jpg" width="296" height="161" alt=""/>
67          <img src="images/image06.jpg" width="296" height="161" alt=""/>
68          <img src="images/image07.jpg" width="296" height="161" alt=""/>
69          <img src="images/image08.jpg" width="296" height="161" alt=""/>
70          <img src="images/image09.jpg" width="296" height="161" alt=""/>
71          <a href="#"><img src="images/up.png" alt="" width="90" height="80" id="upBtn"/></a>
72        </p>
73      </div>
```

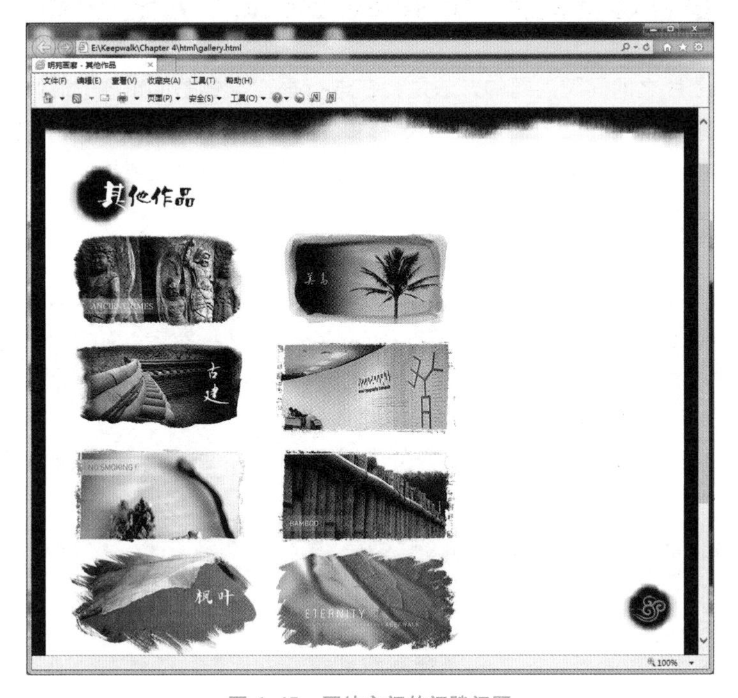

图 4-45 图片之间的间隙问题

4.5.2 图片父级“font-size: 0px;”方法去除间隙

第一种解决图片之间间隙问题的方法是，在图片的父级元素上添加 CSS 属性“font-size: 0px;”具体范例代码如下，效果如图 4-46 所示。

```
CSS 部分：
.nav {
    font-size: 0px;
}
HTML 部分：
<div class="nav">
    <img src="images/btnHome.jpg" />
    <img src="images/btnAboutus.jpg" />
    <img src="images/btnServices.jpg" />
</div>
```

图 4-46 去除横向图片间隙效果

4.5.3 垂直堆叠图片“display: block;”方法去除间隙

第二种解决图片之间间隙问题的方法是，在进行垂直堆叠图片布局的时候，为去掉上下图片之间的间隙问题，可使用“display: block;”样式，将图片由 inline 类型对象转换为 block 类型对象。关于 inline 和 block 对象将在第 5 章中详细探讨，这里仅了解即可。

具体范例代码如下，效果如图 4-47 所示。

```
CSS 部分：
.options img {
    display: block;
    vertical-align: top;
}
HTML 部分：
<div class="options">
    <img src="images/option01.jpg" />
    <img src="images/option02.jpg" />
    <img src="images/option03.jpg" />
</div>
```

Option 1

Option 2

Option 3

图 4-47 去除纵向图片间隙效果

4.5.4 水平图片“float”浮动方法去除间隙

第三种解决图片间隙的方法适用于水平布局多张图片的情况。虽然这里用到的是“float”浮动样式，但其实和上一种方法如出一辙，因为当指定一个对象“float”浮动样式时，就自动将该对象转换成了 block 类型对象，不过是先指定 block 类型后再进行 float 浮动横向布局而已。具体范例代码如下，效果如图 4-48 所示。

```
CSS 部分：
.images img {
    float: left;
}
HTML 部分：
<div class="images">
    <img src="images/img01.jpg" />
    <img src="images/img02.jpg" />
    <img src="images/img03.jpg" />
</div>
```

图 4-48 浮动方式去除横向图片间隙效果

4.6 扩展知识——优先权权重计算方法

知识要点

- CSS 优先权权重数字计算方法
- 超越优先权重的小技巧

其实在本例中，还有一个问题没有暴露出来，那就是在实际项目中经常会遇到的，常给大家带来困惑、百思不得其解的地方——CSS 样式优先权重计算问题。CSS 样式有很多优先权考虑的原则和技巧，下面主要从优先权重的计算这一角度去探讨，在后续的章节中会详细讲述其他优先权的问题。首先让具体问题暴露出来，具体步骤如下。

（1）继续前面的练习，打开“gallery.html”文件，激活设计视图，然后按 Ctrl+/ 组合键打开“元素快速视图”面板（新版本软件通过 DOM 面板实现），在页面标记大纲中选择 ID 为“#imgBig”的图片标记，此时“设计视图”中该展示大图将添加一个灰色边框，如图 4-49 所示。

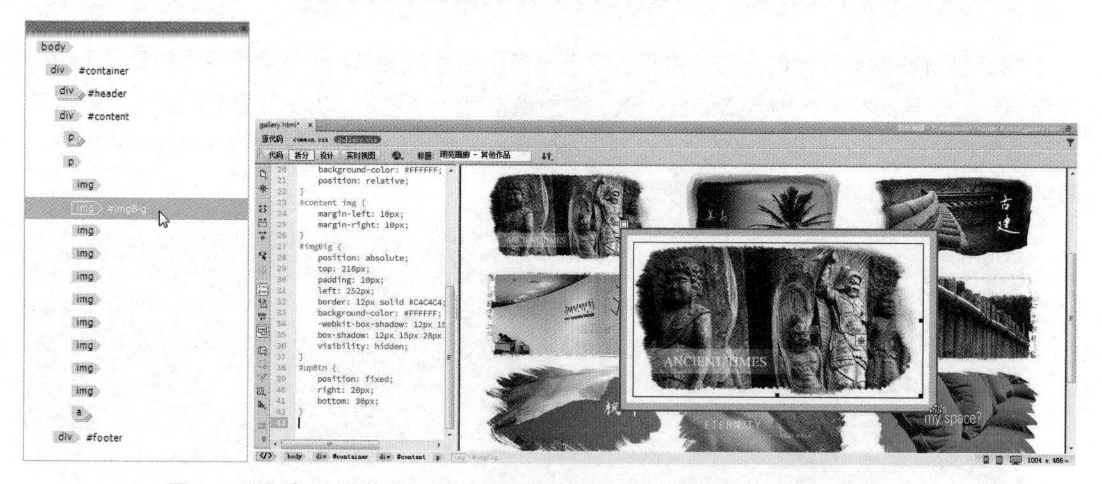

图 4-49　通过“元素快速视图”面板选择对象（新版本软件通过 DOM 面板实现）

（2）在设计视图中，按 Alt 键的同时单击该展示大图，或者选择展示大图后按 Ctrl+Alt+N 组合键，打开“代码浏览器”浮动面板。注意观察样式指示器，这里显示了所有作用于该对象的样式和优先级别，最下面的一行拥有最高的优先权利。不过，本例中并非“#imgBig”ID 选择符在最下一行拥有对该对象的绝对控制优先权，反而是“#content img”关联选择符占有绝对优势，如图 4-50 所示。

图 4-50　所选元素对象的样式列表优先权显示

提示

在“代码浏览器”浮动面板中，最下方的样式选择符拥有最高优先权，但在“CSS 设计器”面板的“选择器”展卷栏中则刚好相反，最上一行的选择符拥有最高优先权。

（3）在“CSS 设计器”面板的“源”展卷栏中选择“gallery.css”样式文件，在“选择器”展卷栏中选择“#content img”选择符，然后在“属性”展卷栏中单击“边框”按钮，跳转到边框属性设置区域，单击“style”边框样式右边的值，设置为“none”无边框效果。在设计视图中单击其他图片，切换一下选择，然后再通过按 Ctrl+/ 组合键打开标记大纲，再次选择 ID 为“#imgBig”的图片，刷新视图显示，发现在选择符“#imgBig”里定义的边框 CSS 样式被选择符“#content img”里定义的 CSS 样式冲突覆盖掉了，如图 4-51 所示。

图 4-51 样式冲突时被覆盖显示

提示

观察可发现，选择符“#imgBig”里定义的边框 CSS 样式被选择符“#content img”里定义的 CSS 样式冲突覆盖掉了。

这显然不是我们想要的预期效果，那么为什么会造成这样的优先权问题呢？又该如何解决呢？其实选择符优先权是有一套数学计算方法的，每个选择符最终都是用三位数来计算的，第一位是选择符中 ID 的使用数量，第二位是选择符中 Class 类的使用数量，第三位是选择符中标记元素的使用数量。例如，本例中选择符“#content img”中使用了 1 个 ID 选择符，0 个 Class 类选择符，1 个标记元素选择符，所以得出它的数值为“101”；而选择符“#imgBig”中仅使用了 1 个 ID 选择符，0 个 Class 类选择符，0 个标记元素选择符，所以得出它的数值是“100”；100 明显是小于 101 的，所以选择符“#content img”获得了最终优先权，而不是“#imgBig”选择符。

要解决这一问题，恢复展示大图的边框设定也非常简单，只要提高“#imgBig”的权重数值即可。例如，在“#imgBig”的前面加上另一个父辈级 ID 选择符，变成“#content #imgBig”，因为有了 2 个 ID 选择符，0 个 Class 类选择符，0 个标记元素选择符，最终选择符的数值为“200”，超过了“#content img”的数值“101”，从而获得最终优先权。

（4）在“CSS 设计器”面板的“源”展卷栏中选择“gallery.css”样式文件，在“选择器”展卷栏中双击“#imgBig”选择符，激活其输入状态，在前面添加“#content ”文本内容，如图 4-52 所示。

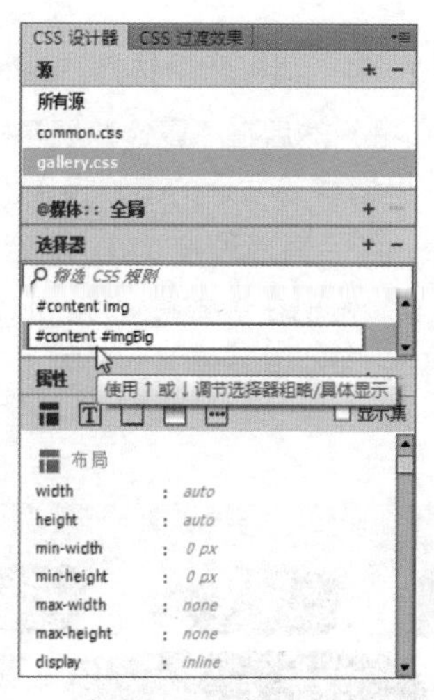

图 4-52　修改“#imgBig”选择符为“#content #imgBig”

（5）在设计视图中，按 Alt 键的同时单击展示大图，观察弹出的“代码浏览器”面板，CSS 样式的“#content #imgBig”选择符位置移到了最后一行，代表拥有最高优先权。此时展示大图重新恢复了边框显示，如图 4-53 所示。

图 4-53　修正优先权问题后

（6）选择“文件→保存全部”命令，保存所有修改的文档，再通过按 F12 键，在默认浏览器中浏览最终网页效果，完成最后的制作步骤。

第 5 章

Keepwalk 教学网站排版实例

5.1 设计效果预览

前面已经学习了 HTML 代码和 CSS 样式列表的基础知识，对盒子对象概念和定位方式也有了一定的了解，这里再介绍两个常用的显示对象类型“block”和“inline”，以及“float”和“clear”，大家就可以完全掌握网页排版的精髓，实现自由排版了。本章将根据第 2 章中的切图成果，完整地设计和制作一个教育类型网页，效果如图 5-1 所示。

图 5-1　Keepwalk 教学网站排版实例最终效果

5.2 HTML 文档的构成

知识要点

- DTD 文档标准的定义
- HTML 根标记解析
- 字符编码的定义
- 文档流的概念

前面的练习都是在已有的页面设计上进行的，并没有经历一个完全从无到有的过程。从这个范例开始，将彻底“白手起家”，带着大家在 Dreamweaver 中从 HTML 文档基础设置开始操作。首先请大家先建立站点。

（1）打开 Dreamweaver 软件，选择“站点→新建站点”命令，打开“站点设置”对话框，在“站点”标签页中，将“站点名称”命名为“keepwalk”，设置“本地站点文件夹”为练习文档文件夹，例如“E:\Keepwalk\Chapter 5\html\”，然后单击“保存”按钮，如图 5-2 所示。

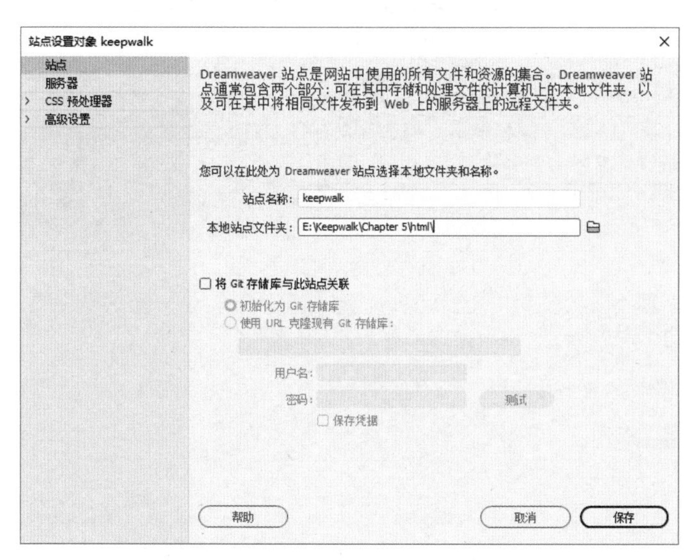

图 5-2　建立新的站点

（2）在“文件”面板的站点根目录下右击，在弹出的快捷菜单中选择“新建文件”命令，将其命名为“index.html”，完成 HTML 文档的新建操作，如图 5-3 所示。

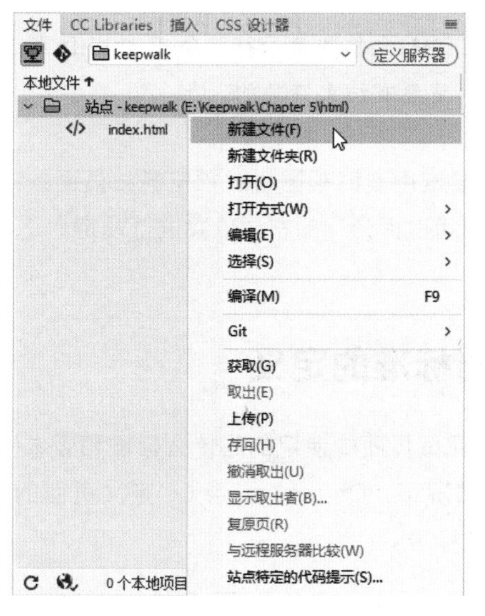

图 5-3　新建 HTML 文件“index.html”

提示

网站的首页一般会命名为“index.html”“index.htm”“default.html”或者“default.htm”之类，如果是动态网页，则扩展名是相应的程序类扩展名，例如“.asp”“.aspx”“.php”“.jsp”等。

（3）在“文件”面板中，双击刚刚建立的“index.html”文件打开它，设计视图中空无一物，但是切换到代码视图，发现已经有了不少代码信息，如图 5-4 所示。其中第一行就是 doctype 文档标准声明，即 DTD（Document Type Definition）文档标准定义。

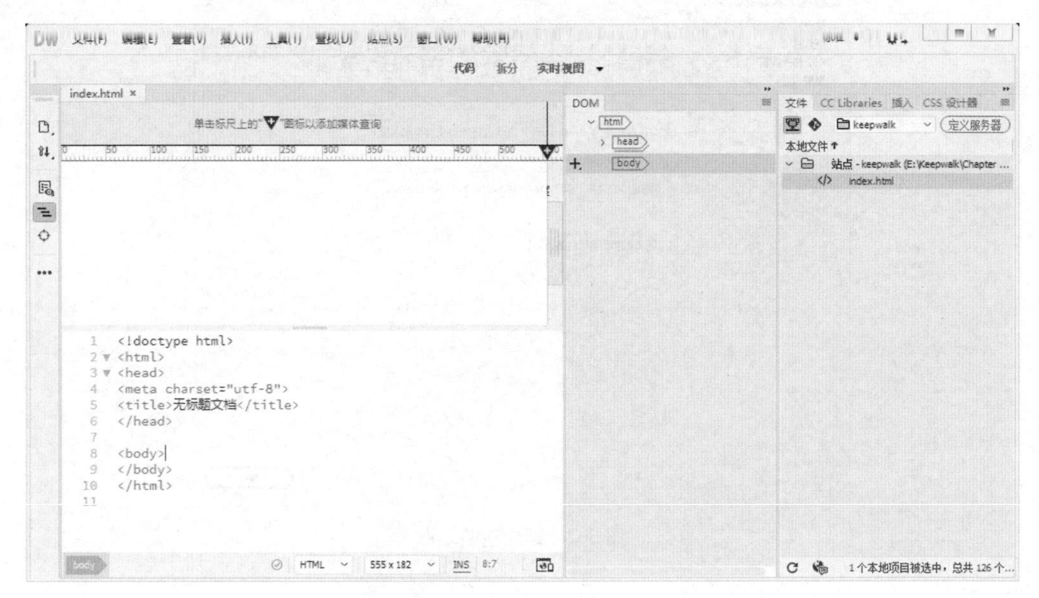

图 5-4　注意源代码视图中第一行的 doctype 文档标准声明

注意

<!doctype> 声明必须是 HTML 文档的第一行，位于 <html> 标记之前。需要特别注意的是，因为它不是 HTML 标记，所以是没有结束符号的。

从本练习开始，将逐渐尝试用实时视图模式预览最终页面效果，而不再是设计视图模式，读者可在文档窗口的最上方中间“拆分”的右边位置进行设定。

5.2.1　DTD 文档标准的定义

DTD 用来告诉浏览器，网页页面中使用的是什么标准和版本，使浏览器“知道”该如何去尽量准确地显示页面。默认情况下，Dreamweaver CC 定义页面的 DTD 标准是 HTML5，通过以下方法可以切换到其他版本或标准。

选择“文件→页面属性”命令，在打开的“页面属性”对话框中切换到“标题 / 编码”标签页，在“文档类型（DTD）”下拉列表框中选择“XHTML 1.0 Transitional”版本（此版本是现今网络中除了 HTML5 以外最常用的版本），然后单击“确定”按钮，即可完成设置，如图 5-5 所示。不过本例中请保持“HTML5”标准。

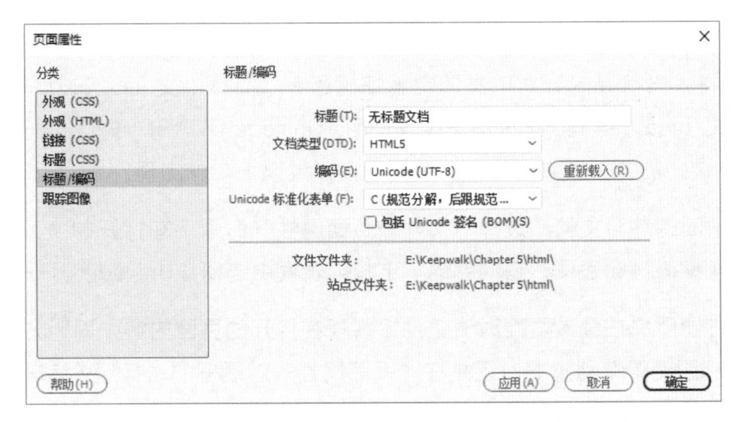

图 5-5 “页面属性”对话框“文档类型（DTD）”设定

提 示

如果是老版本的 Dreamweaver 软件，“页面属性”命令在“修改”菜单中，而不是在“文件”菜单中。

HTML 常用文档标准列表如下。

- **HTML5：** HTML5 版本的文档标准，因为不基于 SGML，所以不需要复杂的 DTD 声明。
- **XHTML1.0 Transitional:** XHTML 过渡型，这是一种松散的、不够严格的 XHTML 标准类型，文档中可以包含一些表现层标记，兼容性较强，但不允许包含框架集（Framesets）。
- **XHTML1.0 Strict:** XHTML 严格型，非常严格的标准和规则，HTML 中只能使用结构型标记，不能出现设计层面的标记（例如 <font> 之类），严格地遵循“表现与结构相分离”的 HTML 标准。
- **XHTML1.0 Frameset：** XHTML 框架型，应用于带有框架的 HTML 文档，其他方面的标准与 Transitional 过渡型一致。

5.2.2 关于 <html><head><body> 标记

DTD 文档标准标记之后，就是 <html> 标记，它是 HTML 页面的根标记，所有的 HTML 标记都包含在此组标记中。HTML 页面主要由两个区域组成，一个是 <head> 标记，代表文档头部分，该部分里的信息一般起辅助作用，其中的标记元素不会直接显示在页面中，属于非视觉区域，例如系列元数据标记、CSS 样式标记、JavaScript 脚本语言标记等；另一个是 <body> 标记，所有视觉标记代码都包含在此标记内，是页面的主体部分。接下来请关注几个比较重要的文档头标记，首先从字符编码元数据标记开始。

5.2.3 字符编码的定义

在 <header> 文档头部分首先需要关注的元数据标记是字符编码标记，决定了该页面默认的语言支持，是否可以显示一些特殊字符等。一般推荐使用 “Unicode(UTF-8)” 编码，可以支持各种语言和特殊字符。当然专门针对中文的常用编码还有 “简体中文 (GB2312)” 、专门针对繁体中文的 “繁体中文 (Big5)” 编码，不过仍然推荐使用 “Unicode(UTF-8)” 编码，得到更好的兼容性。在 Dreamweaver 中，需要切换文档的字符编码可以通过以下步骤实现。

（1）继续前面的练习文档，选择 “文件→页面属性” 命令，在打开的 “页面属性” 对话框中切换到 “标题 / 编码” 标签页，在 “编码” 下拉列表框中选择 “Unicode(UTF-8)” 选项。

（2）为了方便用户在载入页面时清楚地了解现在打开的页面内容，同时方便搜索引擎的搜索，合适的页面标题变得特别重要。还是在 “页面属性” 对话框的 “标题 / 编码” 标签页中，找到第一个 “标题” 属性，在右边的文本框中输入代表此页的核心关键字，例如本例中输入 “栋梁教育 - 首页” ，最后单击 “确定” 按钮，完成设置操作，如图 5-6 所示。

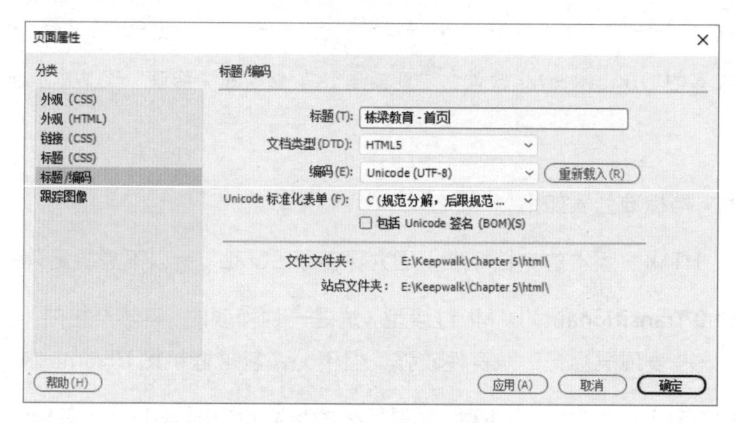

图 5-6 在 “页面属性” 对话框中设置页面的标题

提示

设定文档标题的地方还有很多，例如代码视图中的 <title> 标记处，以及老版本 Dreamweaver 编辑页面窗口顶部的 “标题” 属性文本框等。

至此，和新文档相关的所有基础概念和基础标记，从 DTD 文档标准申明，到 HTML 文档标记、再到文档头标记和页面主体标记，以及字符编码标记和标题标记等都有了一定的介绍，接下来再看一个重要的基础概念——文档流。

5.2.4 文档流的概念

所谓文档流，就是自 HTML 文档的第一行开始，按由上而下逐行的顺序，每行中按照从左至右的顺序处理代码、标记或元素。另外，有 3 种常用的方法可以脱离文档流或者打破文档流的处理顺序，分别是前面学习过的两种定位方式“absolute”和“fixed”，以及即将要学习的一个新知识——浮动排版方式“float”。不过在开始了解“float”等知识之前，请先继续实例练习。

5.3 页面框架结构设计

知识要点

- 以“行”的概念去思考
- 页面整体框架结构分析
- “DOM”（文档对象模式）面板的应用
- “CSS 设计器”面板的应用

首先，根据网页界面分析一下 DIV 框架结构，如图 5-7 所示。请一直保持以“行”的概念去思考布局，实际制作的时候也请按“行”的顺序，一行一行地排版与制作。

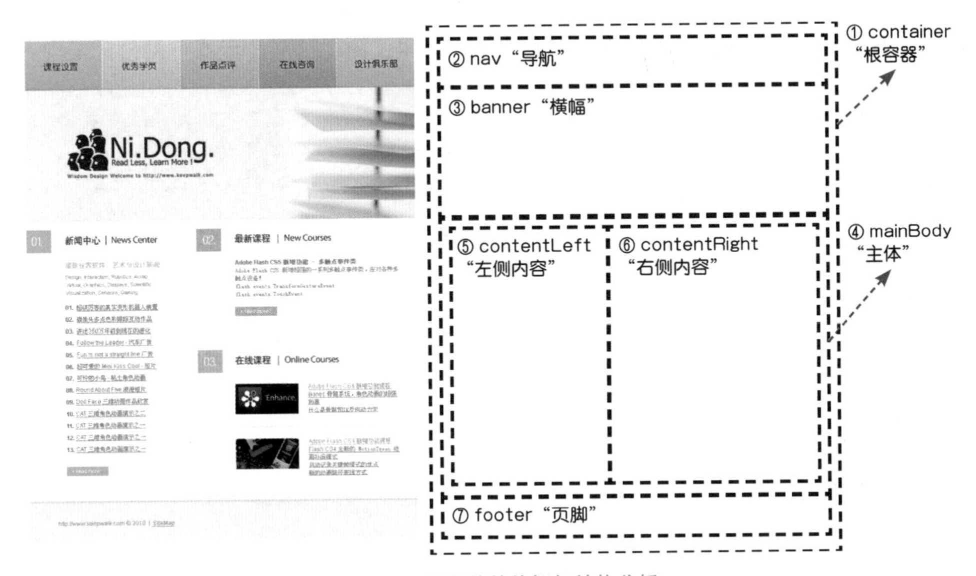

图 5-7 页面的整体框架结构分析

- **container**：根容器，用来承载页面的所有元素，通过 CSS 样式设定固定宽度，并保持自动居中。
- **nav**：导航容器，里面用列表标记组织导航菜单。
- **banner**：横幅，通过 CSS 样式设定好固定的宽和高，使用背景图做装饰。
- **mainBody**：主体内容容器，通过 CSS 样式设定其 padding 边距距离，以保持四周的版心空隙，本例中主体内容包含了一个左右结构。

- **contentLeft**：主体内容里的左侧详细内容，本例中包含了图片标题、段落文本、数字列表等内容。

- **contentRight**：主体内容里的右侧详细内容，请同样用“行”的概念去思考布局。

- **footer**：页脚部分，一般包含一些版权信息、导航地图、联系方式等。本例中为了简化内容，采用背景图代替详细的文本和内容，减轻学习负担，提高制作效率。

对于新版本的 Dreamweaver 来说，编辑模式有了一定的革新，设计视图不再是默认的设计模式，而是实时视图模式。表面上看，实时视图模式使得直接在预览页面中编辑内容变得困难且不方便，其实不然。传统的设计模式，插入编辑光标和选择对象看似直观便利，但其实很容易犯错，特别是逻辑结构上的错误很容易让版面变得混乱不堪，层级和嵌套关系的调整更是令人束手无策。而新的实时视图方式将强制并规范大家以结构和嵌套对象的概念去思考，结合新的“DOM”（文档对象模式）面板，创建和选择准确的对象、层级结构等，在使用方法正确的情况下，它其实比传统方式更便利和准确，保证设计思路的清晰正确。接下来将采用全新的编辑方式来创作，体验更流畅、准确的编创模式和流程。

（1）在开始新项目之前，界面布局也请稍作调整，以适应新的编辑流程。把“DOM”（文档对象模式）面板和“CSS 设计器”面板按如图 5-8 所示的方式进行排列组合，以方便编辑和设计。遇到不小心关闭或者找不到的面板，读者可通过菜单“窗口”命令去逐一地打开呈现。

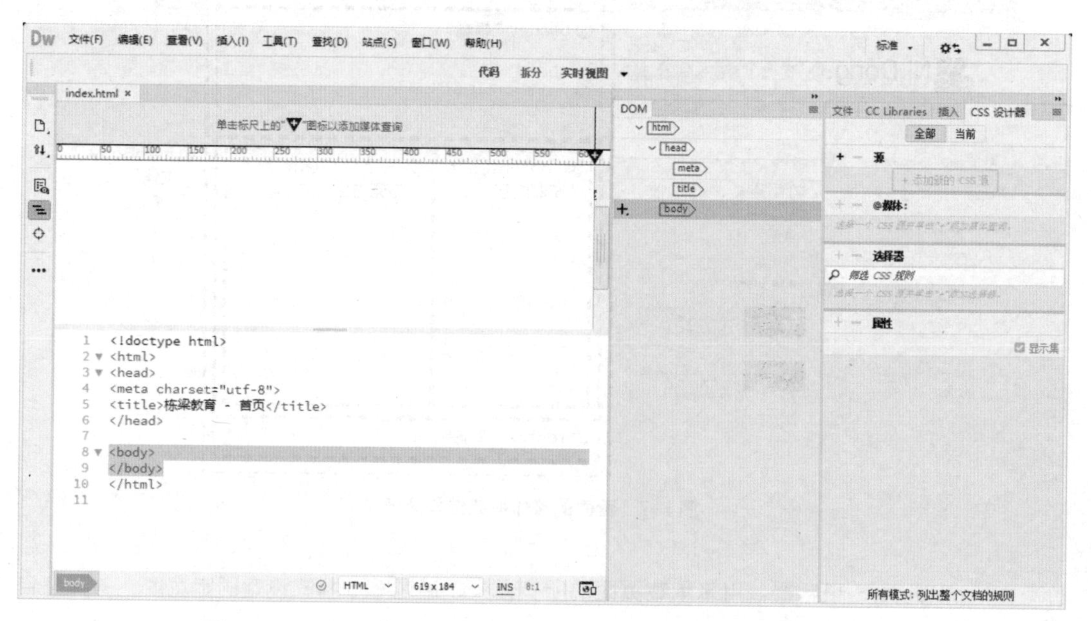

图 5-8 “DOM”（文档对象模式）面板和“CSS 设计器”面板并排放置

（2）继续前面的练习文档，在“DOM”（文档对象模式）面板单击选择“body”标签，切换到“插入”面板的“HTML”标签页中，单击“Div”按钮 Div 插入一个 DIV 框架标签，在“DOM”（文档对象模式）面板当前新创建的 div 标签右侧，双击鼠标激活编辑模式，输入文本“#container”，其中特别注意这里的“#”符号代表创建的是名称为“container”的 ID 属性，完成后按 Enter 键，就完成了根容器 div 标记的创建，如图 5-9 所示。

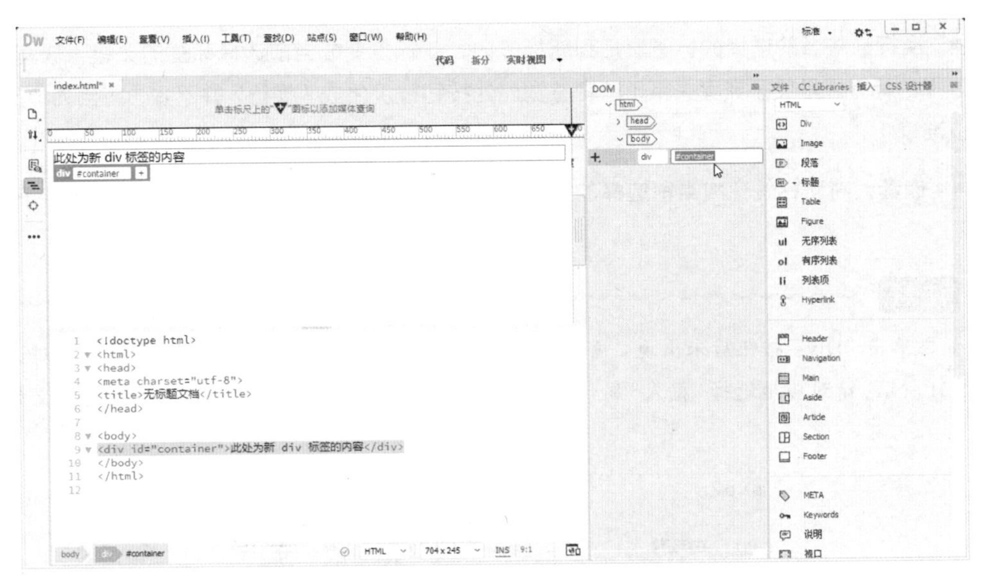

图 5-9 创建 ID 为“container”的根容器 div

（3）在预览视图中，双击“此处为新 div 标签的内容”文本位置，激活编辑状态，将该行提示文字删除，此操作也可以在源代码中进行。

（4）在“DOM”（文档对象模式）面板中，确定当前选择的是 ID 为“container”的标签，并再次单击“插入”面板上的“Div”按钮 Div ，在预览窗口将弹出一个悬浮面板，询问在当前标签的什么位置插入新 DIV 标签，实际上就是在询问与当前选择的 DIV 标签之间的关系是什么，本例中选择“嵌套”模式，如图 5-10 所示。

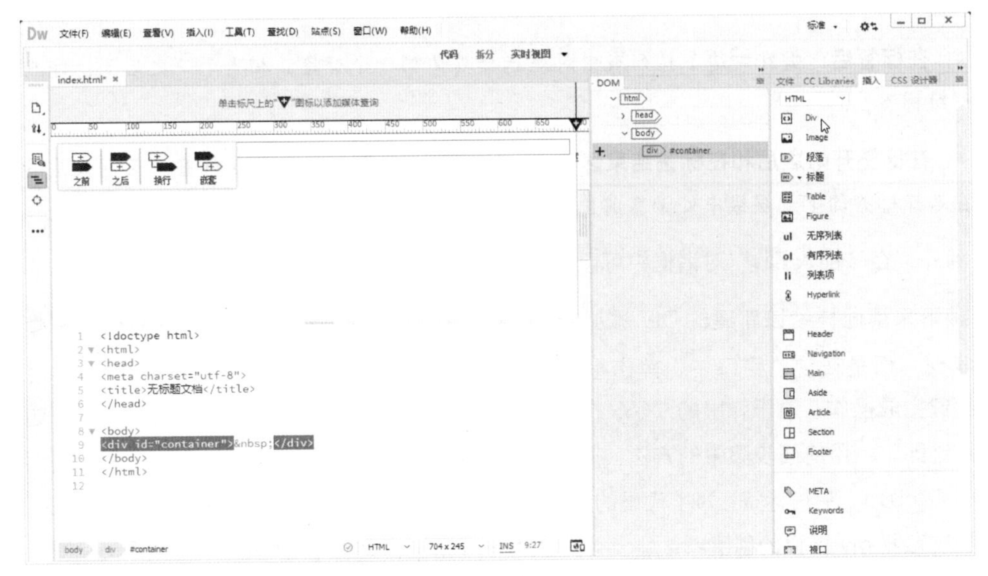

图 5-10 “嵌套”模式插入新 div

- **之前**：在当前选择的标签之前创建新标签，是同级兄弟关系；
- **之后**：在当前选择的标签之后创建新标签，是同级兄弟关系；
- **换行**：将当前选择的标签囊括到新标签内，新标签变成当前选择标签的父级，嵌套包含当前选择的标签，是父子嵌套关系（笔者感觉此处按钮被汉化成“换行”并不妥，应当为“父级”更专业准确）；
- **嵌套**：将新标签变成当前选择的标签的子级，被当前选择的标签包含嵌套，是父子嵌套关系。

注意

如果单击“Div”按钮后未出现“插入位置”悬浮面板，而是出现了一个“插入Div”对话框，如图5-11所示，请对应地选择“插入”属性。其中，“在选定内容旁换行”对应的选项及其含义如下。

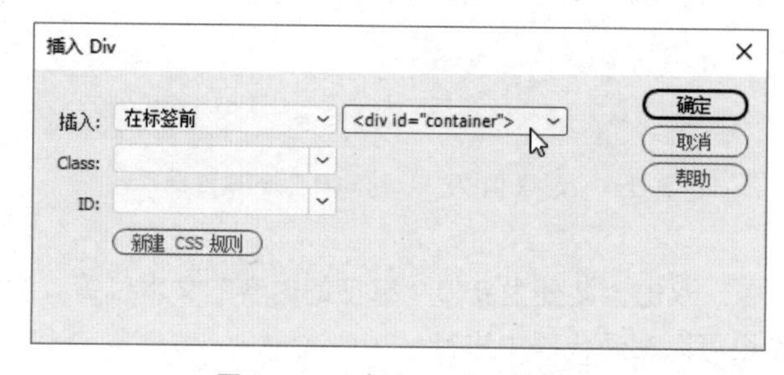

图 5-11 “插入 Div”对话框

- **换行**：相当于新建父标签；
- **在标签前**：需在右边下拉列表中对应选择具体哪一个标签，相当于“之前”，即在前面新建同级标签；
- **在标签后**：需在右边下拉列表中对应选择具体哪一个标签，相当于“之后”，即在后面新建同级标签；
- **在标签开始之后和在标签结束之前**：相当于“嵌套”，即创建子标签，区别只是看创建位置在选择标签的下一层级中处于靠前位置还是靠后位置。

另外，在“插入 Div”对话框中可以准确地创建 ID 或者 Class 属性。

接下来请同样给该新建的 DIV 添加 ID 属性，不过这次不通过“DOM”（文档对象模式）面板实现，而是在预览窗口中，单击标签提示符旁边的加号按钮 div +，输入“#nav”后，按 Eenter 键完成操作。对于弹出的“CSS 样式快捷定义”对话框暂时不用理会，直接单击旁边的空白处跳过即可。用前面步骤中的方法，删除提示文本“此处为新 div 标签内容”，如果页面中有多余的“ ”空格标签，为了代码的轻量简洁，也请在代码视图中一并删除，如图 5-12 所示，完成导航容器 div 标记的创建。

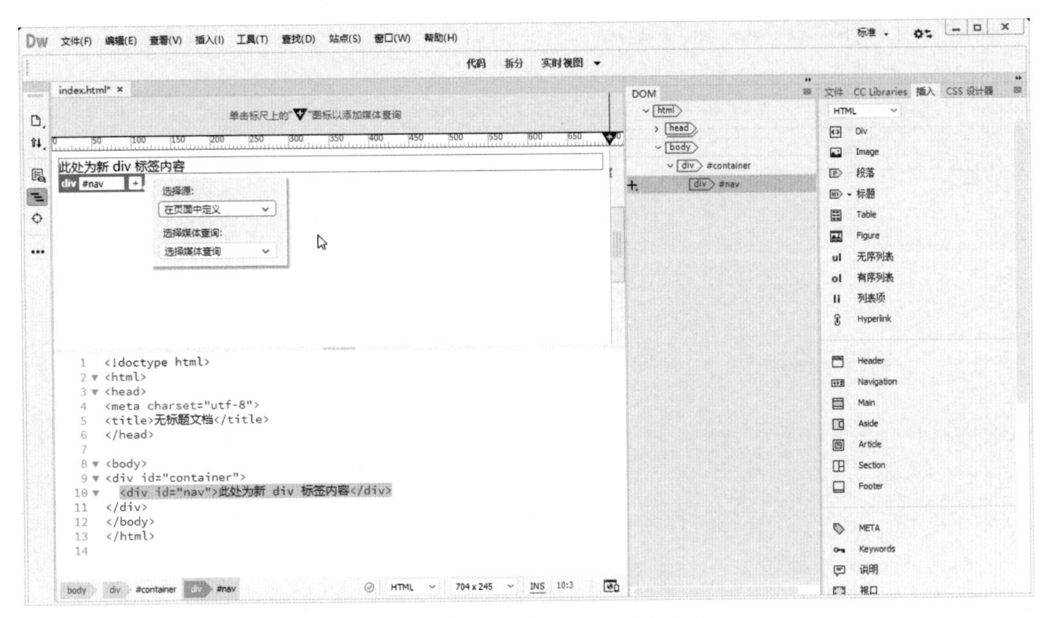

图 5-12 完成导航容器 div 标记的创建

提示

到这里，我们尝试了在“DOM”（文档对象模式）面板和预览窗口添加 ID 属性的两种方法。不难发现，如果只是定义 ID 属性或者将来定义 Class 类属性，不做 CSS 样式的设定，那么在“DOM”（文档对象模式）面板操作更简单快捷；但是如果希望在给定 ID 或者 Class 类属性之后，马上设置 CSS 样式和样式属性的话，那么在预览窗口中操作，流程上会更流畅、快捷一些。

前面的操作流程中，先以“DOM”（文档对象模式）面板选择某个网页元素对象，然后利用“插入”面板插入需要的新对象标签代码。以这种方法应对即将要学的列表等标签操作，有时候会出现嵌套混乱的问题，接下来要学习其他添加 HTML 标签和网页元素的方法。

在前面的步骤中，已经创建了页面最外围的框架“container” div 和第一行的导航“nav” div，接下来将通过 ol 有序列表及 ul 符号列表的方式，设计和制作系列导航按钮超链接。

（5）在“DOM”（文档对象模式）面板中，单击选择 ID 为“nav”的 div，再单击其左边出现的“+”按钮（如果未找到，请将“DOM”面板拉宽一些），在弹出的菜单中选择“插入子元素”命令，然后输入“ol”有序列表标签，按两次 Enter 键后确定该标签的插入，Dreamweaver 会自动给有序列表标签添加一个子标签“li”项目，如图 5-13 所示。

（6）仍然在“DOM”（文档对象模式）面板中，在“li”标签上右击，在弹出的快捷菜单中选择“直接复制”命令，重复操作 4 次，总共得到 5 个列表项目。注意，“DOM”（文档对象模式）面板只关注结构和父子关系，内容的输入需要在代码视图中操作。在每一组“<li>”和“</li>”标签的中间，依次输入“课程设置”“优秀学员”“作品点评”“在线咨询”“设计俱乐部”，如图 5-14 所示。

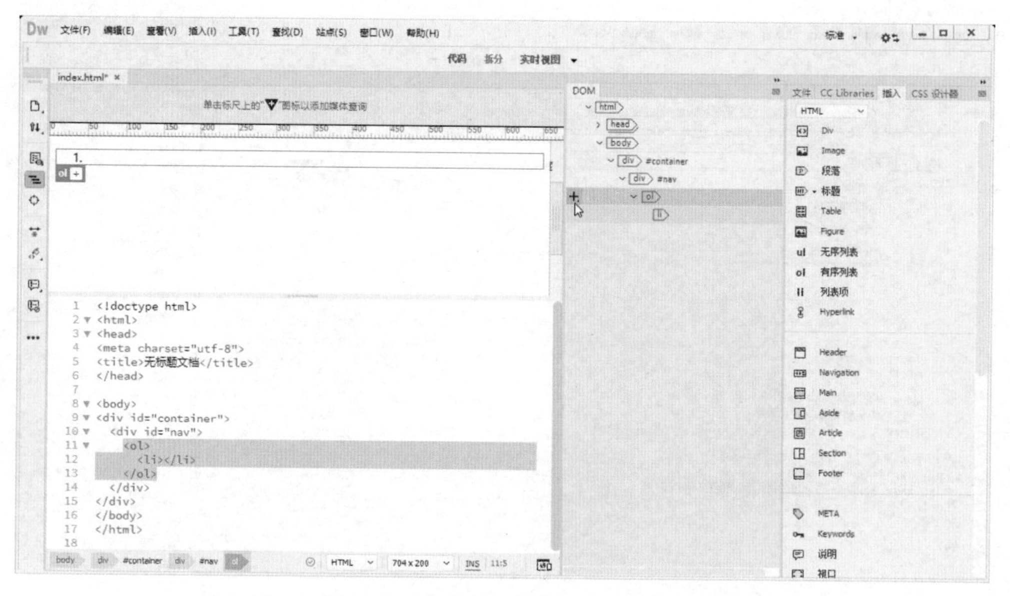

图 5-13 在“DOM”（文档对象模式）面板插入“ol”有序列表

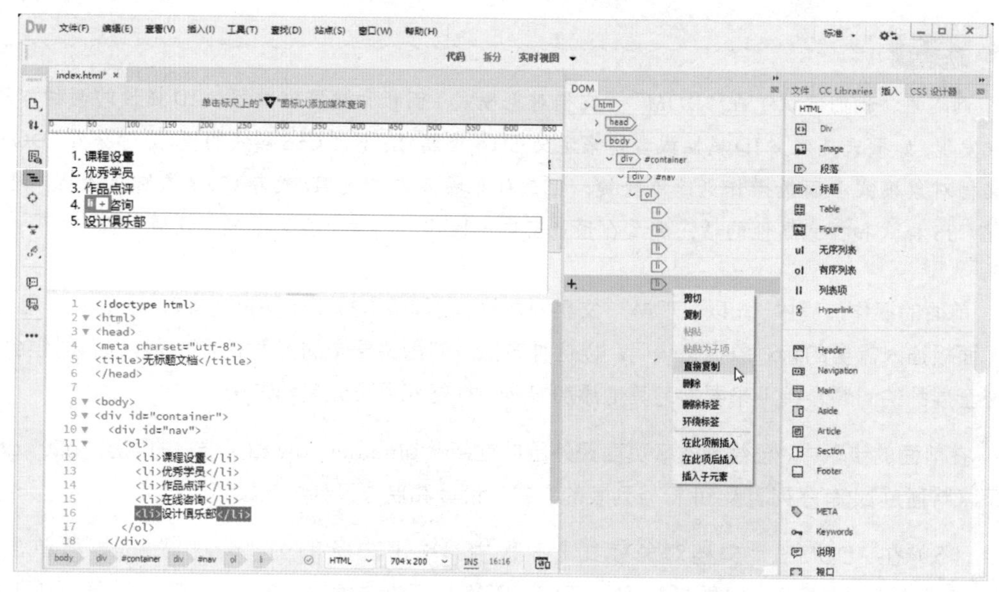

图 5-14 在“DOM”（文档对象模式）面板创建 5 个列表项目

提 示

在预览的实时视图中通过双击也能编辑和输入内容，但是容易产生多余的空格和输入内容位置错误，不如在代码视图中操作准确。

（7）在“窗口”菜单中选择“属性”命令，打开“属性”面板，建议将其放置在代码视图下方，然后在代码视图中选择“课程设置”文本，在“属性”面板中设置“链接”属性为“class.html”，然后设置“ID”属性为“btnClass”，如图 5-15 所示。

图 5-15　在“属性”面板设置超链接

（8）现在尝试另一种方法，实现与上一步骤同样的效果。在代码视图中选择“优秀学员”文本，按 Ctrl+T 组合键，开启“环绕标签”功能，在文本框中输入“a href="students.html" id="btnStudents"”文本。注意，输入时软件会提供代码提示，其高亮显示在需要的参数或属性上，用户不用输入完整内容，按 Enter 键软件将自动补齐英文参数，例如“=”（等于）符号和双引号等内容。比如本例中的“href”超链接参数，输入“hr”后，代码提示会高亮显示到“href”参数位置，只需按 Enter 键即可自动补全代码，然后输入该参数的具体数值“students.html”即可，如图 5-16 所示。

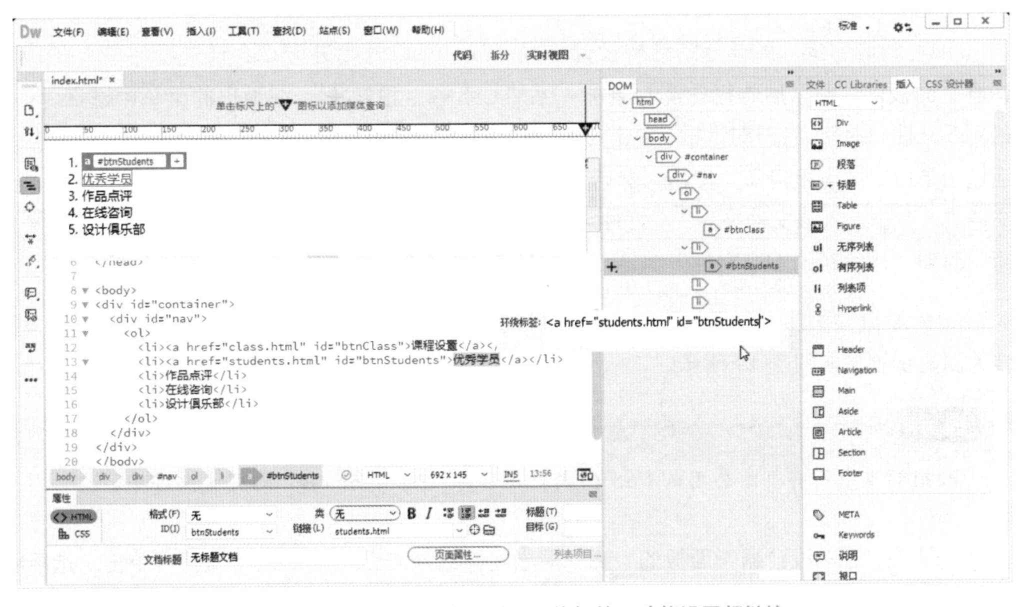

图 5-16　在代码视图中通过“环绕标签”功能设置超链接

（9）接下来选择上面的两种方法之一，设置“作品点评”超链接为“works.html”，“ID”属性为“btnWorks”；“在线咨询”设置超链接为“online.html”，“ID”属性为“btnOnline”；“设计俱乐部”设置超链接为“club.html”，“ID”属性为“btnClub”，如图 5-17 所示。

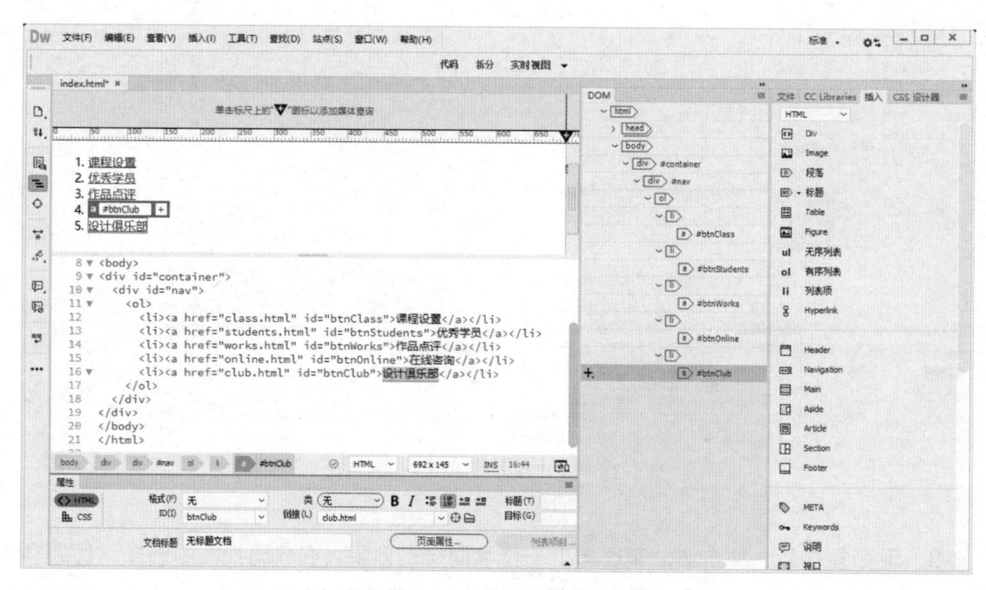

图 5-17　设置更多的超链接属性

提示

提示：推荐养成在“DOM”（文档对象模式）面板新建、插入或选择 HTML 标签元素的习惯，并通过它来控制页面的结构和父子关系；在代码视图中实现内容的输入和修改；最终效果的预览在实时视图中观测。保持这样一个流畅的编辑流程和模式。

（10）到这一步，第一行的结构设计已经完成，可以开始进行 CSS 样式设计了。在“CSS 设计器”面板的“源”展卷栏左侧，单击“添加 CSS 源”按钮 +，在弹出的菜单中选择“创建新的 CSS 文件”命令，打开对话框，单击右上角的“浏览”按钮，在打开的“将样式表文件另存为”对话框中单击“站点根目录”按钮，然后再单击“创建新文件夹”按钮，创建一个名为“css”的文件夹，双击进入该文件夹后，“文件名”参数命名为“common.css”文件，最后单击“保存”按钮，回到“创建新的 CSS 文件”对话框，如图 5-18 所示。

（11）设置“添加为”属性为“链接”模式，最后单击“确定”按钮，完成外部 CSS 列表文档的创建步骤，如图 5-19 所示。

提示

一般把站点中所有页面公用的 CSS 样式放在名为“common.css”的样式文件中。

（12）在“CSS 设计器”面板的“源”展卷栏中选择“common.css”文件，单击“选择器”展卷栏左侧的“添加选择器”按钮 +，将选择符改为“*”（星号通配符），代表即将设定的样式规则应用于所有元素，按 Enter 键确定，下方的“属性”展卷栏中，确定“显示集”功能未被选择，如图 5-20 所示。

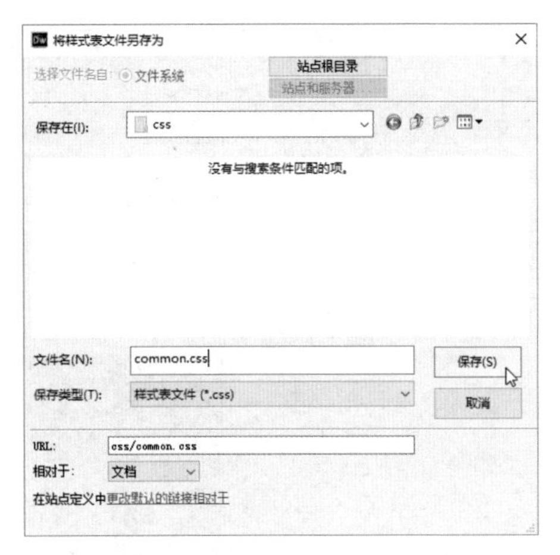

图 5-18　“将样式表文件另存为”对话框

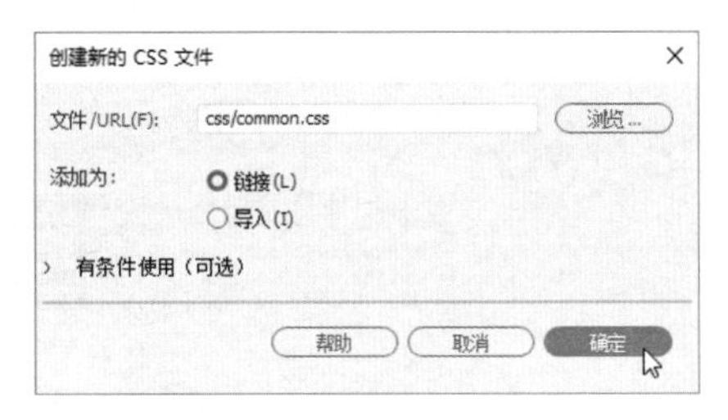

图 5-19　设定模式为“链接”

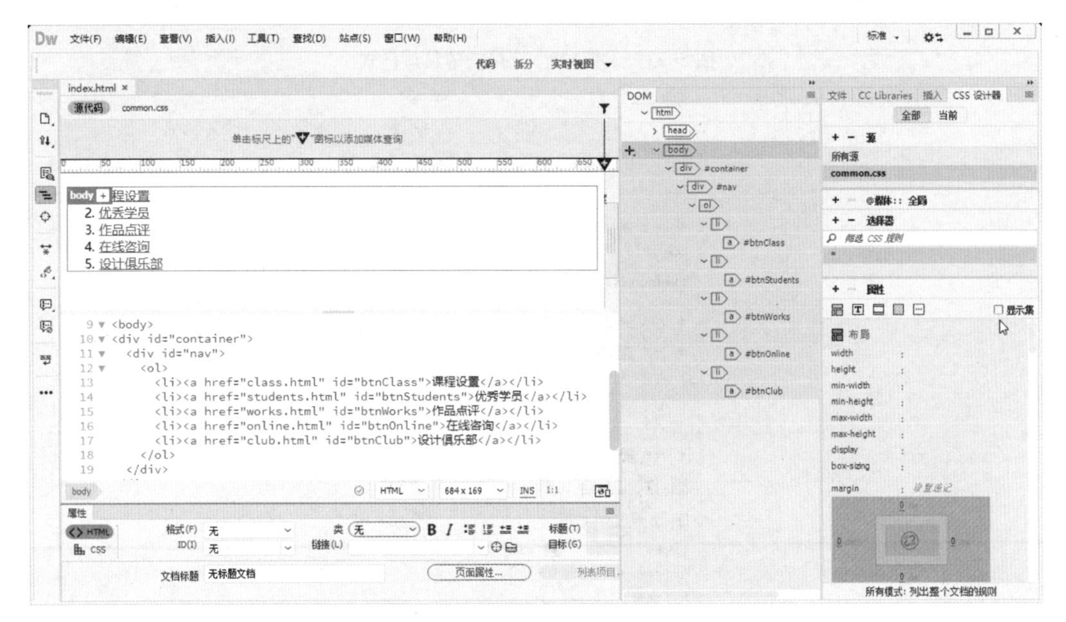

图 5-20　在“CSS 设计器”面板创建第一个“*”选择符

（13）在“属性”展卷栏中找到“margin”间距属性，单击右侧的“设置速记”参数并输入“0px”，再找到“padding”（边距）属性，单击右侧的“设置速记”参数并输入“0px”，避免将来各元素之间与浏览器边缘之间有自动间距或边距空隙，影响设计效果，如图 5-21 所示。

（14）在“属性”展卷栏中，单击“文本”按钮 T 跳转到文本样式设置区域，针对整个页面设定默认字体样式，设定“color”（颜色）属性值为“#333”，尽量避免使用大面积纯黑色字体，减轻视觉疲劳，让设计更美观；设定“font-size”字体大小为“12px”，设定“line-height”（行高）为“1.5em”，如图 5-22 所示。

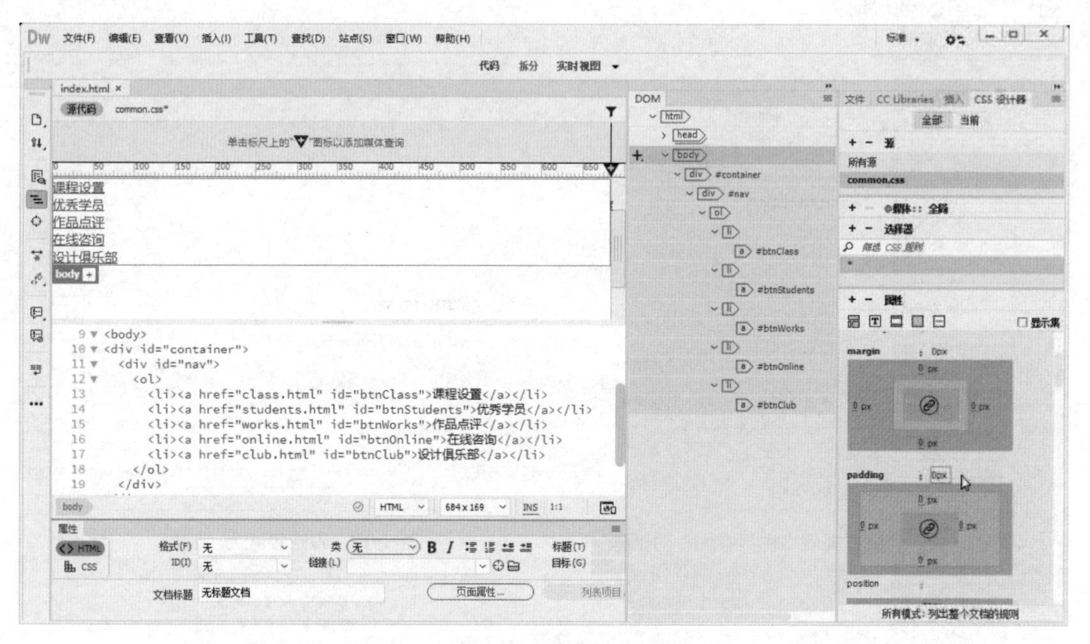

图 5-21　设置“*”选择符的具体样式

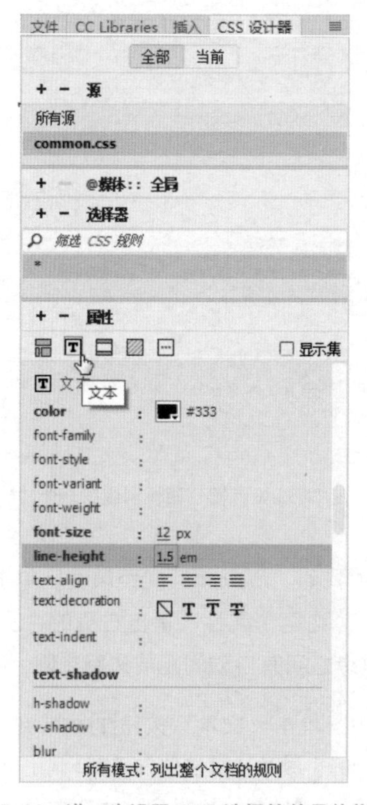

图 5-22　进一步设置“*”选择符的具体样式

提 示

这里，颜色使用的是十六进制表达方式，“#333”其实同等于“#333333”，为一种深灰色，用英文字母表达为“#RGB”或“#RRGGBB”。其中，第一组代表 R（Red）红色，第二组代表 G（Green）绿色，第三组代表 B（Blue）蓝色。

行高使用的单位不是精确的“px”（像素），而是“em”字体大小倍数单位。“1em”指的就是一个字体的大小，行高“1.5em”指的就是“1.5”倍行高，这里字体大小为“12px”，那么行高换算出来就是“18px”。如果其他地方字体大小变化了，例如当为“16px”的字体大小时，行高就会自动变为“24px”。这种单位也非常适合“text-indent”段首行文本缩进属性。一般中文段落首行会有两个字体大小的空格，就可以设置为“text-indent: 2em;”，这样无论该段落的字体大小是多少，都将严格遵循段首文本空两格的样式规律。

（15）对整个页面设置了简单的 CSS 样式之后，开始对最外围的根容器“#container”进行设计，主要控制它的宽度和自动居中效果。在实时视图中，单击光标定位在任意导航列表上，然后在“标记快速导航栏”中单击 div #container，选择 ID 为“container”的 DIV，在“CSS 设计器”面板的“源”展卷栏中选择“common.css”文件，单击“选择器”展卷栏左侧的“添加选择器”按钮 +，按 Enter 键确认“#container”选择符不变，如图 5-23 所示。

图 5-23 在“标记快速导航栏”中准确地选择页面元素

（16）在“属性”展卷栏中，找到“width”（宽度）属性，单击右侧的默认值“auto”（自动），将其改为“px”，再输入“800px”像素确定其精确宽度。然后找到“margin”（间距）选项，在下方的图示中左边的数值参数单位“px”上单击，将其改为“auto”（左间距自动）。同样，将右边的数值参数改为“auto”（右间距自动），实现根容器“container”的自动居中布局，如

图 5-24 所示。

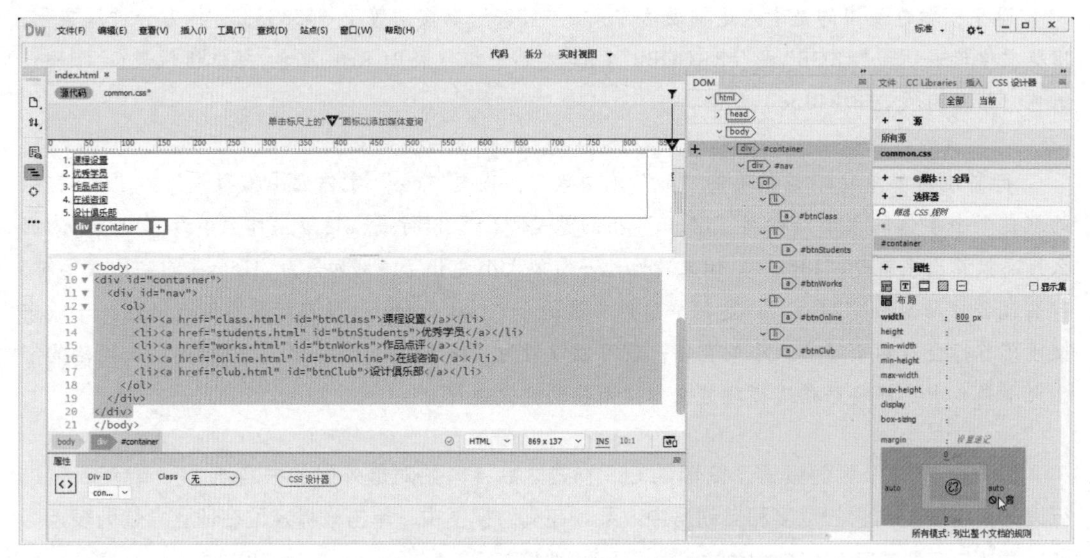

图 5-24　设置 ID 为“container”的 div 自动居中样式

（17）选择“文件→保存全部”命令，既保存 HTML 文件又保存 CSS 文件。

到了这一步，为了更顺利地理解、掌控布局和排版，需要对 block 对象、inline 对象以及 float 浮动排版和 clear 清除浮动有所了解了。

5.4　block 和 inline 对象

知识要点

- block 块类型元素特点
- inline 行类型元素特点

大部分 HTML 元素的“display”（显示）属性被归类为 block 类型或者 inline 类型，首先来看看这两类显示类型具体有什么区别。

block 块类型元素特点如下。

> block 块类型元素默认宽度与父容器相同，除非指定一个确切的宽度；

> 无论宽度如何，块元素总是从新行上开始，默认为垂直堆叠关系（除非用到了 float 浮动属性）；

> 块元素的宽度、高度、边距（margin）等属性可设置，可控制；

> 块类型代表性元素有 <div><p><h1><ul><li><form> 等。

inline 行类型元素特点如下。

> inline 类型元素的宽度、高度、上下边距（margin-top、margin-bottom）不可设置；

> 在默认情况下，该类型元素依次排成一行，元素默认为横向水平排列。当空间不够时，自动折行处理；

> 行类型代表性元素有 <span><a><img><label><input> 等。

提示

inline 行类型元素也被称为内联类型元素。一般来说，块级元素可以包含块级元素和内联元素；但内联元素只能包含内联元素。块类型元素和行类型元素可以通过“display”属性进行转换。

5.5　float 浮动和 clear 清除浮动

知识要点

- float 浮动的概念
- clear 清除浮动的概念

1．关于 float 浮动

掌握好 float 浮动属性对 DIV + CSS 网页排版有着至关重要的意义，通过它可以实现 block 块对象脱离文档流的左齐或右齐的依次同行排列，同时，如果对 inline 行对象使用该属性，还可以完成 inline 行对象向 block 块对象的类型转换。

范例一：block1、block2 和 block3 对象都不存在 float 浮动的情况下，块对象无论宽度如何，都是另起一行垂直堆叠排列，如图 5-25 所示。

范例二：block1 对象以“float: right;”方法向右浮动，block1 对象脱离文档流向右对齐，原空间被 block2 对象替代，如图 5-26 所示。

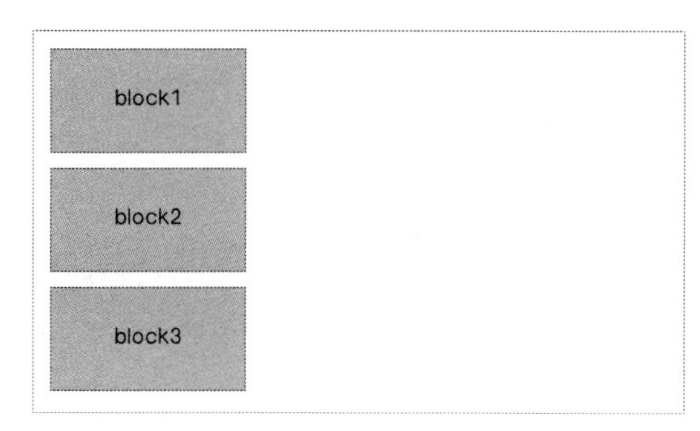

图 5-25　block1、block2 和 block3 对象都不存在 float 浮动

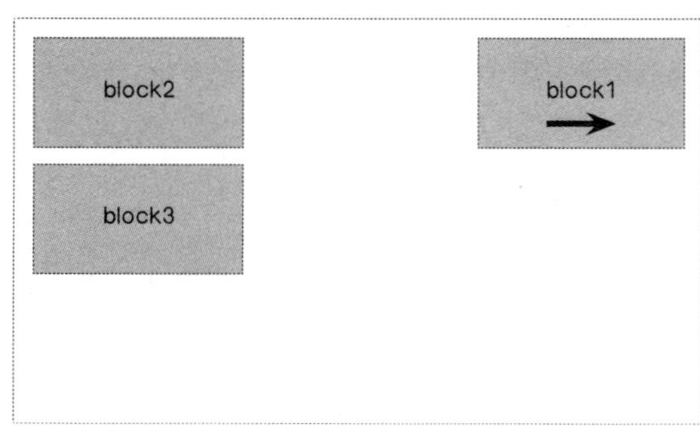

图 5-26　block1 对象以“float: right;”方法向右浮动

范例三：block1 对象以“float: left;”方法向左浮动，block1 对象脱离文档流向左对齐，原空间被 block2 对象替代，但是又被浮动的 block1 对象遮挡，所以出现了 block2 对象消失的现象，如图 5-27 所示。

范例四：block1、block2 和 block3 对象都以“float: left;”方法向左浮动，这 3 个块对象都脱离文档流，在父空间宽度允许的情况下，一行中左齐依次排列布局，如图 5-28 所示。

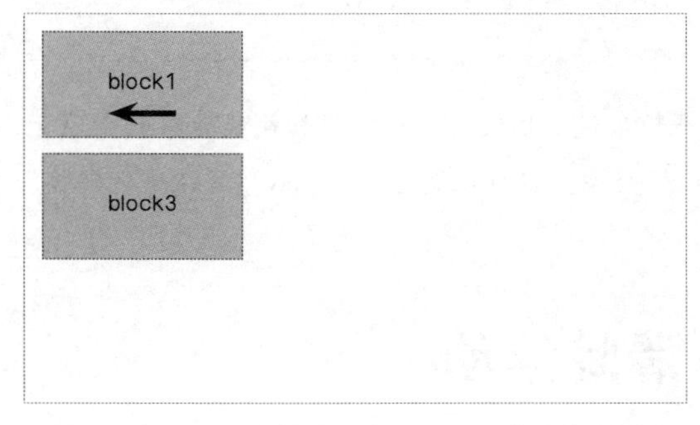

图 5-27　block1 对象以“float: left;”方法向左浮动

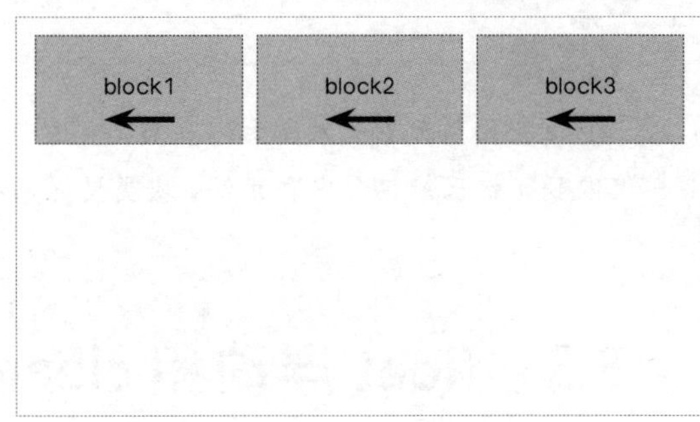

图 5-28　block1、block2 和 block3 对象都以“float: left;”方法向左浮动

范例五：block1、block2 和 block3 对象都以“float: left;”方法向左浮动，这 3 个块对象都脱离文档流，在父空间宽度不够的情况下（即一行中左齐依次排列空间不够时），自动换行处理，如图 5-29 所示。

范例六：block1、block2 和 block3 对象都以“float: left;”方法向左浮动，block1 的高度不同时，block3 会出现如图 5-30 所示的绕排现象。

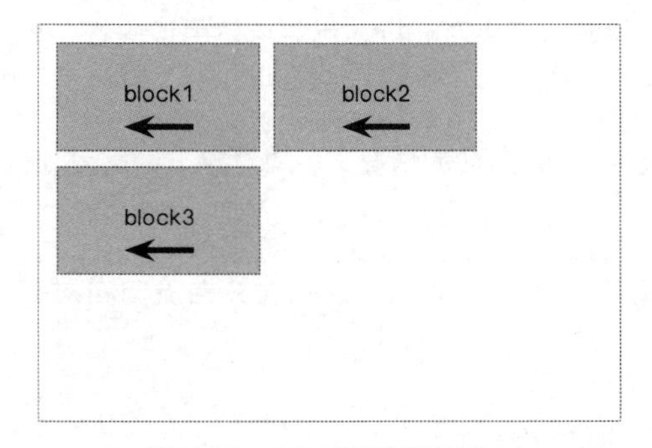

图 5-29　父元素宽度不够时

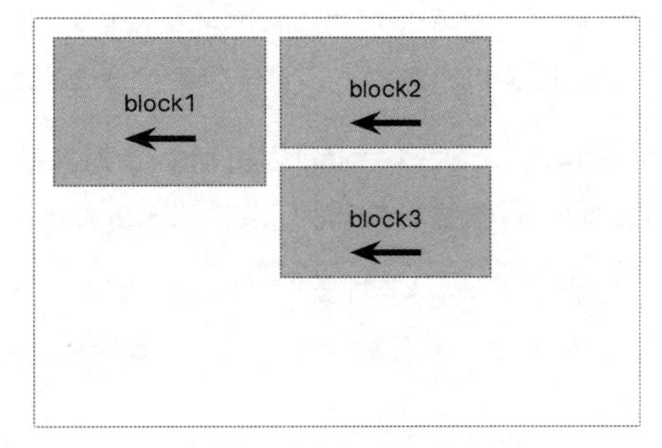

图 5-30　block1 的高度不同时

2．关于 clear 清除浮动

因为 float 浮动属性让对象脱离了文档流，因此后面未设定 float 浮动属性的对象会自动挤上来，被浮动的对象所遮盖。为了避免这种问题，让后面未设定 float 浮动属性的对象另起一行，在浮动对象的下行继续按次序排版布局，就可以通过 clear 清除浮动属性实现。

范例一：所有 block 块类型对象在没有 float 浮动、也没有 clear 清除浮动的情况下，布局效果如图 5-31 所示。

范例二：block1 对象以“float: left;”方法向左浮动，block2 和 block3 对象在没有应用浮动、也没有应用 clear 清除浮动的情况下，布局效果如图 5-32 所示。block1 对象脱离了文档流，其原位置被 block2 和 block3 对象顶替，而 block2 和 block3 又被 block1 对象所覆盖。

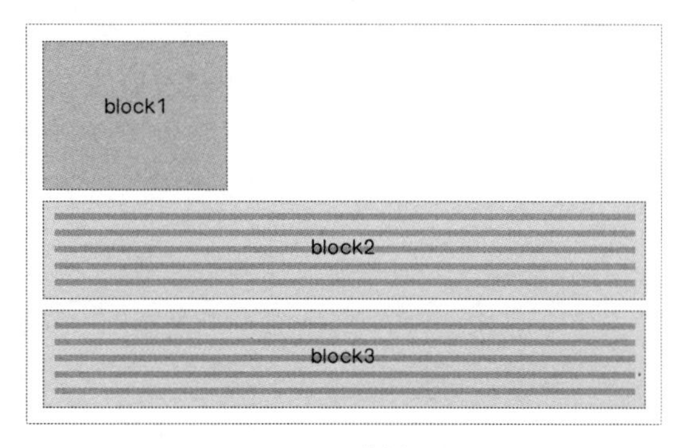

图 5-31 范例一图示

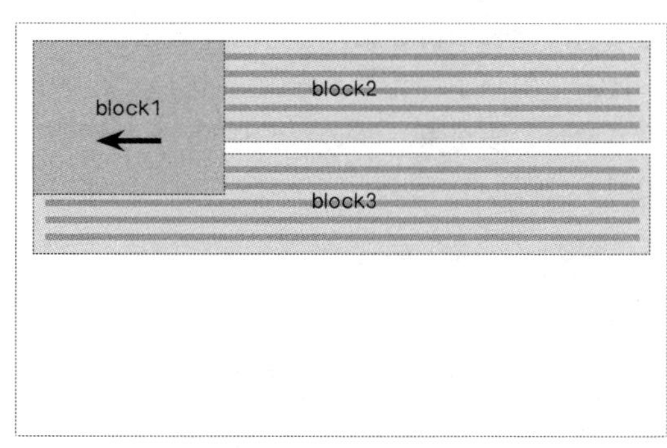

图 5-32 范例二图示

范例三：block1 对象以“float: left;”方法向左浮动，block2 对象没有应用 clear 清除浮动，不过 block3 对象以“clear: left;”方法清除向左浮动，布局效果如图 5-33 所示。block1 对象脱离了文档流，其位置被 block2 对象顶替，而 block3 对象应用了 clear 清除浮动样式，所以不再受 block1 浮动对象的影响，其在 block1 对象下方另起一行，继续按文档流排版布局。

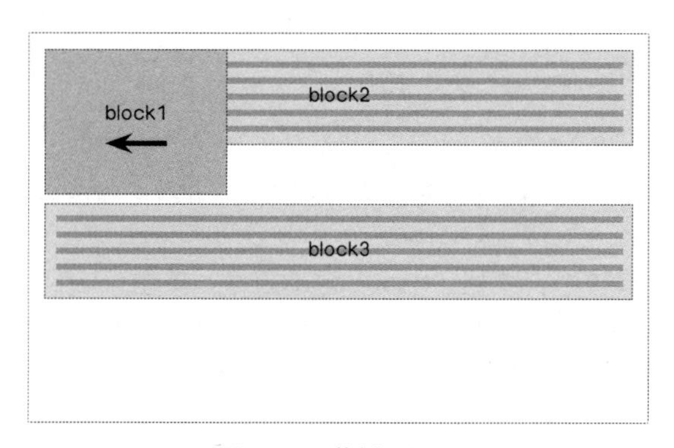

图 5-33 范例三图示

5.6 块类型对象浮动排版

知识要点

- 使用列表制作横向水平导航
- 控制超链接的宽高属性
- 养成一使用浮动就思考在哪里清除浮动的习惯
- 灵活应用子孙关联选择符
- 灵活应用群组选择符

页面的主导航结构设计是通过“<li>”列表项目标记实现的，它是典型的块类型对象，所以每一个导航都是从新行上开始的。如果期望它们能在一行中排列，就需要使用 float 浮动样式，具体操作步骤如下。

（1）在实时视图中，单击光标定位在任意导航列表，然后在“标记快速导航栏”中单击 ，选择“li”列表项目标记，当然也可以在“DOM”（文档对象模式）面板选择任意“li”标记，在“CSS 设计器”面板的“源”展卷栏中选择“common.css”文件，单击“选择器”展卷栏左侧的“添加选择器”按钮 ，将选择符中间的“ol”（有序列表标记选择符）去掉，剩下“#nav li”部分，如图 5-34 所示。

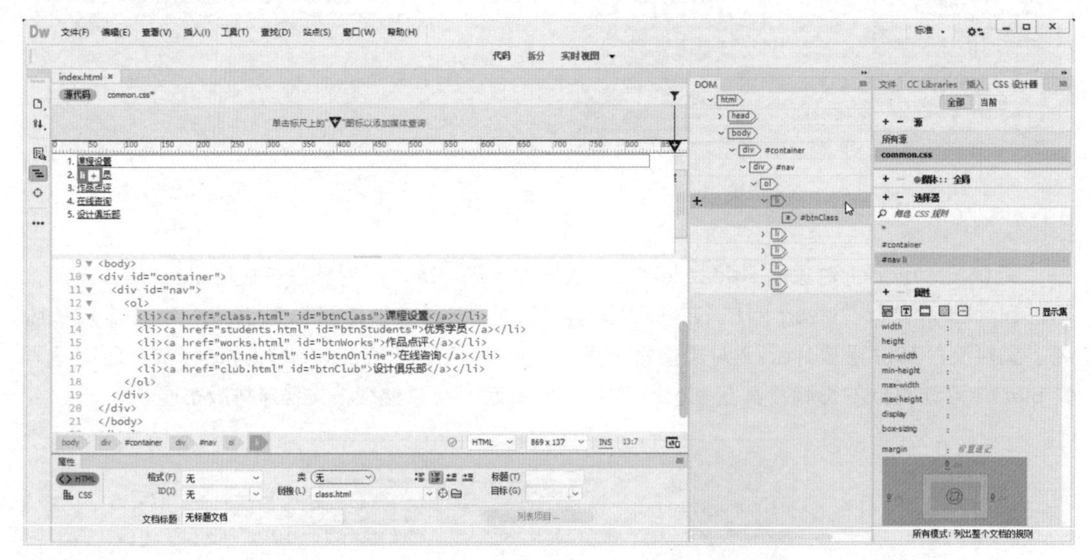

图 5-34　在“CSS 设计器”面板新增“#nav li”选择符

（2）在“属性”展卷栏中，找到“float”浮动属性，单击“left”向左浮动按钮 ，观察设计视图，导航菜单实现了一行横向布局排列，不过列表符号干扰了设计，需要通过将“list-style-type”列表样式类型属性设置为“none”实现，最终效果如图 5-35 所示。

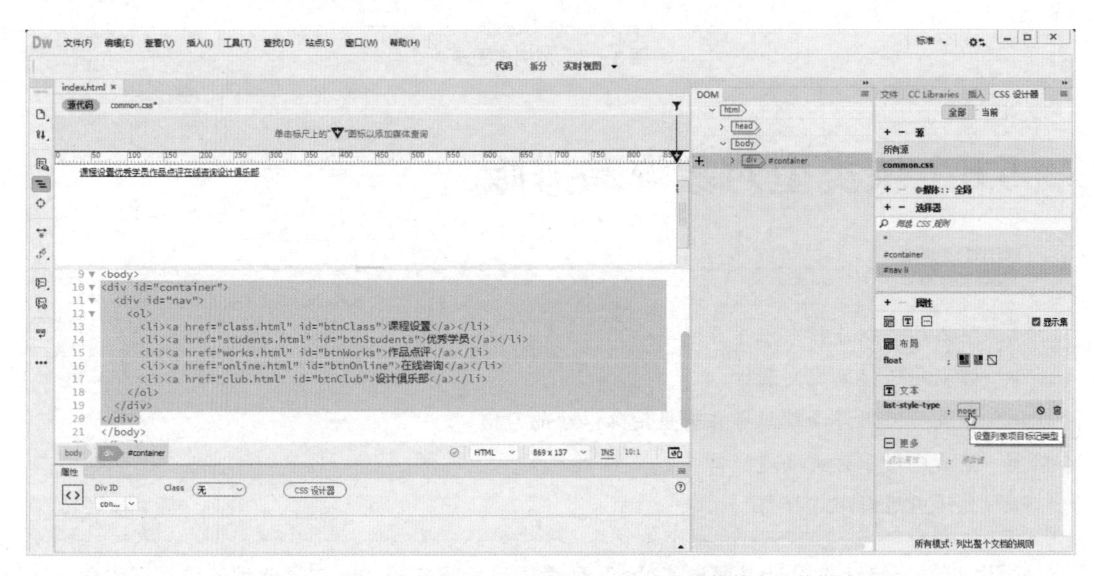

图 5-35　在“CSS 设计器”面板设置“#nav li”选择符中具体样式

提示

为了只显示设置过的 CSS 样式，便于修改值和清理思路，总结哪些参数是被设置过的，可以选择“CSS 设计器”面板中“属性”展卷栏右侧的“显示集”选项，将只显示设置过的参数。当需要新增样式属性时，再把“显示集”选项去掉，方便新增样式属性。

（3）现在请给这些导航添加背景图片，实现视觉设计。在 DOM 面板中，单击选择 ID 为“btnClass”的 a 超链接标签，然后在“CSS 设计器”面板的“源”展卷栏中选择“common.css”文件，单击“选择器”展卷栏左侧的“添加选择器”按钮 ，按两次↑键，选择符不用那么具体，仅剩下“#btnClass”ID 选择符，然后按 Enter 键确认。

（4）在“属性”展卷栏中，如果选中了“显示集”选项，请将其去掉以展现所有属性，方便添加设置，单击“背景”按钮 ，跳转到背景设置参数区域，在“url”属性右边“输入文件路径”位置处单击，然后单击“浏览”按钮 ，在弹出的“选择图像源文件”对话框中双击进入“images”文件夹，选择“btnClass.gif”图片，单击“确定”按钮，完成背景设定操作，如图 5-36 所示。

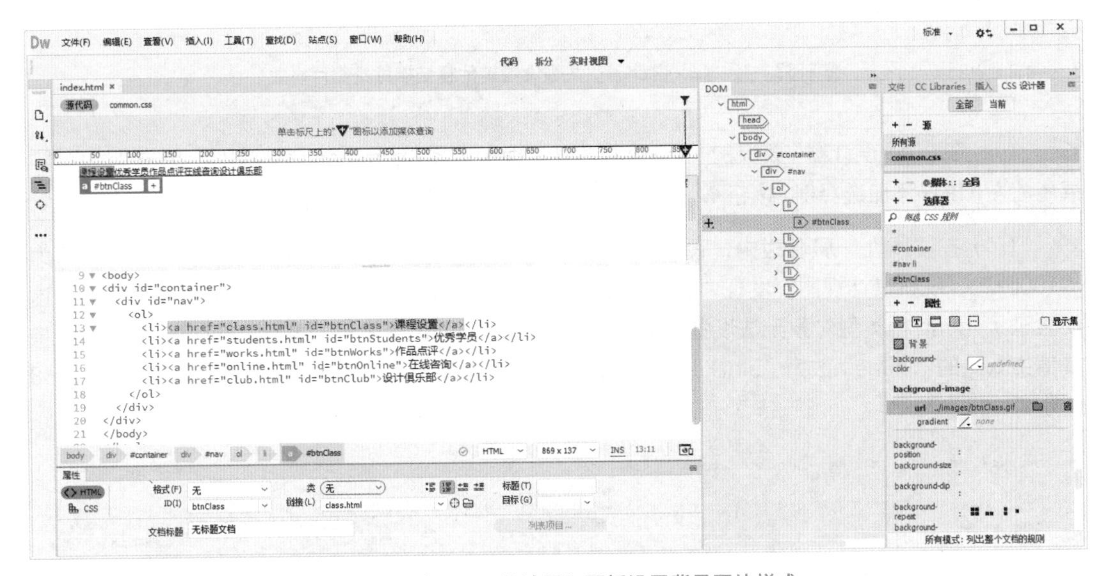

图 5-36 在“CSS 设计器”面板设置背景图片样式

提示

注意观察设计视图，发现背景虽然添加了，但似乎看不到任何效果。是不是因为宽度和高度不够，所以无法看到背景图呢？确实如此，但因为选择符是“#btnClass”，其实也就是一个“<a>”标记对象，它是属于 inline 行类型对象的，所以无法设置其宽度和高度属性。可以通过 display 属性将其转换为 block 块类型对象，因为需要这样处理的超链接标记不止一个，所以可先设置完其他超链接标记的背景图之后，再通过“#nav a”选择符方式，批处理 ID 为“nav”下的所有“<a>”标记子对象样式，实现块类型的转换以及设置高、宽等属性，呈现出背景按钮设计。

（5）在改变超链接高宽之前，先请重复以上两步，分别设置 ID 为“#btnStudents”“#btnWorks”“#btnOnline”“#btnClub”的“background-image”，背景图属性分别为“url(../images/btnStudents.gif)”“url(../images/btnWorks.gif)”“url(../images/btnOnline.gif)”和“url(../

images/btnClub.gif)”，效果如图 5-37 所示。

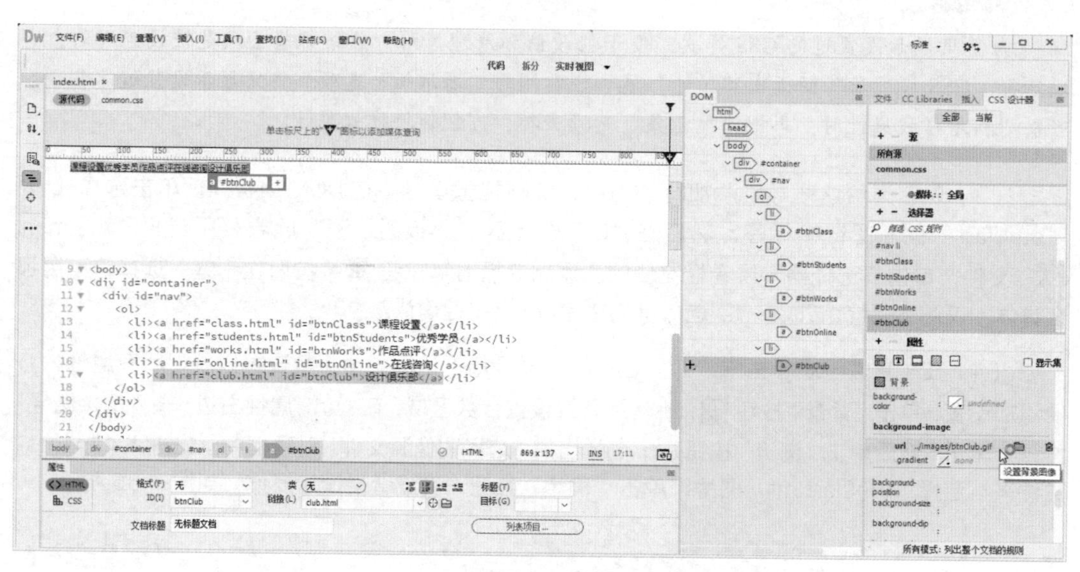

图 5-37　在“CSS 设计器”面板设置其他超链接背景图片样式

（6）在“CSS 设计器”面板的“源”展卷栏中，确定选择“common.css”文件，单击“选择器”展卷栏左侧的“添加选择器”按钮 +，将选择器内容修改为“#nav a”选择符，然后按 Enter 键确认。

（7）在“属性”展卷栏中，设置“width”属性值为“159px”，设置“height”属性值为“100px”，观察设计视图，发现“#nav”下的“<a>”超链接标记的宽度和高度并没有变化，这便验证了 inline 行类型对象无法设置宽度和高度的问题。不过没关系，找到“display”属性，将其值由默认的“inline”改为“block”之后，设计视图中就能看到各超链接的背景图了，如图 5-38 所示。

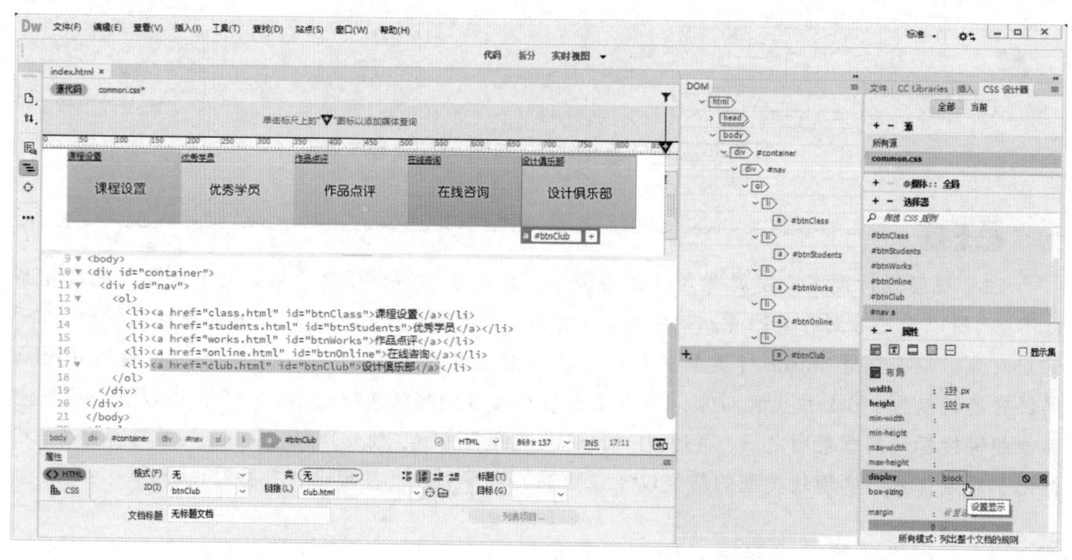

图 5-38　在“CSS 设计器”面板设置“#nav a”选择符样式

观察实时视图，发现超链接的文本叠加在了背景图上，影响美观，可以设置文本缩进为一个较大负值，实现文本隐藏的效果。最后再给每个超链接加一个“1px”像素的右边距属性，隔开各个超链接按钮，完成导航的设计。

（8）确保在“CSS 设计器”面板中选择器选择的是“#nav a”选择符，单击“文本”按钮，跳转到文本属性设置区，找到“text-indent”属性，设置其值为“-9999px”（一个巨大的负值像素），让这些文本超出浏览器，实现消失的效果。这时只剩下整洁的超链接按钮背景图，再向上滑动属性列表，找到“margin”边距设置区，在图示中修改右边的“margin-right”属性为“1px”，最终效果如图 5-39 所示。

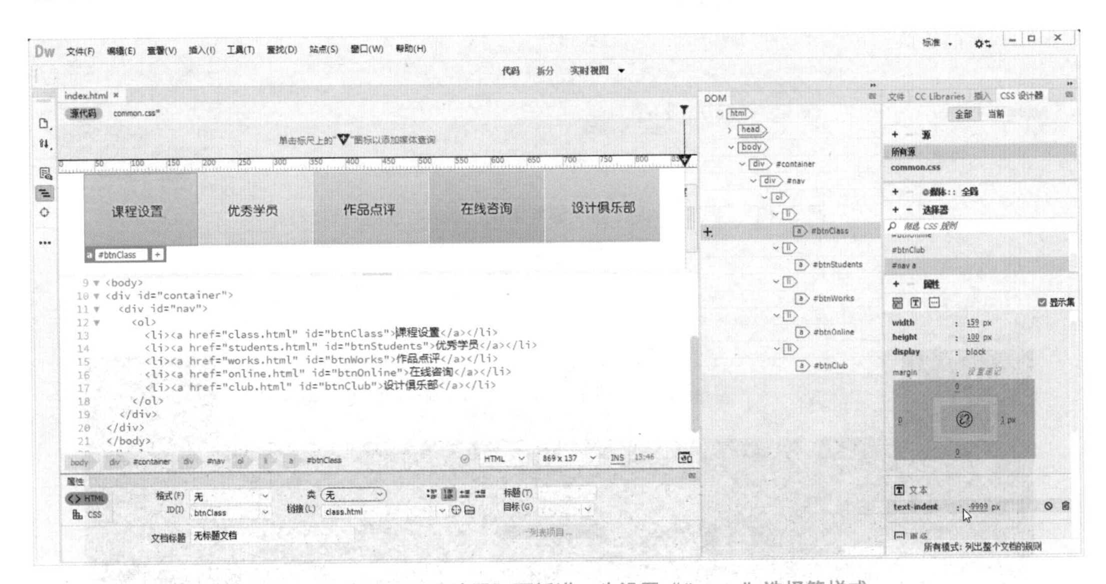

图 5-39　在“CSS 设计器”面板进一步设置“#nav a”选择符样式

为了让页面内容更独立突出、视觉效果更集中，接下来为页面设置一个平铺的深色图案背景。

（9）在“DOM”（文档对象模式）面板中，单击选择“<body>”标记，在“CSS 设计器”面板的“源”展卷栏中，选择“common.css”样式文件，单击“选择器”展卷栏左侧的“添加选择器”按钮，确定选择器内容为“body”标记选择符，然后按 Enter 键确认，如图 5-40 所示。

（10）单击“属性”展卷栏中的“背景”按钮，跳转到背景 CSS 样式设置区域，单击“url”属性右侧、“输入文件路径”旁边的“浏览”按钮，在弹出的“选择图像源文件”对话框中找到“images”文件夹下的“bg.gif”图片后，单击“确定”按钮，完成背景图案的设置。

（11）选择“文件→保存全部”命令，同时保存好“index.html”文件和“common.css”文件，再按 F12 键预览该网页，拖动浏览器边框时，发现在深色图案背景下页面导航会自动居中，超链接按钮也正常显示，如图 5-41 所示。

第一行“nav”导航设计完毕后，下面开始设计第二行“banner”（横幅条），还是先从结构设计开始，首先插入 HTML 代码，然后再进行 CSS 样式设计。

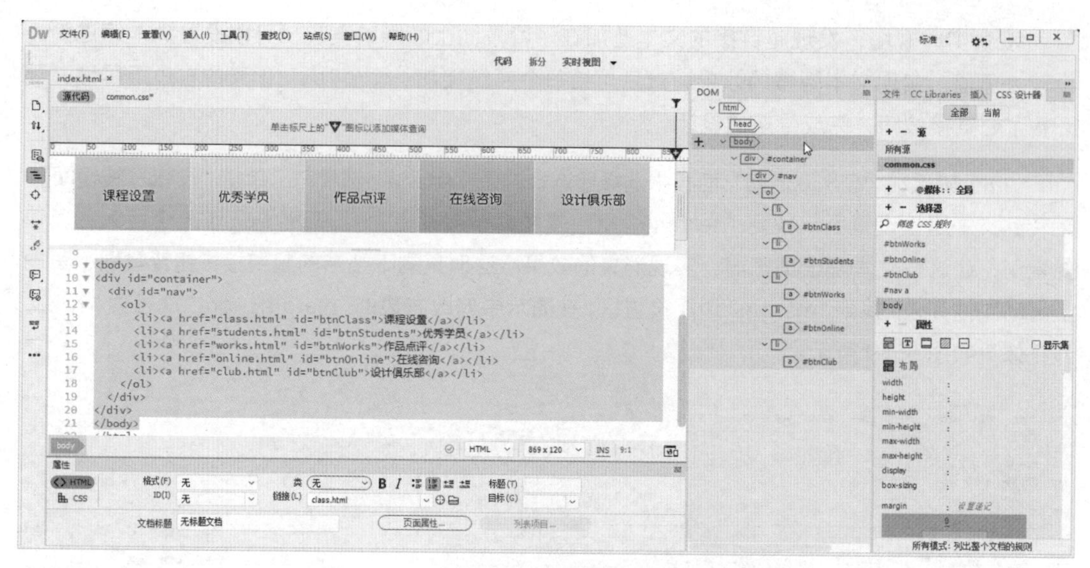

图 5-40 在“CSS 设计器”面板添加“body”标签选择符

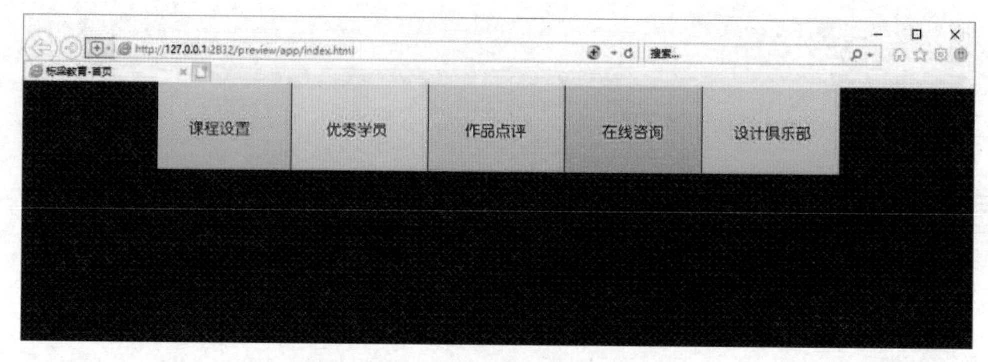

图 5-41 当前步骤在浏览器中的预览结果

（12）在“DOM”（文档对象模式）面板，单击选择 ID 为“#nav”的标签，再单击其左侧的“添加元素”按钮 ![+]（如果没看到该按钮，请拉宽“DOM”面板或者向左移动该面板，视图即可出现），在弹出的菜单中选择“在此项后插入”，确定插入一个“div”标签，按 Tab 键或者单击右侧下面的一个文本框，输入该标签 ID 为“#banner”。注意，这里一定要输入“#”，不能只输入“banner”，因为“#”表示 ID，“.”符号表示 Class 类。在页面中插入一个与 ID 为“nav”同级的新 div 标签操作后，接下来在代码视图中按 Delete 键，将默认文本“此处为新 div 标签的内容”删除，如图 5-42 所示。

因为每个页面中的横幅图片可能都不同，所以这个 CSS 样式不建议放置在“common.css”公共样式表中。可以新建一个与页面同名的 CSS 样式表，例如本例中的“index.css”样式表，存储该页个性化样式。

（13）在“CSS 设计器”面板的“源”展卷栏左侧单击 ![+]（添加 CSS 源）按钮，在弹出的菜单中选择“创建新的 CSS 文件”命令，打开“创建新的 CSS 文件”对话框，然后单击“浏览”按钮，打开“将样式表文件另存为”对话框，单击“站点根目录”按钮，再双击进入“CSS”文件夹，设置“文件名”为“index.css”，单击“保存”按钮后，回到“创建新的 CSS 文件”对话框，确保“添加为”参数选择的是“链接”选项。最后单击“确定”按钮，完成新样式列表文件的创建，如图 5-43 所示。

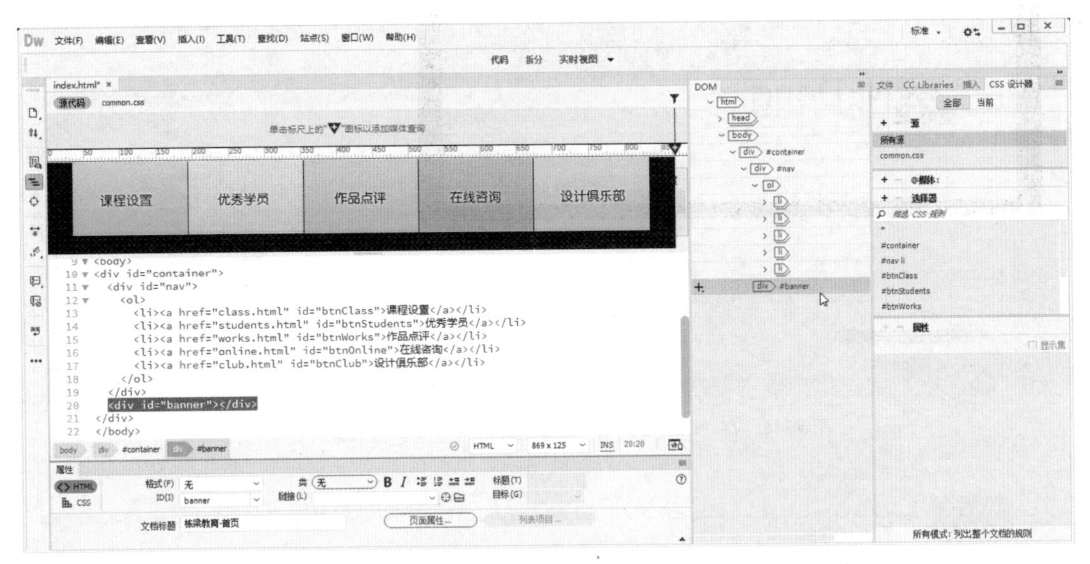

图 5-42 在“DOM”面板中添加 ID 为“banner”的 div 元素

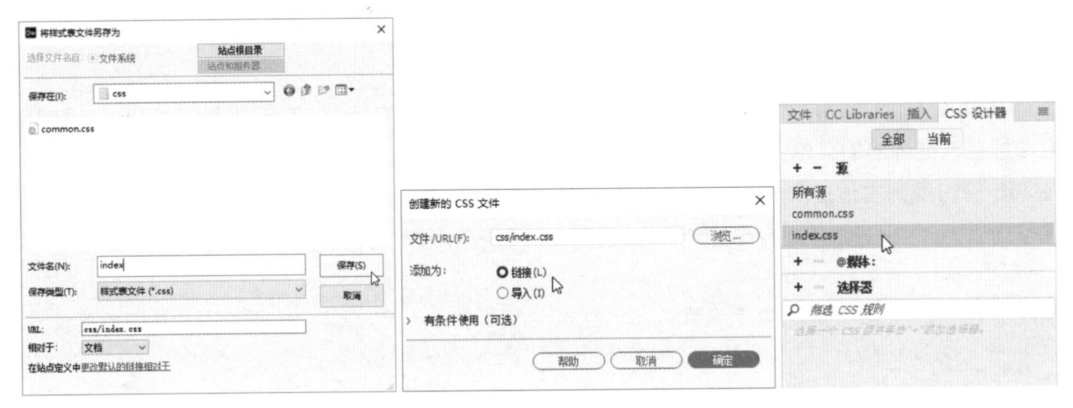

图 5-43 创建一个名为“index.css”的外部 CSS 样式列表

（14）在“DOM”面板，保持“#banner”div 的选择状态，确定“CSS 设计器”面板中的“源”展卷栏里选择的是“index.css”样式列表，然后单击“选择器”展卷栏左侧的 **+**（添加选择器）按钮，默认选择符为“#container #banner”，按一次↑键，将选择符改为“#banner”，然后按 Enter 键确认。

（15）在“属性”展卷栏中，设置“height”为“267px”，因为即将设置的该背景图的高度就是 267 像素。单击 ▨（背景）按钮，跳转到背景样式设置区域，设置“url”链接属性为“../images/indexBanner.jpg”。注意观察实时视图，发现虽然旗舰图显示出来了，但似乎有点问题，部分旗舰图被上一行的导航按钮所遮挡，如图 5-44 所示。原来该 div 对象受到了前面“#nav li”样式 float 浮动的影响，接下来需要通过 clear 属性清除浮动以修正问题。

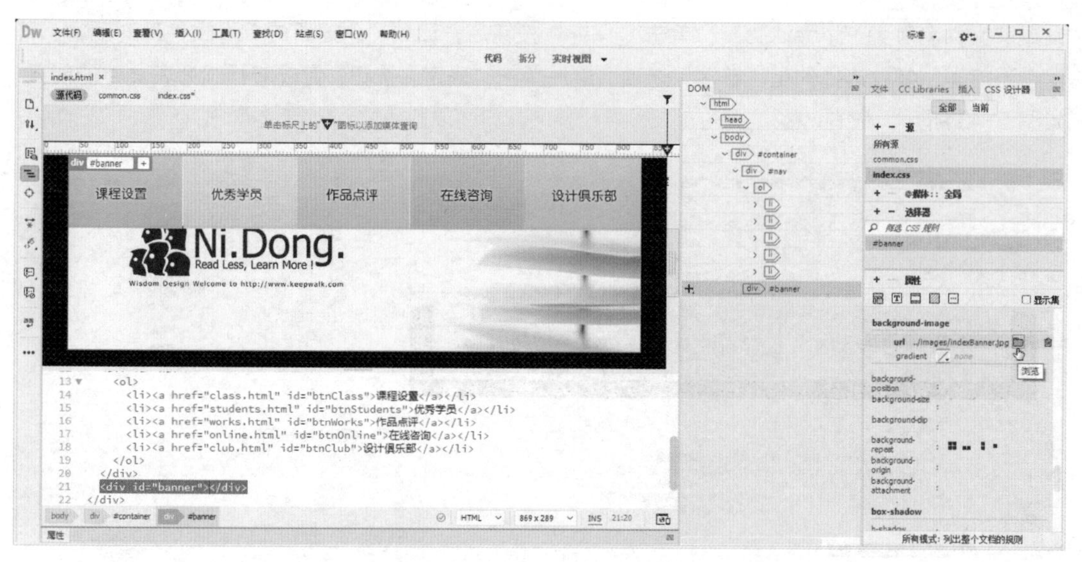

图 5-44　在“CSS 设计器”面板设置“#banner”选择符样式

提示

这里为什么不用设置“banner”的“width”属性呢？因为在默认情况下 div 块对象与父容器是同等宽度的，这里“banner”横幅的父容器是“container”，其宽度是 800px，刚好和横幅背景图的宽度一致，因此不用设置其宽度属性。

（16）在“DOM”面板中，单击选择 ID 为“banner”的 div，单击其左侧的 +（添加元素）按钮，在弹出的菜单中选择“在此项前插入”命令，通过键盘输入“br”换行标签，再通过按 Tab 键切换到右边的文本框，输入“.clearBoth”设置该换行标签的类属性为“clearBoth”，完整代码为“<br class="clearBoth">”，如图 5-45 所示。

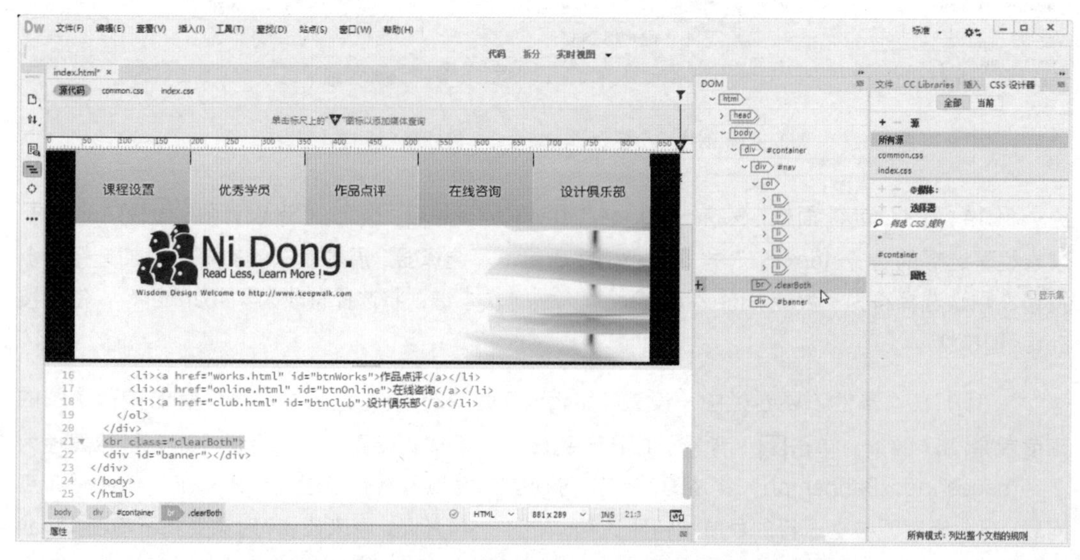

图 5-45　在“DOM”面板中添加 class 类为“clearBoth”的“br”换行标签

（17）因为清除浮动是将来各个页面中都通用的样式，因此该样式需要赋予到“common.css”公共样式列表文件中。在“CSS 设计器”面板的“源”展卷栏中，选择“common.css”样式列表，然后单击“选择器”展卷栏左侧的 +（添加选择器）按钮，默认选择符为“#container .clearBoth”，按一次↑键，将选择符改为“.clearBoth”，然后按 Enter 键确认。

（18）在“属性”展卷栏中，向下滑动属性列表，找到“clear”属性，单击 （both）按钮清除所有浮动，发现“banner”横幅立刻不再受前面的float浮动影响，恢复正常显示，如图5-46所示。

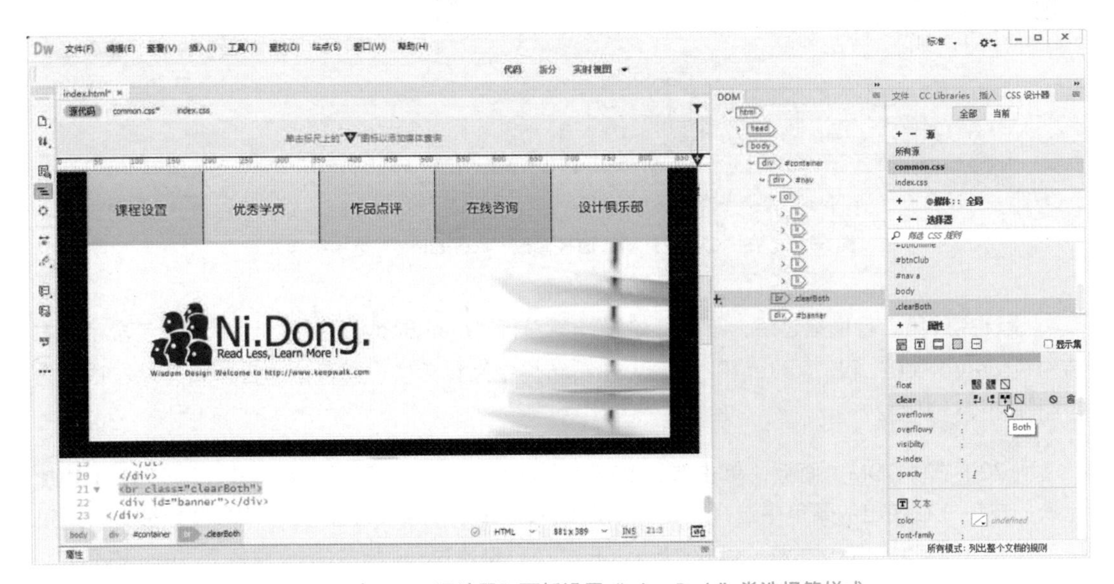

图 5-46 在“CSS 设计器”面板设置“.clearBoth”类选择符样式

在“nav”导航里仍有点小瑕疵，每个导航按钮右侧有1个像素的空隙，透出了深色背景图案，只需要给最外围（或者说最根部）ID 为“container”的 div 容器赋予一个白色背景，即可修正问题。

（19）在“DOM”面板或者代码视图下方的标签快速导航栏中，单击选择 ID 为“container”的 div 标记，因为曾经在“common.css”公共样式列表文件中定义过样式，因此这里单击“CSS 设计器”面板最上方第一行的状态切换按钮，由“全部”模式切换成“当前”模式，即可在“选择器”展卷栏按照“已计算”样式优先权，列出与此元素对象相关的样式规则列表。本例应该是如下次序：“#container”ID 选择符是第一行，代表最高样式规则优先权；第二行是“*”通配符，该元素将继承通配符中的部分样式设定；第三行是“body”标签选择符，因为“container” div 是 body 的子对象，所以该元素也会继承“body”选择符里的部分样式，但是其优先权最低。确定选择了“#container”选择符，在“属性”展卷栏中，单击 （背景）按钮，跳转到背景样式设置区域，设置“background-color”属性为“#FFFFFF”即可，如图 5-47 所示。

提 示

可以按 F12 键，保存所有 HTML 和 CSS 文档之后，在默认浏览器中浏览测试。

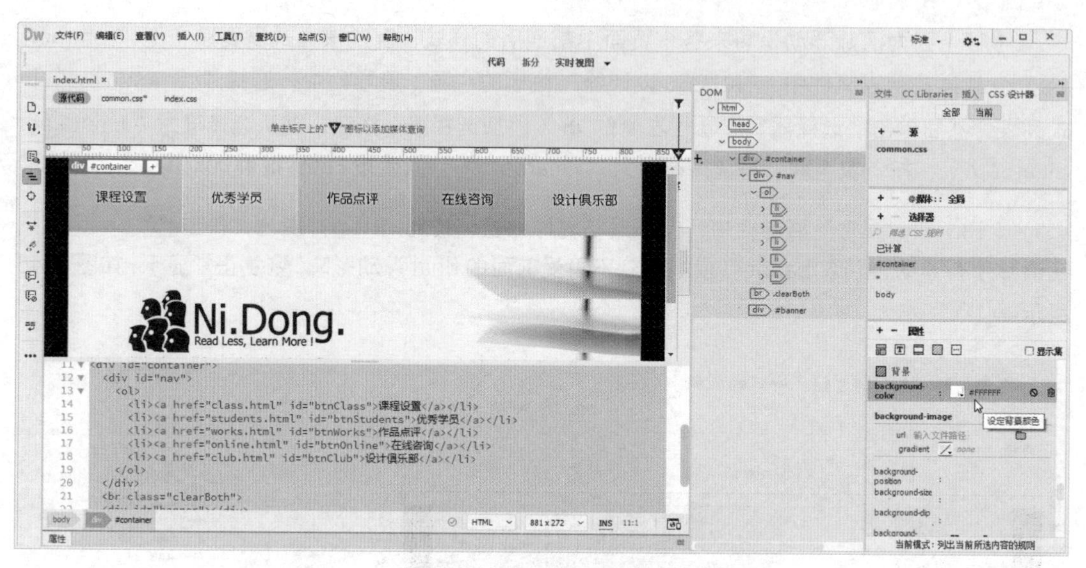

图 5-47 在“CSS 设计器”面板修改“#container”选择符样式

设计完成第二行横幅之后，下面开始设计第三行“mainBody”区域。这一行又包含了左右结构“contentLeft”和“contentRight”，左右结构中又包含了一行行的内容，请先从左边的内容制作和设计开始。

（20）在“DOM”面板，单击选择 ID 为“banner”的 div 元素，单击其左侧的 + （添加元素）按钮，在弹出的菜单中选择“在此项后插入”命令，通过键盘输入“div”标签，再通过按 Tab 键切换到右边的文本框，输入“#mainBody”，设置该 div 标签的 ID 属性为“mainBody”，按 Enter 键确定标签创建，在代码视图中将默认的示范文本“此处为新 div 标签的内容”删除，如图 5-48 所示。

图 5-48 在“DOM”面板中添加 ID 为“mainBody”的 div 元素

（21）在“DOM”面板，单击选择 ID 为“mainBody”的 div 元素，单击其左侧的 ＋（添加元素）按钮，在弹出的菜单中选择“插入子元素”命令，通过键盘输入“div”标签，再按 Tab 键切换到右边的文本框，输入“#contentLeft”，设置该 div 标签的 ID 属性为“contentLeft”，按 Enter 键确定标签创建，在代码视图中将默认的示范文本“此处为新 div 标签的内容”删除。

（22）在“DOM”面板，单击选择 ID 为“contentLeft”的 div 元素，单击其左侧的 ＋（添加元素）按钮，在弹出的菜单中选择“在此项后插入”命令，通过键盘输入“div”标签，再按 Tab 键切换到右边的文本框，输入“#contentRight”，设置该 div 标签的 ID 属性为“contentRight”，按 Enter 键确定标签创建，在代码视图中将默认的示范文本“此处为新 div 标签的内容”删除，如图 5-49 所示。

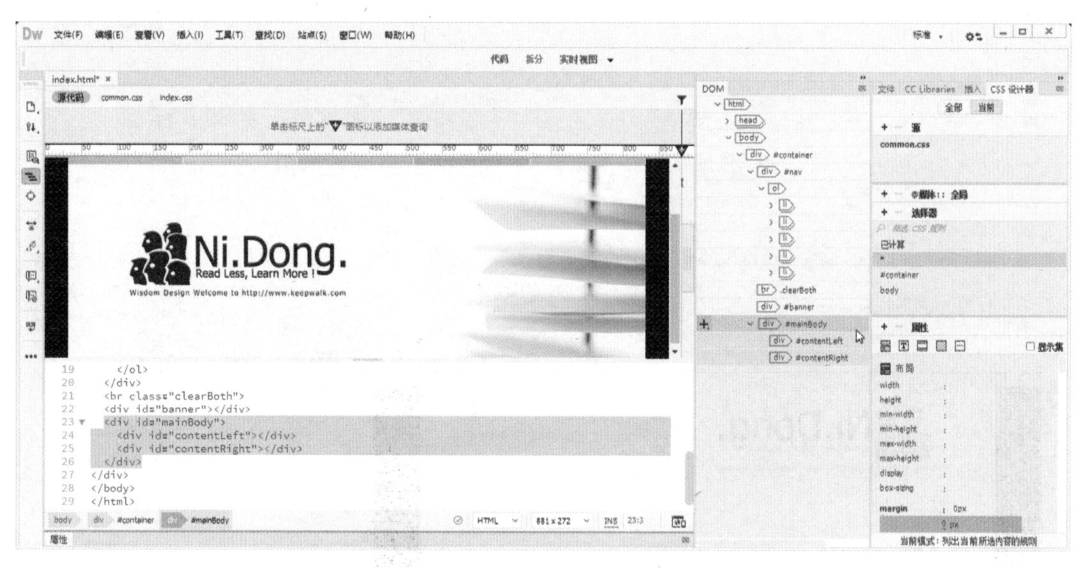

图 5-49 添加 ID 为“contentLeft”和“contentRight”的两个 div 元素

（23）在代码视图的“<div id="contentLeft">”标记后单击，以插入当前输入光标，在“插入”面板的“HTML”标签页中单击 Image（图像）按钮，打开“选择图像源文件”对话框，找到并选择“images”文件夹下的“titleNewsCenter.gif”图片后，单击“确定”按钮，完成图片的插入操作，如图 5-50 所示。

（24）在“DOM”面板，单击选择刚刚新添的“img”图片标签元素，单击其左侧的 ＋（添加元素）按钮，在弹出的菜单中选择“在此项后插入”命令，通过键盘输入“div”标签，再按 Tab 键切换到右边的文本框，输入“#newsList”，设置该 div 标签的 ID 属性为“newsList”，按 Enter 键确定标签创建，在代码视图中将默认的示范文本“此处为新 div 标签的内容”删除。

（25）换一种插入图片的方法，不通过“插入”面板，而是通过“DOM”面板实现。保持在“DOM”面板，确保 ID 为“newsList”的 div 标签元素是被选中的状态，单击其左侧的 ＋（添加元素）按钮，在弹出的菜单中选择“插入子元素”命令，通过键盘输入“img”标签，按 Enter 键，将弹出“选择图像源文件”对话框，找到并选择“images”文件夹下的“brief01.gif”图片后，单击“确定”按钮，完成图片的插入操作，如图 5-51 所示。

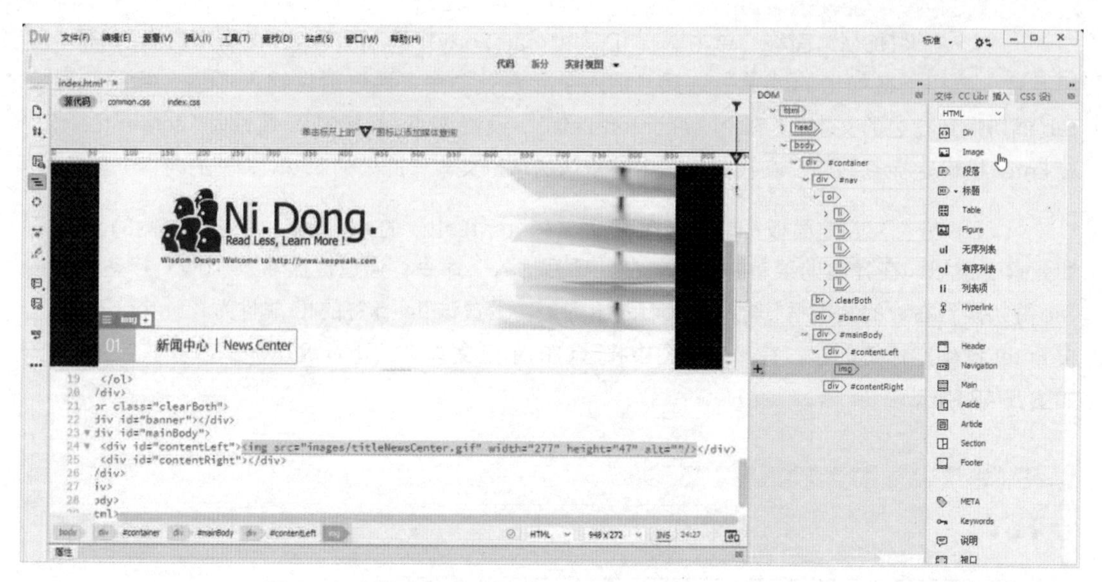

图 5-50　通过“插入”面板插入“titleNewsCenter.gif”图片

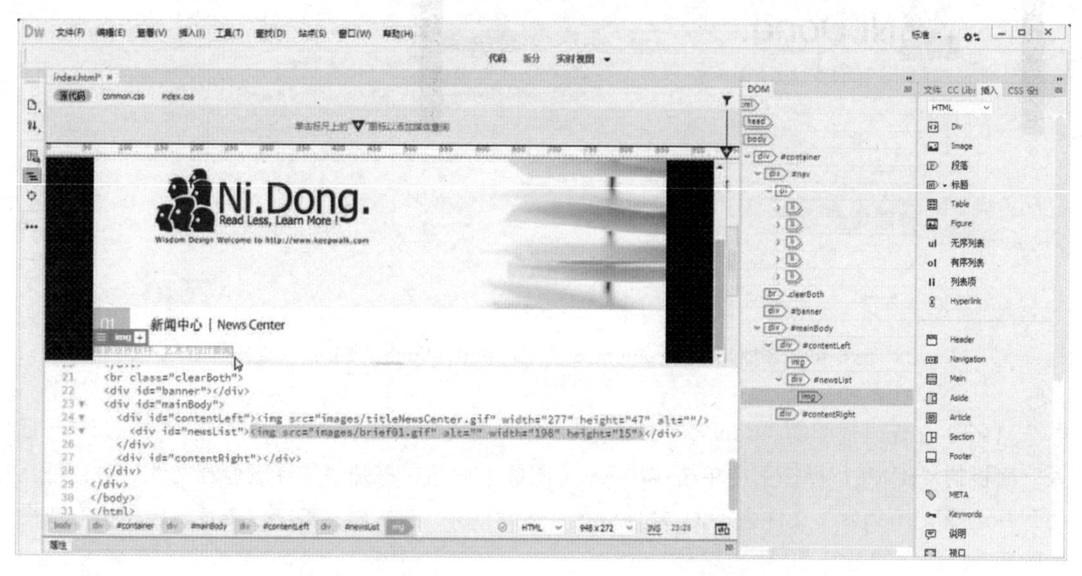

图 5-51　通过“DOM”面板插入“brief01.gif”图片

（26）在“DOM”面板，保持“newsList”div 下的“img”标签为选中状态，单击其左侧的 **+**（添加元素）按钮，在弹出的菜单中选择“在此项后插入”命令，输入“ol”有序列表标签，按 Enter 键确定标签创建，单击“ol”标签左侧的“>”符号，展开其子对象。注意观察，Dreamweaver 软件自动添加了一个子标签“li”项目标签，当然这里的新闻并不只有一项，所以可以通过在“DOM”面板选择该“li”标签，再按 Ctrl+C 组合键复制 1 次，然后连续按多次 Ctrl+V 组合键，粘贴出 10 条列表项目，如图 5-52 所示。

图 5-52 在“DOM”面板实现元素的复制粘贴

提示

复制、粘贴对象也可以在“DOM”面板实现，先选择需要复制的元素，然后按 Ctrl+D 组合键实现。

（27）在代码视图中输入一些新闻条目文本，按图 5-53 所示，填充内容。

图 5-53 在代码视图中输入新闻条目文本内容

（28）在代码视图中“</ol>”标记的后面单击，插入当前输入光标，按 Enter 键换行，输入代码“<img ”后，再输入“src”，按 Enter 键，代码将自动补齐“=""”部分。确定在“浏览”辅助选项上高亮显示时，按 Enter 键，在弹出的“选择文件”对话框中，找到并选择“images”文件夹下的“readMoreGreen.gif”图片后，单击“确定”按钮，完成图片源路径参数设置。随

后再输入代码“ alt="read more news">”，完成图片的插入操作，如图 5-54 所示。前面学习了通过“插入”面板和“DOM”面板插入图片，这里学到的是以代码模式插入图片的方法。

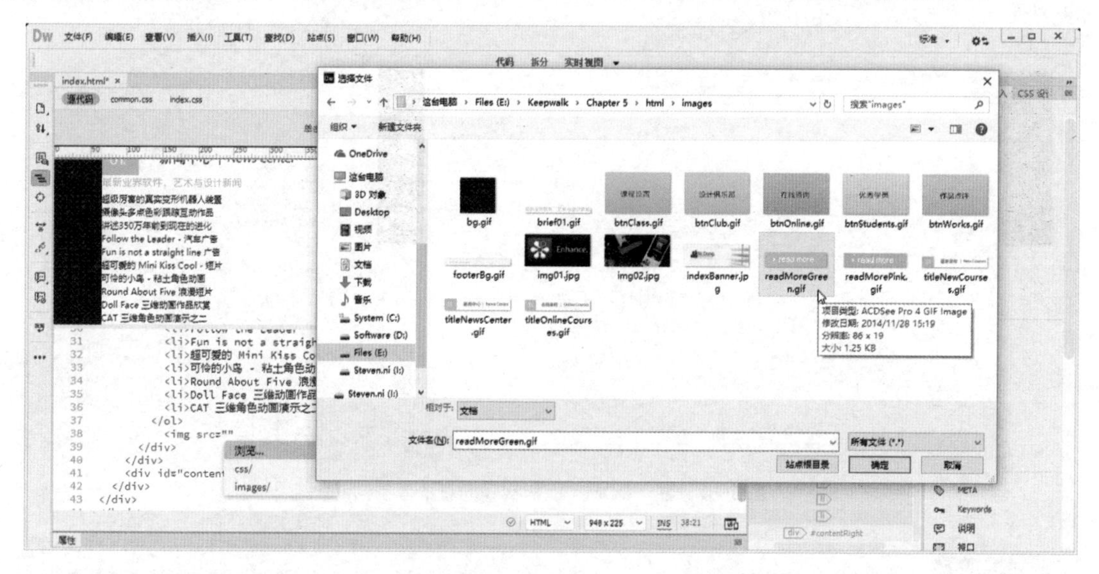

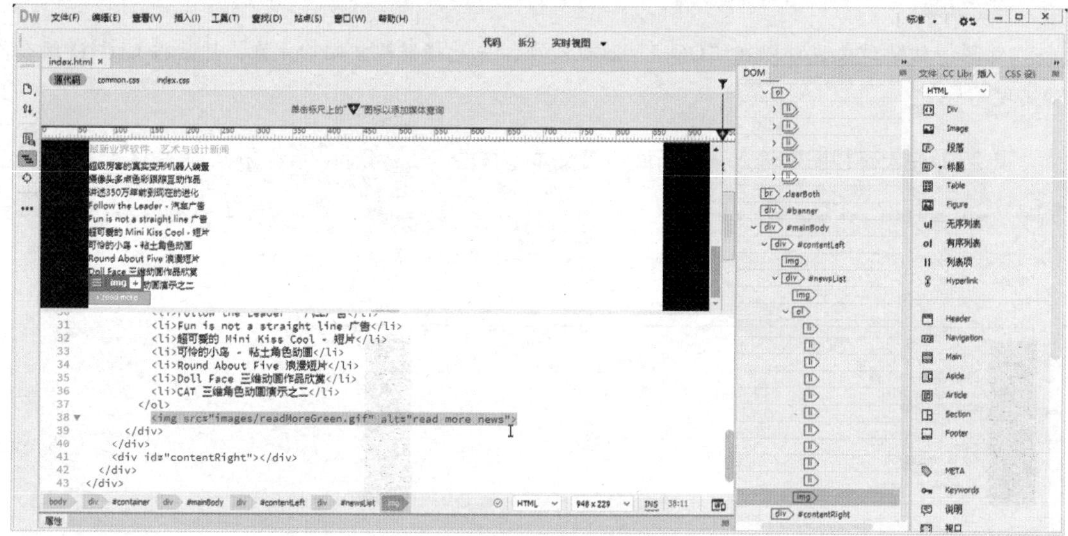

图 5-54 通过代码视图插入图片

左边内容结构制作完毕，接下来继续制作右边的内容结构。

（29）在“DOM”面板，单击选择 ID 为“contentRight”的 div 元素，单击其左侧的 +（添加元素）按钮，在弹出的菜单中选择“插入子元素”命令，通过键盘输入“img”标签，按 Enter 键，将弹出“选择图像源文件”对话框，找到并选择“images”文件夹下的“titleNewCourses.gif”图片后，单击“确定”按钮，完成图片的插入操作。

（30）在“DOM”面板，确保刚刚创建的“img”图片标签元素为被选择状态，单击其左侧的 +（添加元素）按钮，在弹出的菜单中选择“在此项后插入”命令，通过键盘输入“div”标签，再按 Tab 键切换到右边的文本框，输入“#newCourse”，设置该 div 标签的 ID 属性为

“newCourse”，按 Enter 键确定标签创建，在代码视图中将默认的示范文本“此处为新 div 标签的内容”删除，如图 5-55 所示。

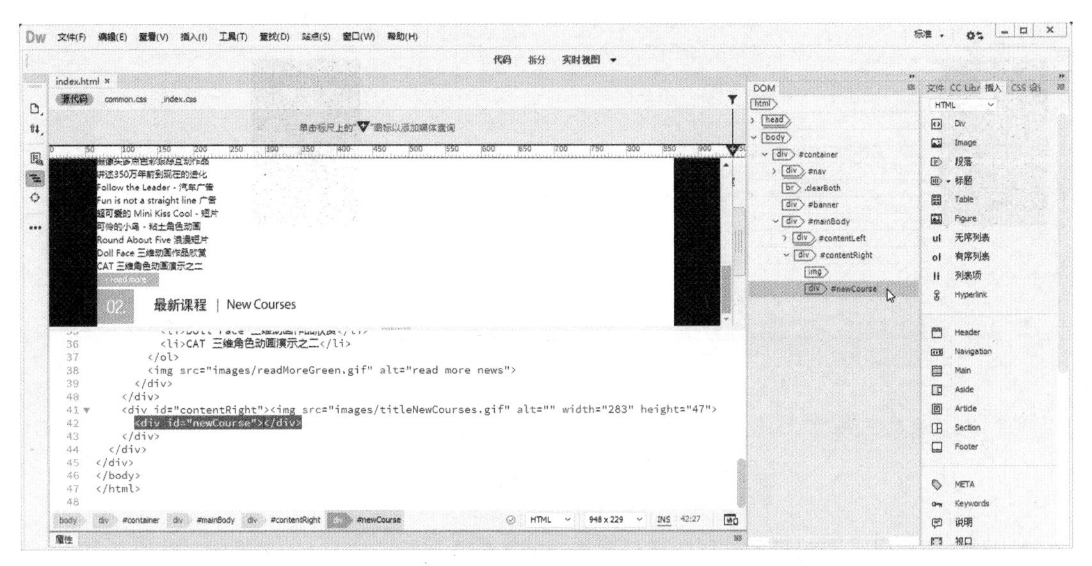

图 5-55　在“DOM”面板中添加 ID 为“newCourse”的 div 元素

（31）在“DOM”面板，确保刚刚创建的 ID 为“newCourse”div 元素为选中状态，单击其左侧的 **+**（添加元素）按钮，在弹出的菜单中选择“插入子元素”命令，通过键盘输入“h5”五级标题标签，按 Enter 键确定标签创建，在代码视图中将默认的示范文本“这是布局标题 5 标签的内容”替换成如图 5-56 所示的内容。

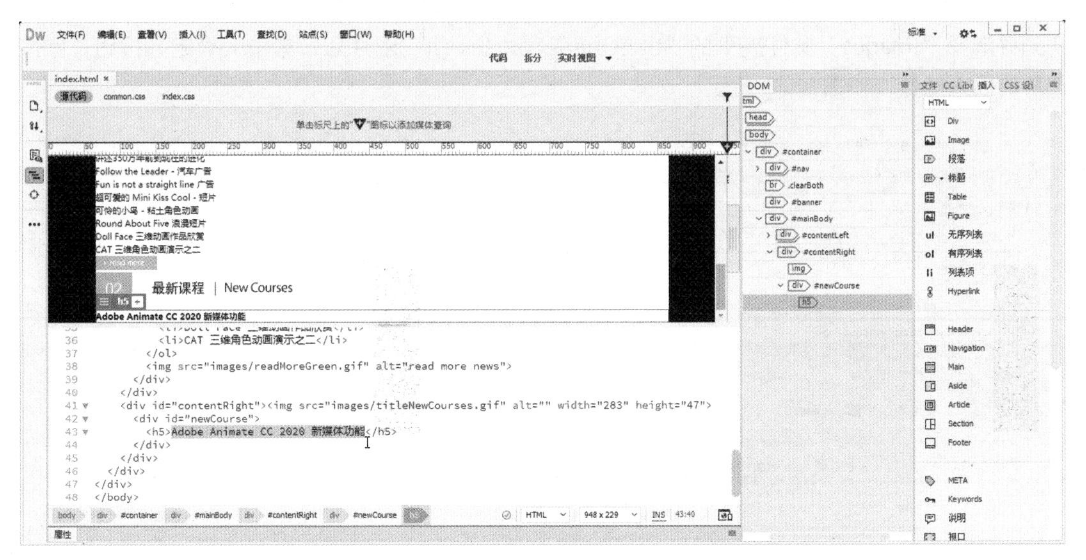

图 5-56　在“DOM”面板中添加“h5”五级标题标签

（32）用同样的方法创建如图 5-57 所示的 3 段段落和内容，注意使用“DOM”面板插入段落的标签是“p”，在代码视图中输入具体内容。

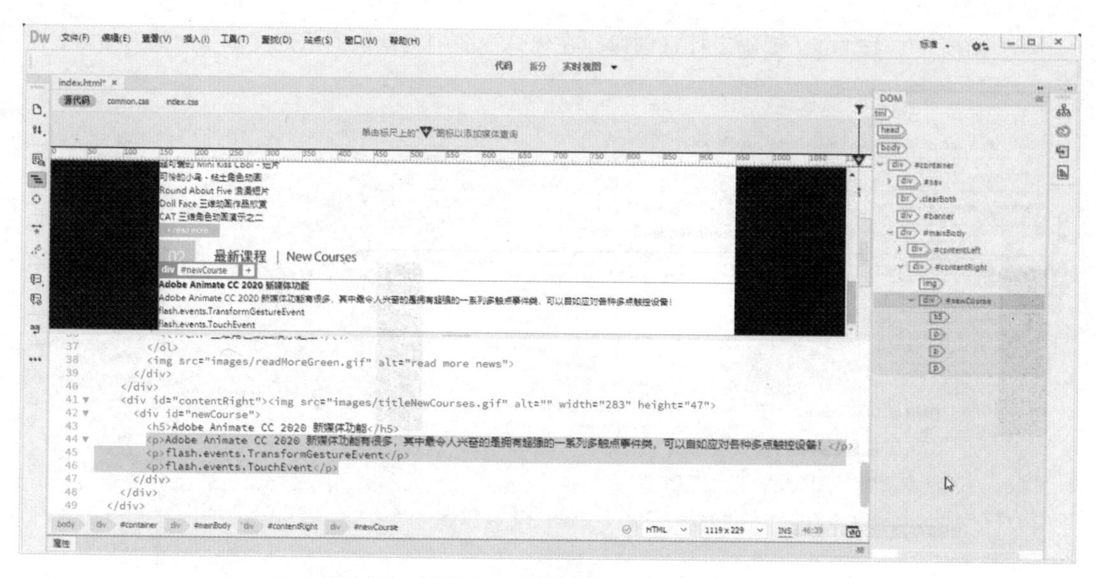

图 5-57　在“DOM”面板中添加“p”段落元素

（33）在代码视图的最后一段段尾处单击，插入输入光标，按 Enter 键换行，然后在“插入”面板的“HTML”标签页中单击 Image（图像）按钮，打开“选择图像源文件”对话框，找到并选择“images”文件夹下的“readMorePink.gif”图片后，单击“确定”按钮，完成图片的插入操作。

（34）在代码视图中，保持刚刚插入的图片为选中状态，按 Ctrl+[组合键，选择其父标记（即 ID 为“newCourse”的 div 标记），然后再按→键，跳到该 div 标记的末尾处，按 Enter 键另起一行，在“插入”面板的“HTML”标签页中单击 Image（图像）按钮，打开“选择图像源文件”对话框，找到并选择“images”文件夹下的“titleOnlineCourses.gif”图片后，单击“确定”按钮，完成图片的插入操作，如图 5-58 所示。

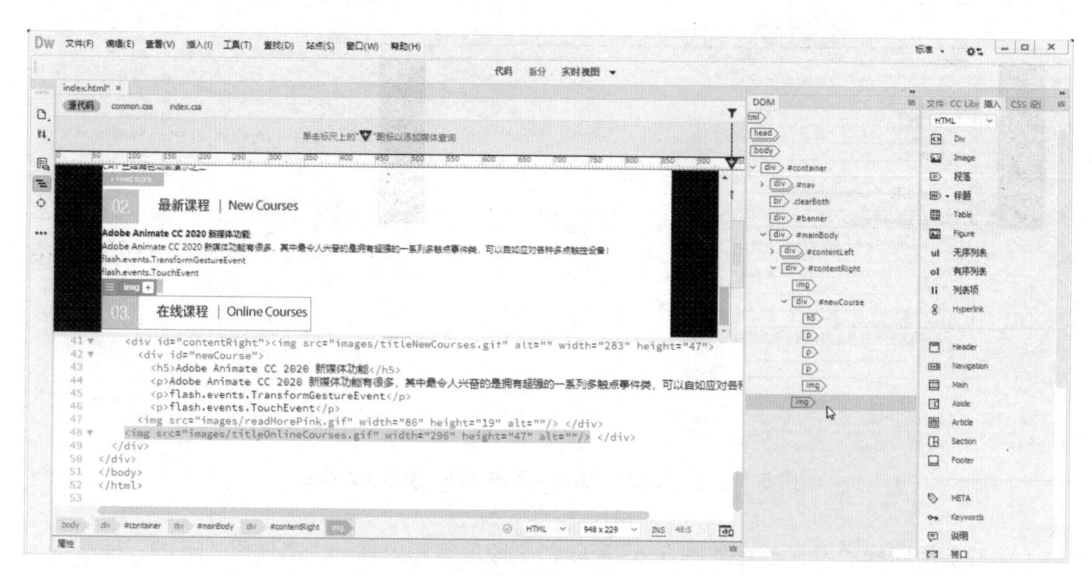

图 5-58　通过“插入”面板插入“titleOnlineCourses.gif”图片

（35）在“DOM”面板，单击选择 ID 为“contentRight”的 div 元素，单击其左侧的 + （添加元素）按钮，在弹出的菜单中选择“插入子元素”命令，通过键盘输入“div”标签，再按 Tab 键切换到右边的文本框，输入“#courseLine1”，设置该 div 标签的 ID 属性为“courseLine1”，按 Enter 键确定标签创建，然后在代码视图中将默认的示范文本“此处为新 div 标签的内容”删除，如图 5-59 所示。

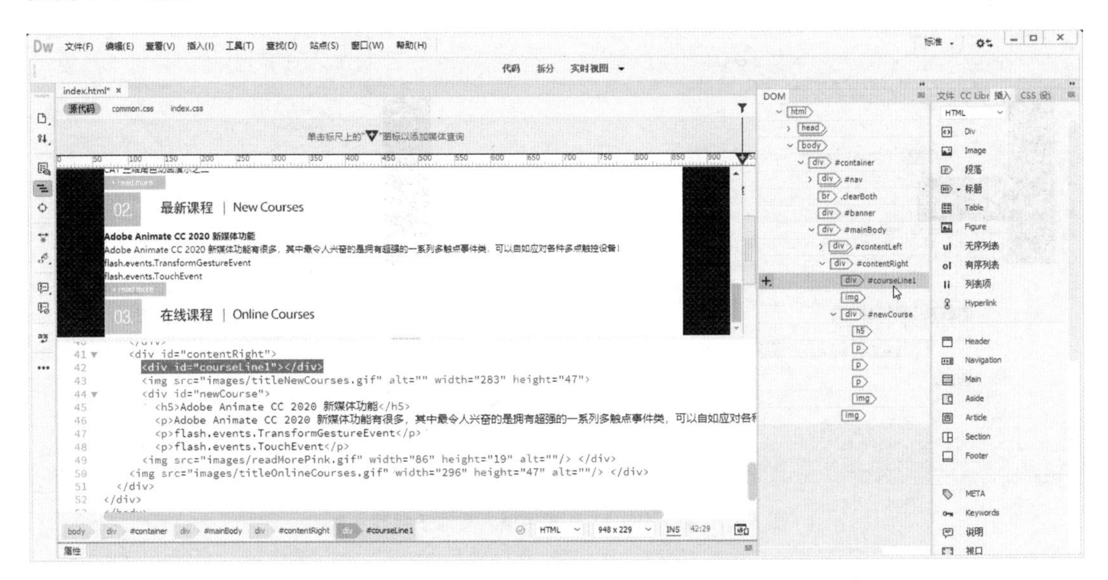

图 5-59 在“DOM”面板中添加 ID 为“courseLine1”的 div 元素

（36）此时会发现，这个 div 并不是在 ID 为“contentRight”的 div 框架结构的最后一行，而是第一行，请在“DOM”面板中将其向下拖动，维持在“contentRight”子项目的同时到达最后一行，如图 5-60 所示。不难发现，“DOM”面板非常强大，使管理标签元素对象之间的关系变得易如反掌，而不像在代码视图中进行选择、剪切、移动那样容易误操作。

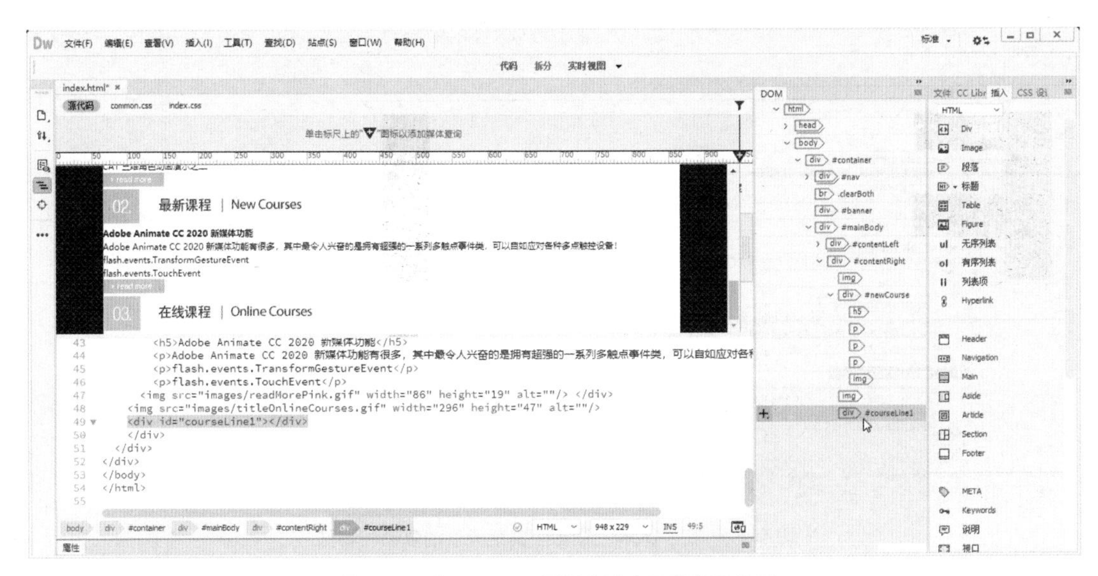

图 5-60 在“DOM”面板中改变元素前后位置

（37）使用前面学习的方法，在 ID 为“courseLine1”的 div 框架结构下，插入以下子标签元素，分别是“img”图片、“h5”五级标题和两个“p”段落，其中图片的路径为“images”文件夹下的“img01.jpg”图片，五级标题和段落的内容如图 5-61 所示。

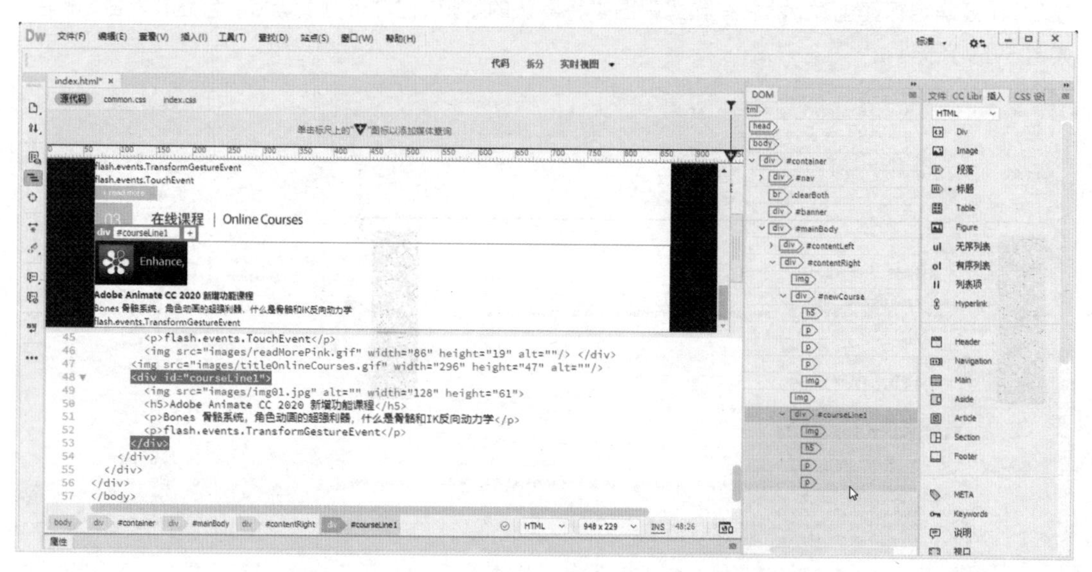

图 5-61 在“DOM”面板中插入其他子标签元素

（38）在“DOM”面板中单击选择 ID 为“courseLine1”的 div 元素，按 Ctrl+C 组合键进行复制，再通过按 Ctrl+V 组合键粘贴该 div 元素和其子结构。注意观察，Dreamweaver 软件自动将新粘贴的 div 的 ID 命名为“courseLine2”，非常智能化。在代码视图中，将“img”图片的“src”源路径修改为“images/img02.jpg”，将五级标题和段落内容修改为如图 5-62 所示的内容。

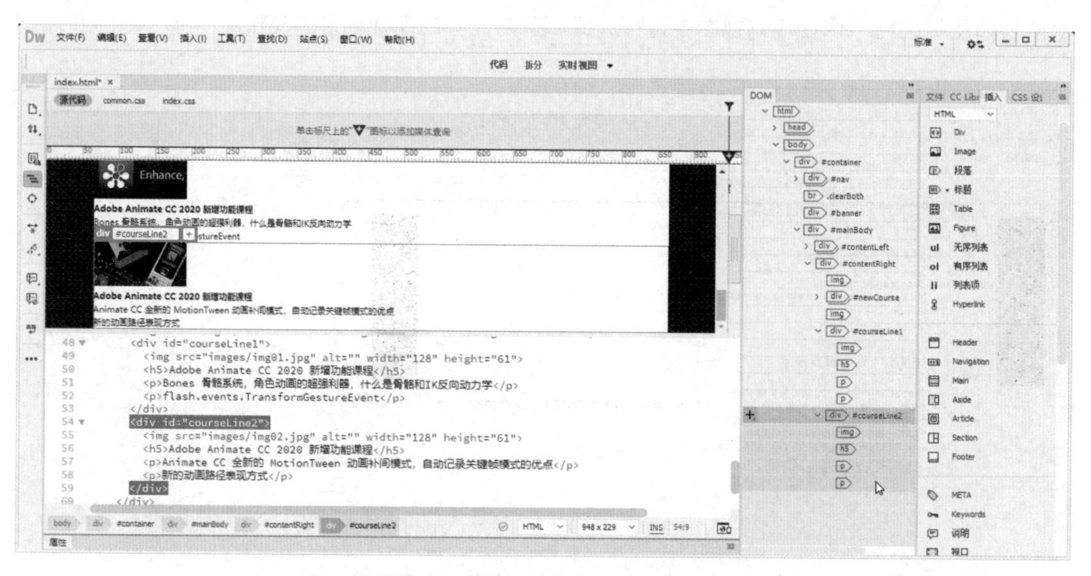

图 5-62 在“DOM”面板中实现元素的复制和粘贴

（39）在代码视图中，为了使代码更有层次感，脉络更加清晰、条理化，请单击视图左侧的 （格式化源代码）按钮，在弹出的菜单中选择“应用源格式”命令，Dreamweaver 会自动将嵌套的各个标记进行缩进排版处理。

到目前为止，左右结构的主要内容部分的 HTML 结构代码就全部制作完成了，接下来只需要进行相应的 CSS 样式设计，即可完成第三大行的页面排版布局。

（40）在“DOM”面板中，单击选择 ID 为“mainBody”的 div 标签元素。注意，如果“CSS 设计器”面板处于“当前”模式，请单击“全部”模式进行切换，因为接下来的操作不是要修改样式，而是新增样式。另外，所有页面的“mainBody”应该有着一致的样式，因此它的样式规则适合写入“common.css”公共样式列表中。在“CSS 设计器”面板的“源”展卷栏中选择“common.css”文件，单击“选择器”展卷栏左侧的 （添加选择器）按钮，按↑键，将默认的“#container #mainBody”选择符改为不那么具体的“#mainBody”ID 选择符，然后按 Enter 键确定操作。

（41）在“属性”展卷栏中，找到“padding”属性，单击右边的“设置速记”，输入值为“15px”，代表该 div 内上下左右的边距都为 15 像素，如图 5-63 所示。

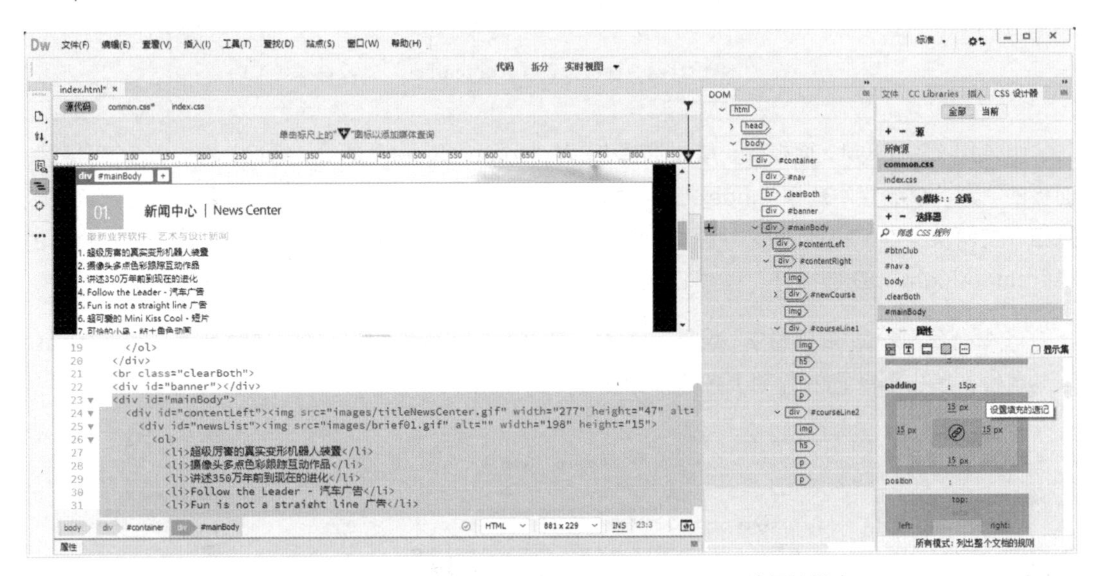

图 5-63 在“CSS 设计器”面板设置“#mainBody”选择符样式

现在，左右结构还是一种上下堆叠的关系，只需要给它们设定好特定宽度，并分别做好向左浮动，即可解决排版问题。

（42）在“DOM”面板中，单击选择 ID 为“contentLeft”的 div 标记，在“CSS 设计器”面板的“源”展卷栏中选择“index.css”文件（注意不是选择其他页面所共用的公共样式文件“common.css”），单击“选择器”展卷栏左侧的 （添加选择器）按钮，按两次↑键，将默认的“#container #mainBody #contentLeft”选择符改为不那么具体的“#contentLeft”ID 选择符，再按 Enter 键确定。

（43）在“属性”展卷栏中，设置“width”属性为“325px”，向下滑动属性列表，找到“float”浮动属性，单击 （向左浮动）按钮，最后为了和右边的内容有一定间距，再次向上滑动属性列表，找到“margin”间距属性，在下方的图示中设置“margin-right”属性为“15px”，如图 5-64 所示。

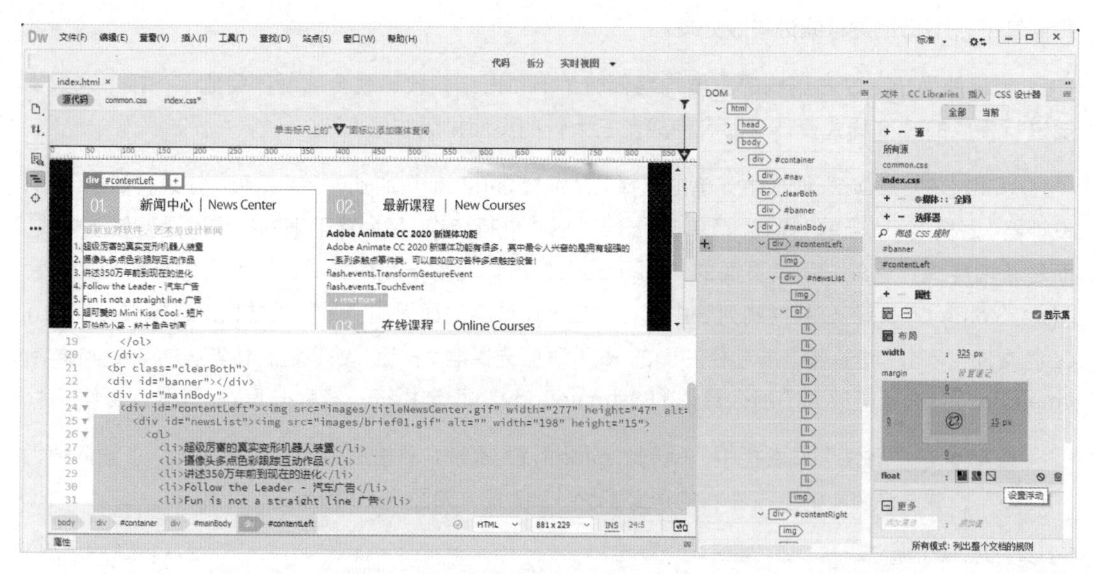

图 5-64　在“CSS 设计器”面板设置“#contentLeft”选择符样式（1）

（44）在“DOM”面板中，单击选择 ID 为“contentRight”的 div 标记，在“CSS 设计器”面板的“源”展卷栏中选择“index.css”文件，单击“选择器”展卷栏左侧的 ➕（添加选择器）按钮，按两次 ↑ 键，将默认的“#container #mainBody #contentRight”选择符改为不那么具体的“#contentRight”ID 选择符，再按 Enter 键确定。

（45）在“属性”展卷栏中，设置“width”属性为“430px”，向下滑动属性列表，找到“float”浮动属性，单击▤（向左浮动）按钮，如图 5-65 所示。

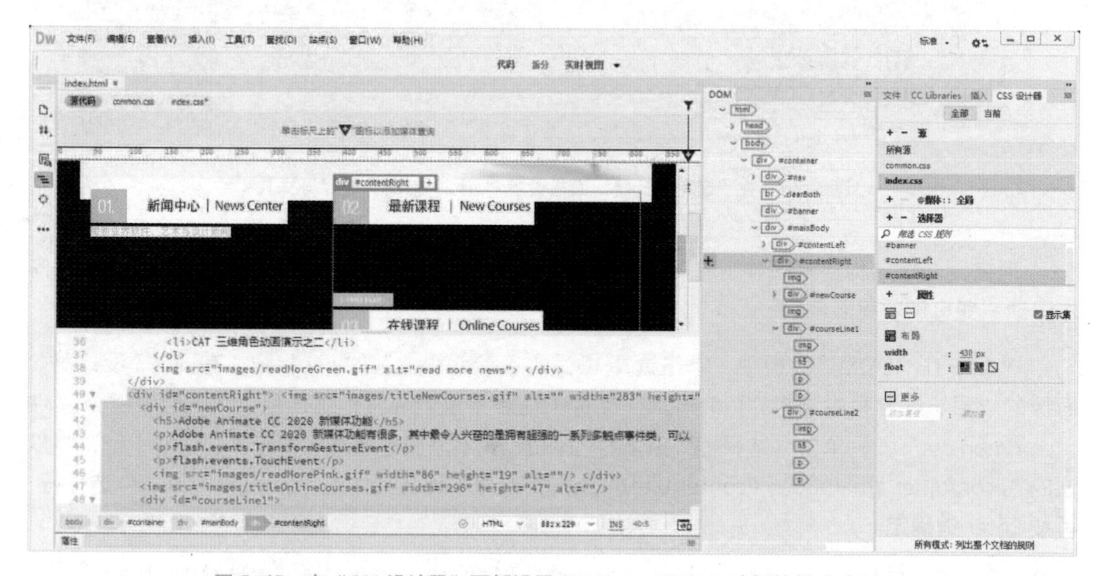

图 5-65　在“CSS 设计器”面板设置“#contentRight”选择符样式（2）

现在，通过 float 浮动属性实现了第三行“mainBody”里两个 block 块类型对象的左右并排布局，但正因为如此，“contentLeft”和“contentRight”的两个对象脱离了文档流，没有再撑起父级 div 框架“mainBody”，同时导致白色背景的“container”高度被紧缩，而左右结构背景由于没有设置值，变成了透底的效果，这样会影响布局排版的进一步观察。因此，请先设计“footer”元素，并清除上面左右结构的浮动影响，重新撑大“container”。

（46）在“DOM”面板，单击选择 ID 为“mainBody”的 div 元素，单击其左侧的 +（添加元素）按钮，在弹出的菜单中选择“在此项后插入”命令，通过键盘输入“div”标签，再按 Tab 键切换到右边的文本框，输入“#footer”，设置该 div 标签的 ID 属性为“footer”页脚，按 Enter 键确定标签创建，在代码视图中将默认的示范文本“此处为新 div 标签的内容”删除，如图 5-66 所示。

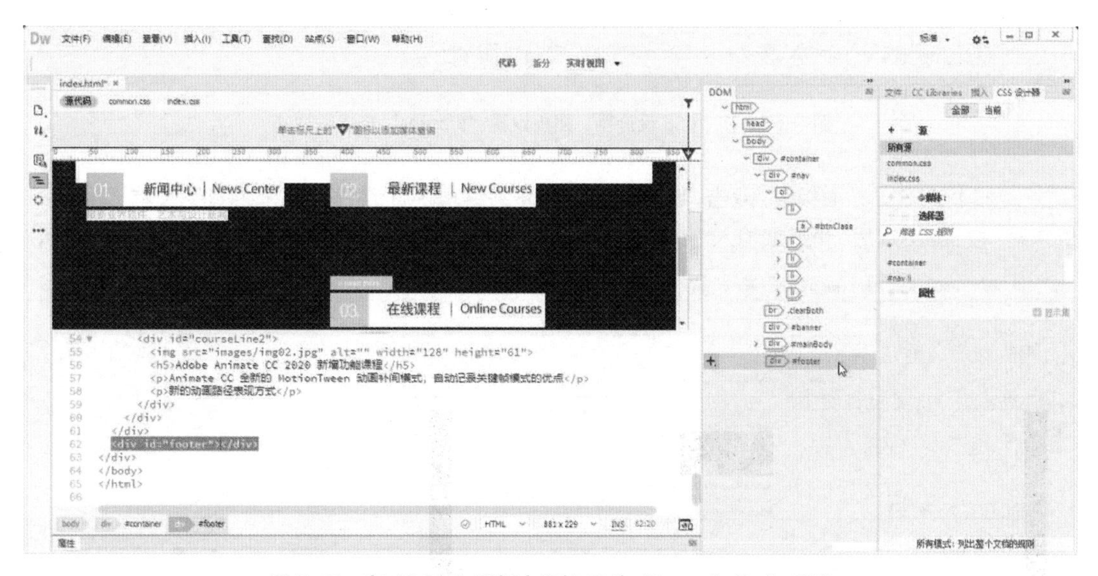

图 5-66 在“DOM”面板中添加 ID 为“footer”的 div 元素

（47）在“DOM”面板中，确保刚刚创建的 ID 为“footer”的 div 为选择状态，在“CSS 设计器”面板的“源”展卷栏中选择“common.css”文件，单击“选择器”展卷栏左侧的 +（添加选择器）按钮，按↑键，将默认的“#container #footer”选择符改为不那么具体的“#footer”ID 选择符，再按 Enter 键确定。

（48）在“属性”展卷栏中，设置“height”属性为“81px”，单击（背景）按钮跳转到背景 CSS 样式设置区域，设置“url”属性为“../images/footerBg.gif”路径图片，如图 5-67 所示。

不难发现，“footer”虽然有了高度和背景图片，但是因为受到了前面 float 浮动属性的影响，被叠压在“contentLeft”和“contentRight”两个 div 的下面，需要借助清除浮动属性解决。此时读者肯定想到了前面解决“banner”受浮动影响时，使用到了一个“
”换行标记并应用了“clearBoth”类样式去清除浮动，这里为了代码的一致性、结构性和可读性，可以使用相同的方法，但也可以用更简便的方法实现，那就是直接对“footer”对象应用“clearBoth”类样式。

图 5-67 在“CSS 设计器”面板设置“#footer”选择符样式

(49)在“DOM”面板中，双击“#footer”文本，进入编辑状态，将输入光标移动到文本“#footer”的末尾，按 Space 键后，再追加输入“.clearBoth”内容，为该 div 添加清除浮动类属性，如图 5-68 所示。

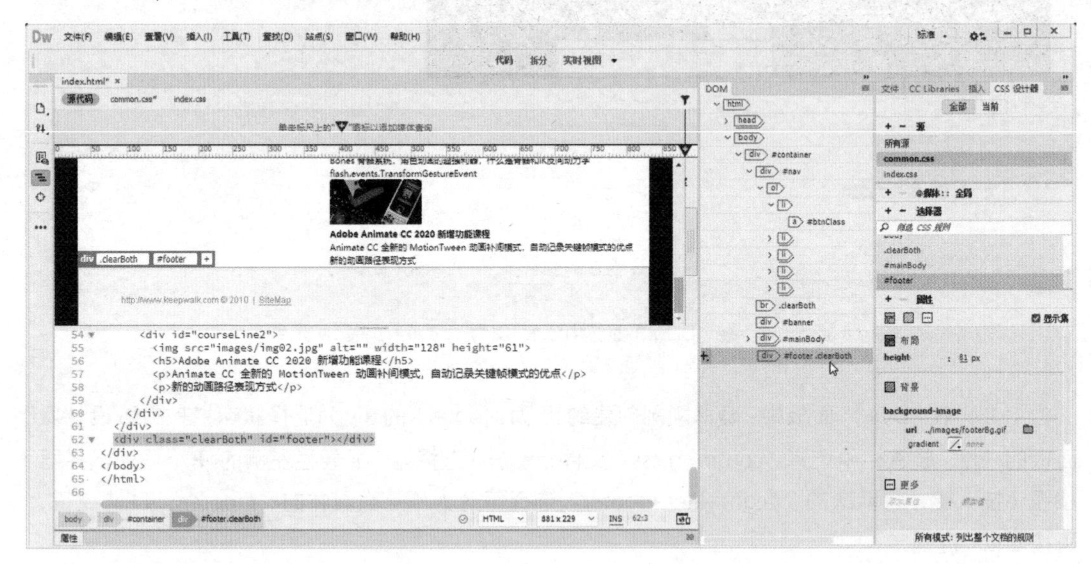

图 5-68 在“DOM”面板给 ID 为“footer”的元素添加“.clearBoth”类属性

提示

在输入“.c”时，“DOM”面板就已经有了代码提示，首选的就是“clearBoth”类，其实这时只要按 Enter 键，即可自动补齐代码，不用完全手动输入。

现在，“footer”对象清除了前面 float 浮动的影响，撑大了整个“container”对象，从而页面得到了正常显示。仔细观察原设计稿，发现“newsList”“newCourse”“courseLine1”“courseLine2”4 个对象有着相同的布局规律，即左间距需要 80 像素、底间距需要 15 像素，与其他对象隔开，可以使用群组选择符实现批量指定效果。

（50）在“CSS 设计器”面板的“源”展卷栏中，选择“index.css”文件，单击“选择器”展卷栏左侧的 **+**（添加选择器）按钮，将默认的选择符改为“#newsList, #newCourse, #courseLine1, #courseLine2”群组选择符。

提 示

Dreamweaver 软件非常智能化，例如在选择符定义文本框中输入“#n”部分字符时，会自动筛选和弹出相关的下拉列表，可用键盘的↑、↓键进行切换选择，然后按 Enter 键自动补齐整个选择符，以提高工作效率和准确率。

（51）在“属性”展卷栏中找到“margin”间距属性，在下方的图示中找到“margin-left”属性，输入数值“80px”，“margin-bottom”输入数值“15px”，如图 5-69 所示。

图 5-69 设置“#newsList, #newCourse, #courseLine1, #courseLine2”群组选择符样式

在栏目“03. 在线课程 | Online Courses”部分，两张缩略图片和段落文字暂时还是上下堆叠关系，虽然“<img>”图片对象是 inline 行类型对象，但是“<h5>”标题文字和“<p>”段落文字是属于 block 块类型对象，所以布局默认是上下堆叠关系。解决的方法也非常简单，只需要对这两张图片应用一个类样式，样式中使用 float 浮动属性，即可实现横向水平排版。

（52）在“CSS 设计器”面板的“源”展卷栏中，选择“index.css”文件，单击“选择器”展卷栏左侧的 **+**（添加选择器）按钮，将默认的选择符改为“.thumbImg”类选择符。

（53）在“属性”展卷栏中，向下滑动属性列表，找到“float”浮动属性，单击（向左浮动）按钮，再往上滑动属性列表，找到“margin”间距属性，在下方的图示参数中设置“margin-right”为“15px”，“margin-bottom”为“40px”，如图 5-70 所示。

（54）现在已创建了类样式，但是还没有应用。前面学习了在“DOM”面板为“footer”对象添加“clearBoth”类属性，现在尝试通过实时视图实现。在实时视图中，选择栏目“03. 在

线课程 | Online Courses”中的第一张缩略图片，然后在蓝色的标签提示浮动框上单击 img + 按钮，输入“.”符号，代码提示中将罗列出已有的类样式，按↓键选择“.thumbImg”类，然后按 Enter 键自动补齐代码，最后按 Enter 键确定类属性设定操作，如图 5-71 所示。

图 5-70 在“CSS 设计器”面板设置“.thumbImg”类选择符样式

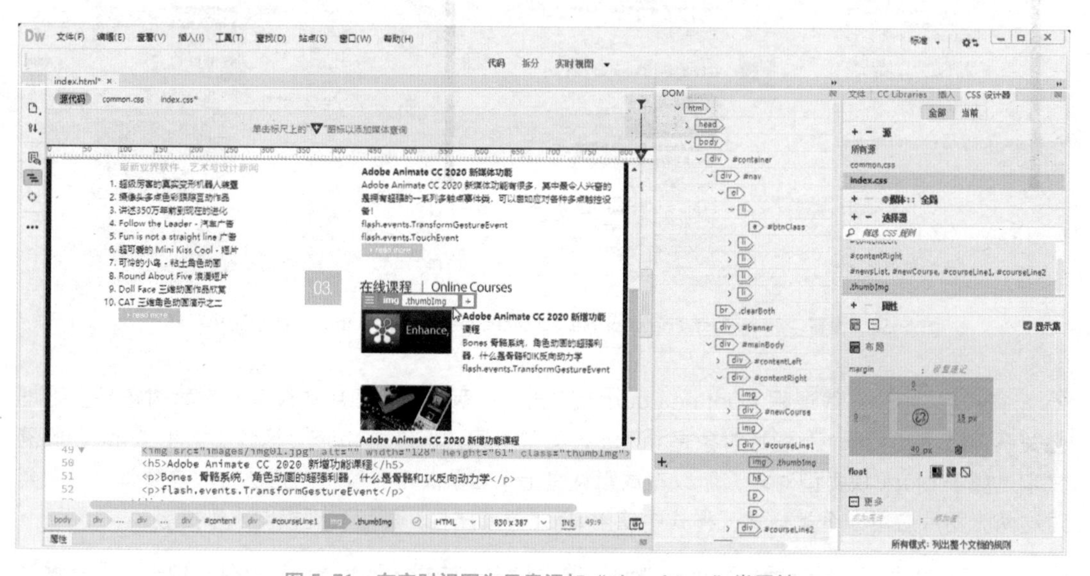

图 5-71 在实时视图为元素添加“.thumbImg”类属性

（55）接下来再尝试另一种方法，赋予选择的对象类属性。在实时视图中选择栏目“03. 在线课程 | Online Courses”中的第二张缩略图片，执行“窗口→属性”命令，打开“属性”面板，找到“Class”类样式属性，单击其右边的下拉列表菜单，选择类样式“thumbImg”，如图 5-72 所示。

（56）此时发现第二张图片受到了第一张图片 float 浮动属性的影响，要清除这种影响，既可以通过代码视图，在 ID 为“courseLine2”的 div 标记前面加一行 HTML 代码“<br

class="clearBoth">"；也可以通过“DOM”面板，选择 ID 为“courseLine2”的 div 对象，然后将“属性”面板的“Class”类样式属性设置为“clearBoth”。两种方法任选其一即可，如图 5-73 所示。

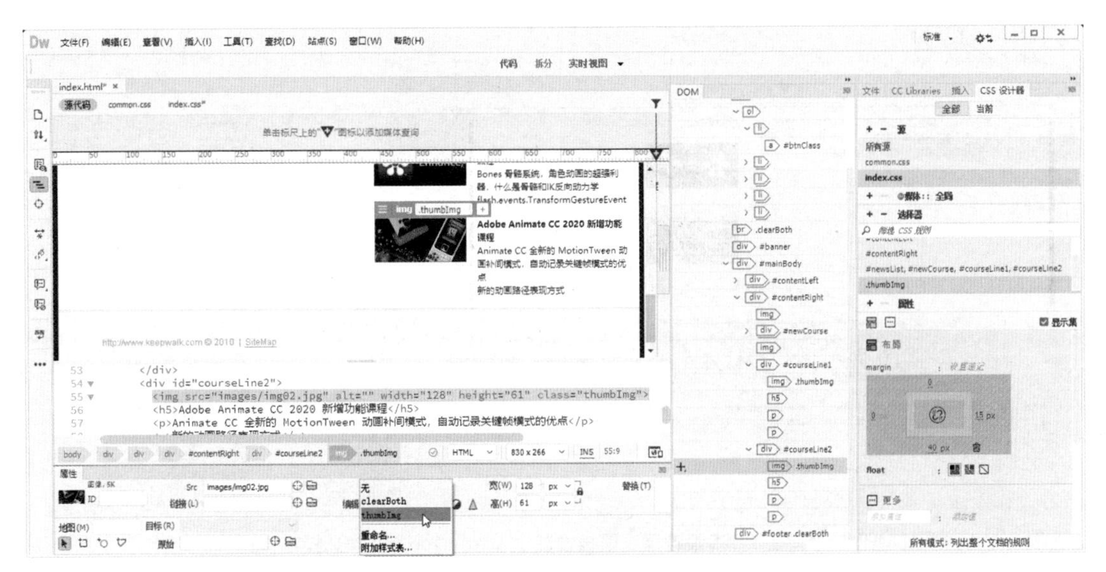

图 5-72　在“属性”面板为元素添加“.thumbImg”类属性

图 5-73　通过代码视图或者“DOM”面板实现清除浮动

至此，页面设计已完成得差不多了，但对象之间有些地方上下的间距距离不够，因此以类选择符方式定义一个间距样式，以供后面的各类页面元素共同使用。

（57）这个间距样式是各个页面都可以通用的，所以适合写到“common.css”公共样式列表中。在“CSS 设计器”面板的“源”展卷栏中，选择“common.css”文件，单击“选择器”展卷栏左侧的 **+**（添加选择器）按钮，将默认的选择符改为“.marginTop12”类选择符。

（58）在“属性”展卷栏中找到“margin”间距属性，在下方的图示中找到“margin-top”

顶间距属性，然后输入数值“12px”，如图 5-74 所示。

图 5-74　在“CSS 设计器”面板设置“.marginTop12”类选择符样式

（59）在实时视图中，选择“最新业界软件、艺术与设计新闻”图片标题，然后在“属性”面板上找到“Class”类属性参数列表，选择其中的“marginTop12”类样式，如图 5-75 所示。

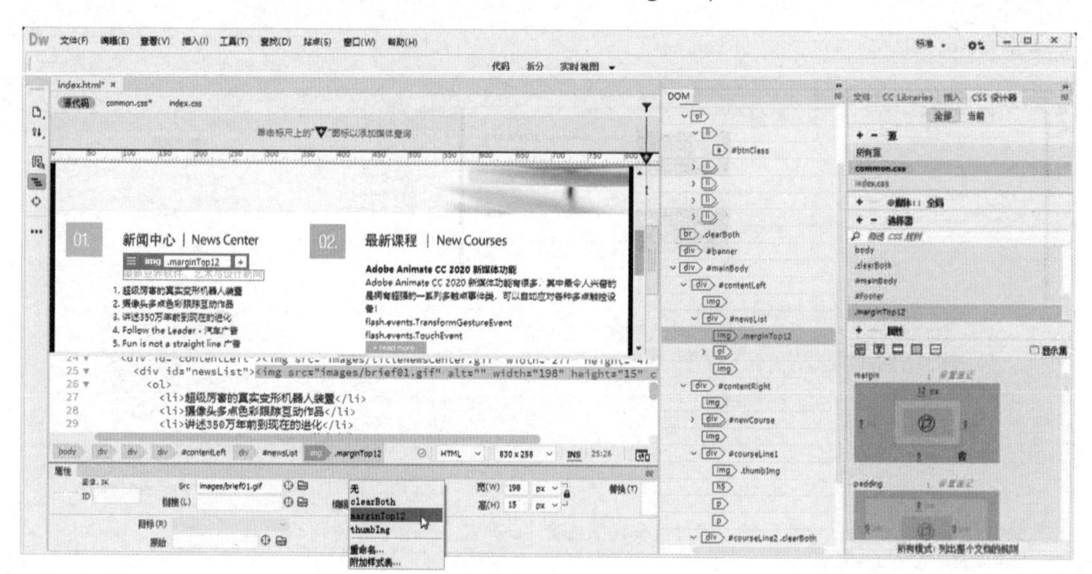

图 5-75　在“属性”面板为元素添加“.marginTop12”类属性

（60）在“DOM”面板单击图片下方的“ol”编号列表元素，在“属性”面板的“类”属性右侧的类样式下拉列表中选择“marginTop12”样式，如图 5-76 所示。

（61）在实时视图中，单击左边内容设计里最后一行的绿色“read more”图片按钮，设置“属性”面板的“Class”类属性值为“marginTop12”。

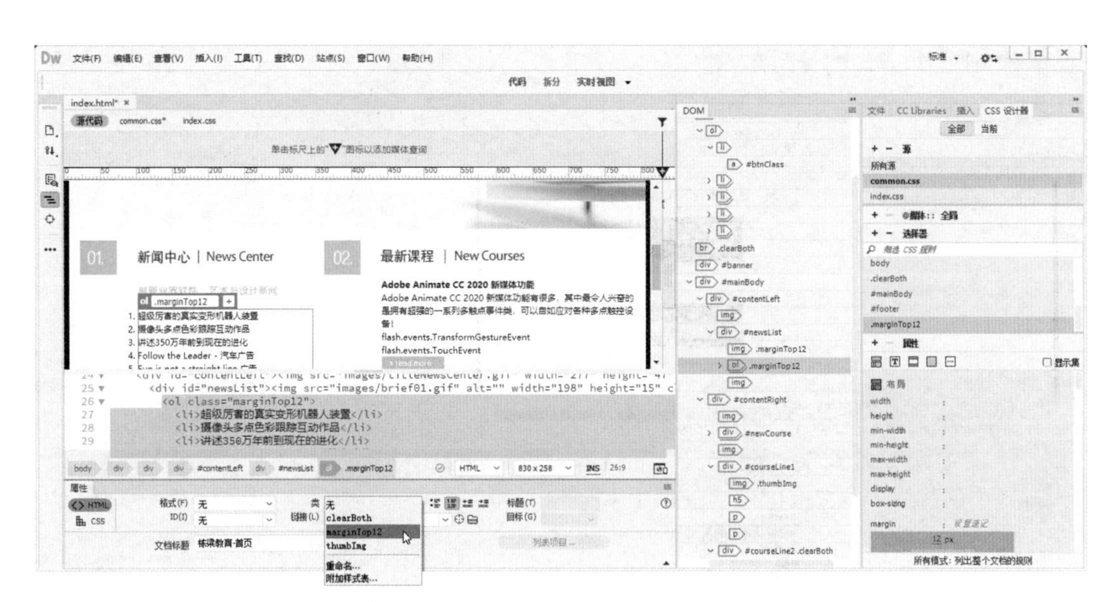

图 5-76　在“属性”面板为元素添加“.marginTop12”类属性

（62）对于右边的内容设计，步骤和方法同前面介绍的左边的内容设计一样，可以考虑对“02. 最新课程 | New Courses”栏目中的第一个“<p>”段落标记和粉红色“read more”图片按钮应用“marginTop12”类样式，如图 5-77 所示。

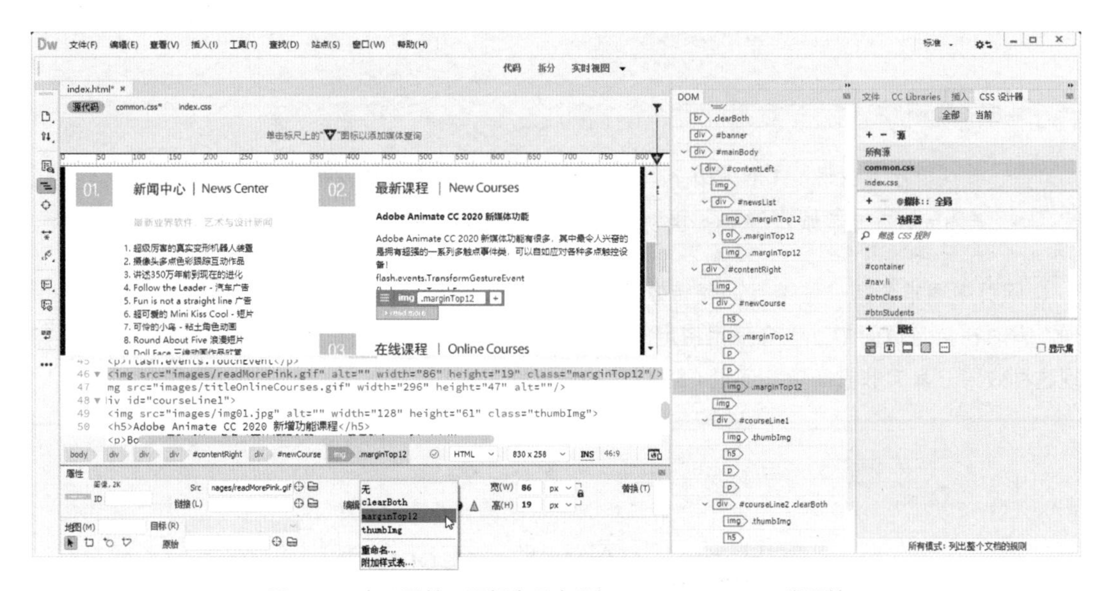

图 5-77　在“属性”面板为元素添加“.marginTop12”类属性

（63）对于“03. 在线课程 | Online Courses”栏目，只需要对“courseLine1”和“courseLine2”里面的第一个“<p>”段落标记应用“marginTop12”类样式即可，如图 5-78 所示。

（64）选择“文件→保存全部”命令，保存所有相关文件。然后按 F12 键，在默认浏览器中浏览网页的最终设计效果。

图 5-78　在“属性”面板为元素添加“.marginTop12”类属性

5.7　扩展知识——使用 CSS 样式制作互动翻转按钮效果

知识要点

- 通过图片上、中、下位置方式，决定不同反馈状态的设计方法
- 为 body 元素添加 id 属性，区别当前所处页面的技巧

网页中通常会有一些带互动翻转效果的导航按钮，即光标移上去时会有特别的切换效果呈现。有时在特定页面中，也会采用特定的样式，显示当前所在页面位置，如图 5-79 所示。要实现这种效果，其实非常简单，通过 CSS 样式的设定即可实现。

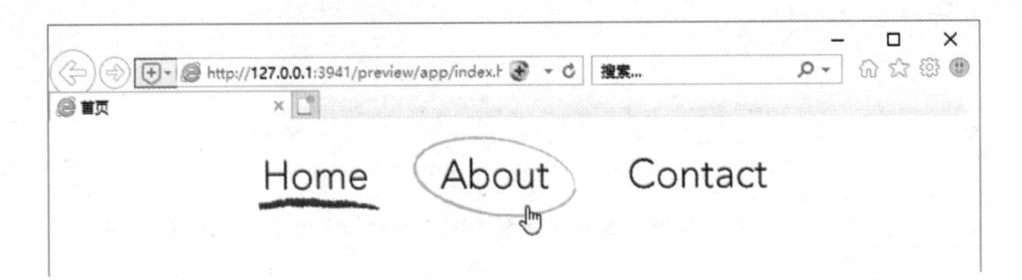

图 5-79　CSS 样式制作互动翻转按钮效果

（1）打开 Dreamweaver 软件，选择“站点→新建站点”命令，打开“站点设置”对话框，在“站点”标签页中，将“站点名称”命名为“navTest”，设置“本地站点文件夹”为练习文档文件夹，例如“E:\Keepwalk\Chapter 5\htmlNav\”，然后单击“保存”按钮，如图 5-80 所示。

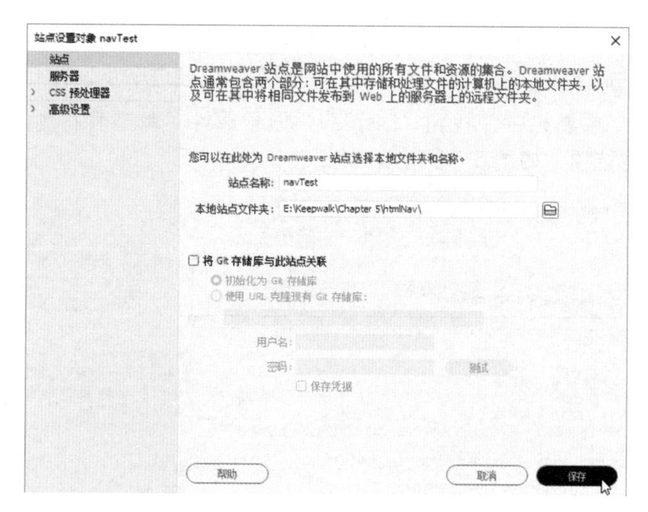

图 5-80 “站点设置”对话框新建站点

（2）在“文件”面板中，双击打开 index.html、about.html、contact.html 这 3 个网页文件，仔细观察，发现它们除了文件名不同外，仅“<title>”标题标记值和“<body>”标记处的“id”属性值不同，另外 index.html 文件里多了一行 CSS 样式文件链接代码，其他代码是一模一样的，如图 5-81 所示。

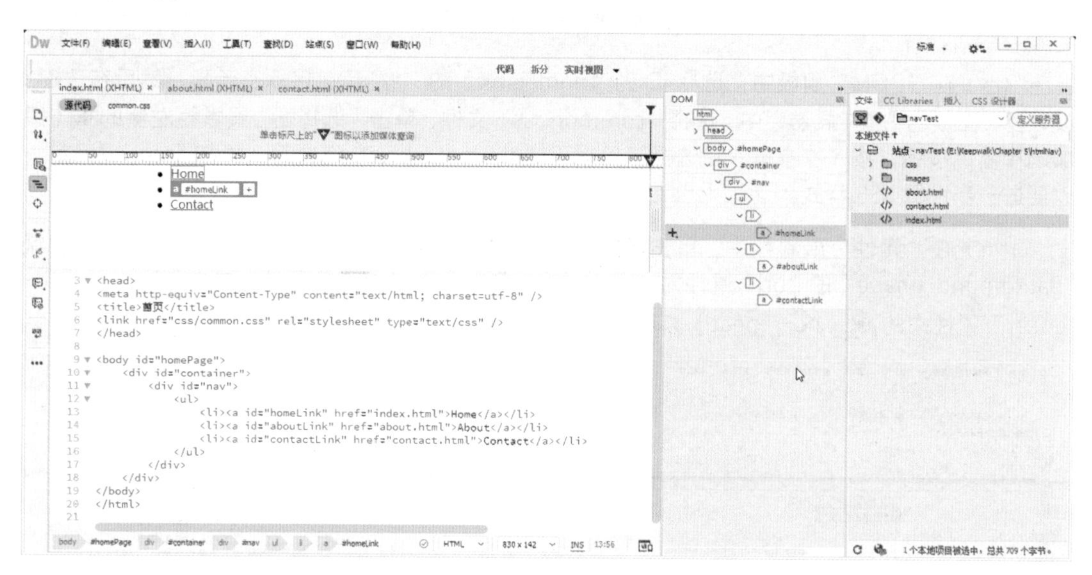

图 5-81 观察 index.html、about.html、contact.html 这 3 个网页文件

现在首要的目标是将导航列表横向并排排列，在前面的章节中已经了解到“<li>”项目属于 block 块类型对象，可以通过 float 浮动实现横向布局排版，不过这里可以尝试另一种方式，将其“display”属性改为“inline”行类型对象，实现横向并排排列。

（3）单击“index.html”文件标签页，激活该文档，在“DOM”面板单击任意“li”标记，以选择列表项目标签，然后在“CSS 设计器”面板的“源”展卷栏中选择“common.css”文件，单击“选择器”展卷栏左侧的 +（添加选择器）按钮，按两次↑键，自动去掉前面两个 ID 选择符，使之不用那么具体，再将中间的“ul”选择符删除，将默认的“#homePage #container #nav ul li”选择符修改为“#nav li”选择符，按 Enter 键确定，以便进一步设置 CSS 规则。

（4）在“属性”展卷栏中，找到“Display”显示属性，单击其右侧的参数值下拉列表，选择“inline”行类型选项，如图 5-82 所示。

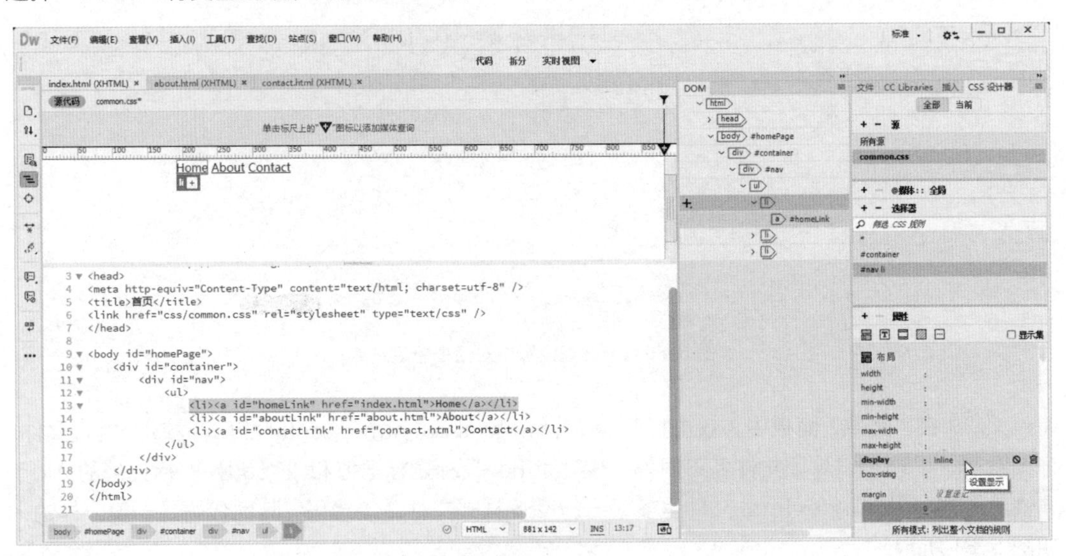

图 5-82 在“CSS 设计器”面板设置“#nav li”选择符样式

（5）在“DOM”面板中，选择 ID 为“homeLink”的“a”超链接标签元素，然后在“CSS 设计器”面板的“源”展卷栏中，选择“common.css”文件，单击“选择器”展卷栏左侧的 +（添加选择器）按钮，按 5 次 ↑ 键，让选择符只剩下“#homeLink”ID 选择符，再按 Enter 键确定，以便进一步设置 CSS 样式。

（6）在“属性”展卷栏中，单击 ▨（背景）按钮，跳转到背景 CSS 样式设置区域，设置“Background-image”的“url”属性为“../images/btn_home.gif”路径图片，单击“Background-repeat”属性中的 ▪（no-repeat）选项，观察设计视图，看是否有所变化，如图 5-83 所示。

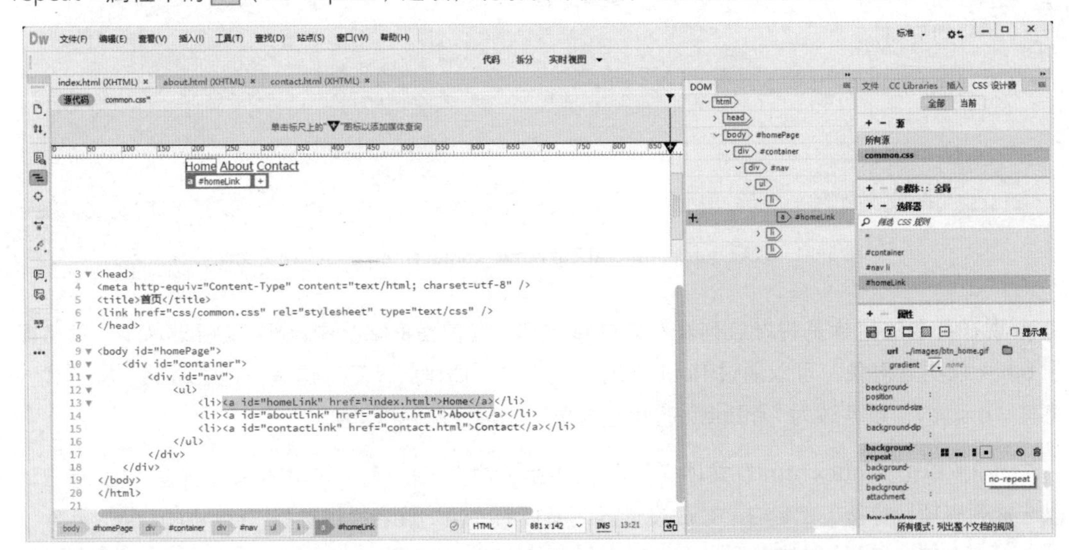

图 5-83 在“CSS 设计器”面板设置“#homeLink”选择符样式

注意

本例中，并不是使用几张图分别代表互动按钮的几个状态，而是用一张图包含了该按钮的多个状态，再通过设置背景图位置为上、中、下的方法，实现互动响应特效。这样做的优点是，不存在互动时下载新状态图所带来的延时问题。当然如果是用多张图表示按钮的多个状态，也可以通过 JavaScript 脚本语言预载入所有状态图，不过会比当前使用的方法稍微麻烦一点，如图 5-84 所示。

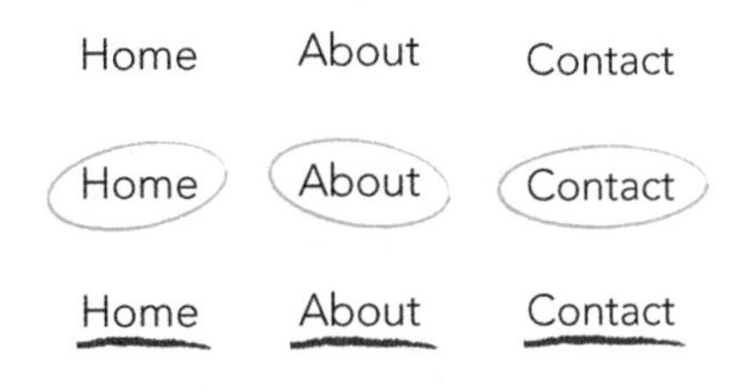

图 5-84　3 张图包含了 3 个按钮的多个状态

这时会发现，在以上 CSS 样式设定后，并没看到任何背景图出现。读者的第一反应可能是：因为宽度和高度不够，以致不能完整显示背景。在“CSS 设计器”面板中保持“#homeLink”选择器中状态，往上滑动面板，设置“width”属性为“162px”，“height”属性为“93px”。不难发现，这里即使设定了高和宽，仍然无法看到背景效果。这是因为“<a>”标记属于 inline（行类型）对象，行类型对象是无法指定高和宽的属性的，只能被里面的实际内容撑大，所以需要将“<a>”标记转换为 block（块类型）对象。由于后面的几个超链接对象都要进行同样的操作，因此可以在选择符上稍作文章，实现批量处理。

（7）在“CSS 设计器”面板的“源”展卷栏中，选择“common.css”文件，单击“选择器”展卷栏左侧的 ＋（添加选择器）按钮，将默认的选择符改为“#nav li a”。

（8）在“属性”展卷栏中，设置“Display”属性为“block”类型，发现“Home”链接已经可以正常显示背景图，只是 3 个链接变成了堆叠方式布局，如图 5-85 所示。

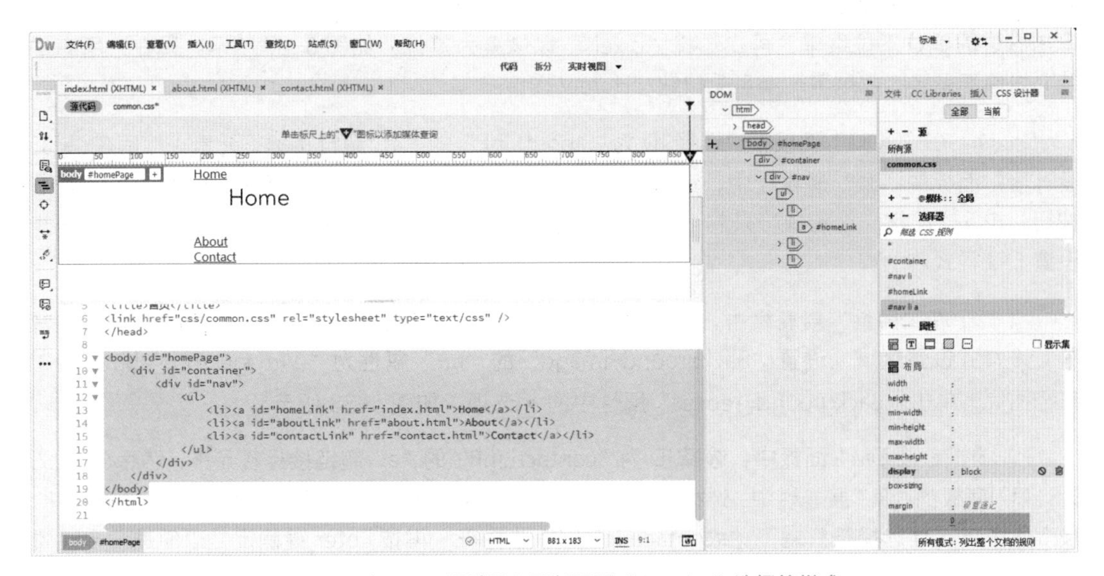

图 5-85　在“CSS 设计器”面板设置“#nav li a”选择符样式

（9）在“CSS 设计器”面板中，保持“#nav li a”选择符被选中状态，在“属性”展卷栏中找到“float”属性，单击（向左浮动）按钮，恢复导航按钮横向布局；然后再往上找到“height”属性，设置为“93px”，如图 5-86 所示。

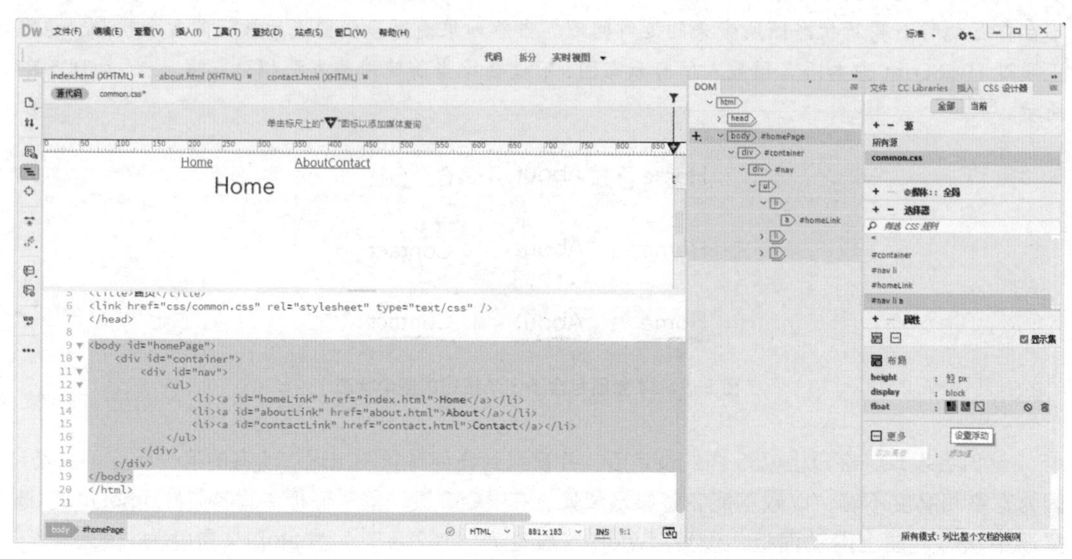

图 5-86　在“CSS 设计器”面板进一步设置“#nav li a”选择符样式

注意

几张导航图片的高度是一致的，宽度却不同，所以批处理中只设定了高度，没有设定统一的宽度。

（10）现在，链接文本还是会干扰到背景图片，需要设置文本缩进属性为一个较大的负值。确定“#nav li a”选择符被选中的情况下，在“属性”展卷栏中单击 T 按钮，快速跳转到文本样式设置列表区域，设置“text-indent”缩进属性为“-9999px”，如果“px”单位消失，则可以单击右边的单位下拉菜单，再次选择“pixels”以像素为单位，如图 5-87 所示。现在，所有的纯文本都不见了，仅剩下一个可见按钮“Home”。

（11）在“DOM”面板中，选择 ID 为“aboutLink”的“a”超链接标签元素，然后在“CSS 设计器”面板的“源”展卷栏中，选择“common.css”文件，单击“选择器”展卷栏左侧的 + 按钮，按 5 次↑键，让选择符只剩下“#aboutLink”ID 选择符，再按 Enter 键确定，以便进一步设置 CSS 样式。

（12）在“属性”展卷栏中，设置“width”属性为“151px”，然后单击 按钮跳转到背景 CSS 样式设置区域，设置“Background-image”的“url”属性为“../images/btn_about.gif”路径图片，单击“Background-repeat”属性中的 ■ 选项，如图 5-88 所示。

（13）在“DOM”面板中，选择 ID 为“contactLink”的“a”超链接标签元素，然后在“CSS 设计器”面板的“源”展卷栏中，选择“common.css”文件，单击“选择器”展卷栏左侧的 + 按钮，按 5 次↑键，让选择符只剩下“#contactLink”ID 选择符，再按 Enter 键确定，以便进一步设置 CSS 样式。

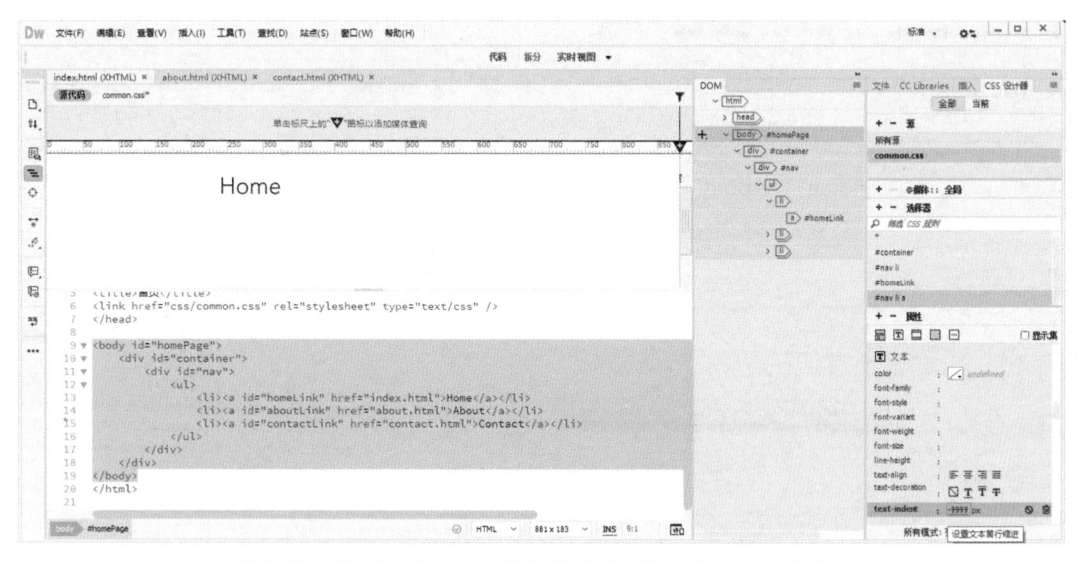

图 5-87 在“CSS 设计器”面板继续设置“#nav li a”选择符样式

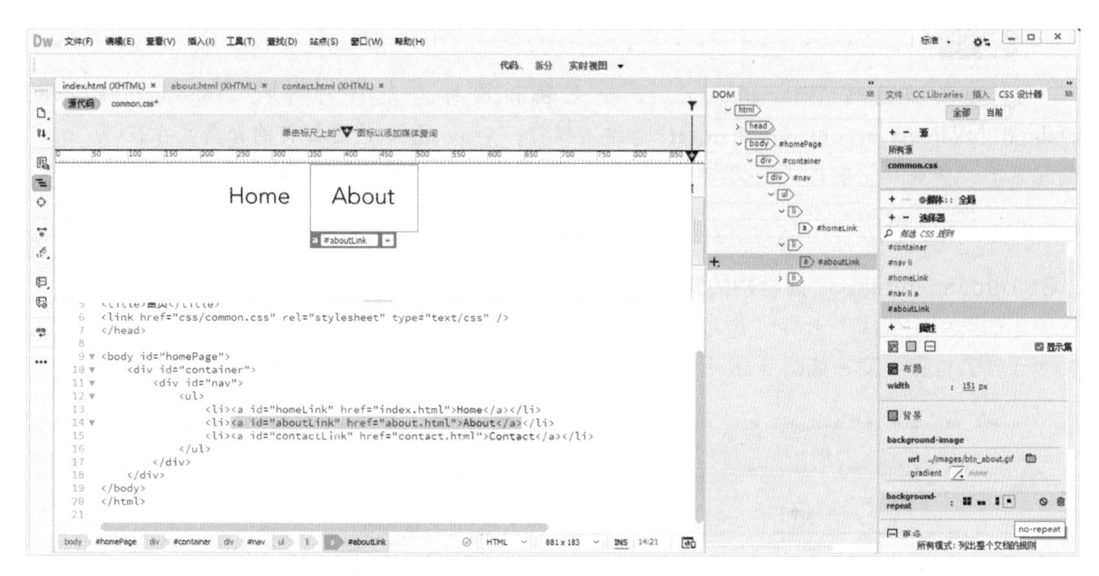

图 5-88 在“CSS 设计器”面板设置“#aboutLink”选择符样式

（14）在“属性”展卷栏中，设置“width”属性为“187px”，然后单击按钮跳转到背景 CSS 样式设置区域，设置“Background-image”的“url”属性为“../images/btn_contact.gif”路径图片，单击“Background-repeat”属性中的选项，如图 5-89 所示。

（15）接下来制作光标移上超链接时的翻转状态效果，3 个超链接按钮都有同样的规律（即背景图片移动到中间部分即可实现切换状态变化），因此可以采用群组选择符批量处理。在“CSS 设计器”面板的“源”展卷栏中，选择“common.css”文件，单击“选择器”展卷栏左侧的按钮，无论出现了什么选择符请全部删除，然后输入“a#homeLink:hover, a#aboutLink:hover, a#contactLink:hover”群组选择符，按 Enter 键确定后，进一步设置 CSS 样式。

图 5-89　在“CSS 设计器”面板设置“#contactLink”选择符样式

提示

这里可以通过“#nav a:hover”子孙关联和伪标签选择符替换“a#homeLink:hover, a#aboutLink:hover, a#contactLink:hover”群组选择符，“#nav a:hover”选择符的含义是在ID为“nav”的元素下，子或孙元素是“a”超链接标签，在“hover”状态时，都会遵循该CSS样式设定。

（16）在“属性”展卷栏中，单击▨按钮跳转到背景CSS样式设置区域，设置“Background-position”属性中的第二个参数（Y坐标上下垂直位置参数），单击其“%”符号，在弹出的菜单中选择“center”选项，保持前一个位置参数（X坐标左右水平位置参数）为“0%”，相当于左齐位置不变，如图 5-90 所示。

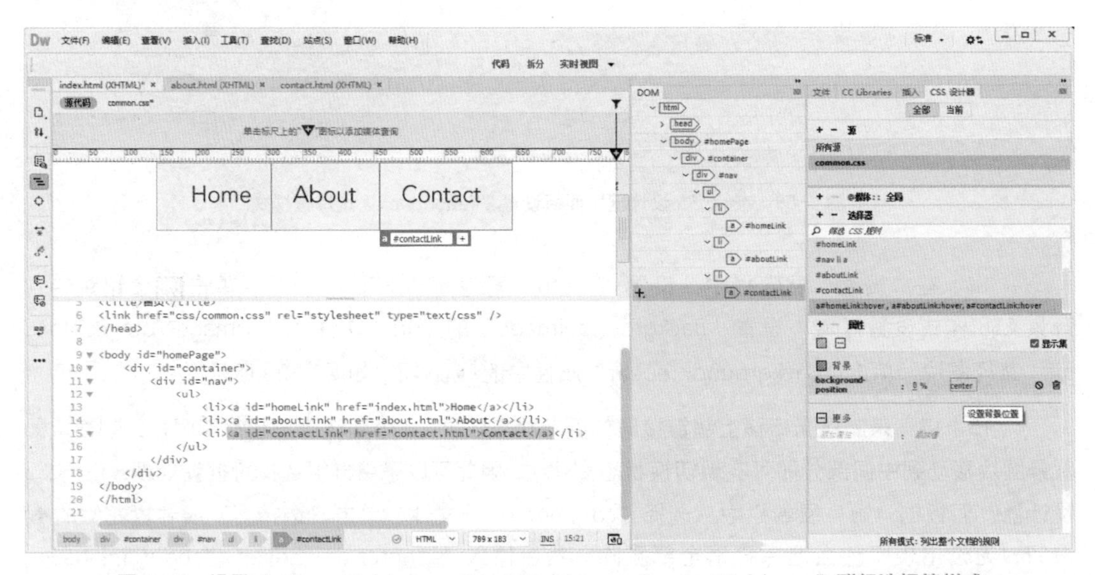

图 5-90　设置“a#homeLink:hover, a#aboutLink:hover, a#contactLink:hover”群组选择符样式

（17）选择“文件→保存全部”命令保存设计好的网页，再按 F12 键，在默认浏览器中预览设计效果。当光标移动到超链接上时，会实现图片效果的改变，如图 5-91 所示。

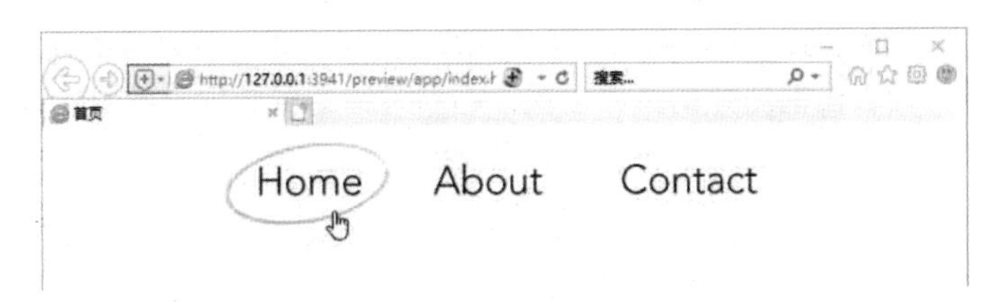

图 5-91 在浏览器中预览效果

到这一步，虽然实现了光标移动到超链接上时的翻转变化特效，但却有一处 CSS 样式代码是冗余的，就是一开始时“#homeLink”ID 选择符里的“height”属性，可以将其移除，让代码更简洁。

（18）在“DOM”面板中，单击 ID 为“homeLink”的“a”超链接标签元素以选择它，然后在“CSS 设计器”面板下方第一行的模式切换按钮中，单击“当前”按钮，由“全部”模式切换到仅显示当前对象相关样式模式。观察“选择器”展卷栏，发现“已计算”结果中，最上方一行是“a#homeLink:hover, a#aboutLink:hover, a#contactLink:hover”群组选择符，代表它里面的样式规则拥有最高优先权。单击列表中第三行的“#homeLink”选择符，激活该选择符样式规则，为了更方便地筛选，仅显示设置过的属性选项，选择“属性”展卷栏右边的“显示集”选项。再观察下方的“属性”展卷栏，发现“height”属性被删除符号标记，代表该样式被上面更高优先级别的同样规则所覆盖。本例中，是“#nav li a”选择符里的高级样式替代了它，如图 5-92 所示。

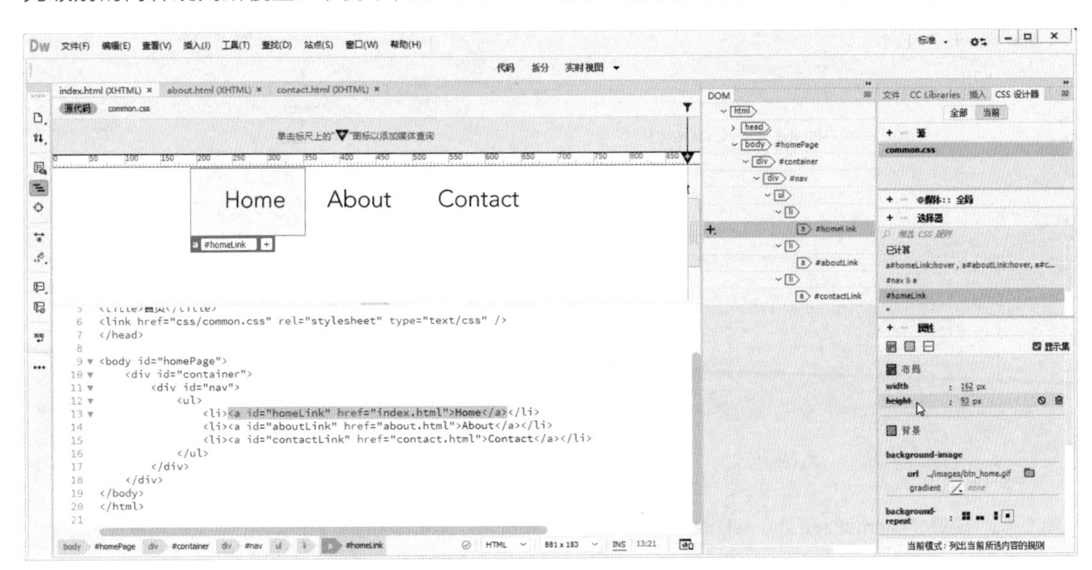

图 5-92 在“CSS 设计器”面板观察“已计算”的 CSS 结果

（19）当光标移动到“height”属性上时，右边会出现两个按钮，其中（禁用 CSS 属性）按钮只是通过临时注释禁用掉该属性，将来想恢复时，再次单击即可还原；而（删除 CSS 属性）按钮则是完全删除该属性，将来不可恢复，只能重新设定。本例中单击按钮，完成删除冗余代码操作。完成后，为了方便将来设置新的样式，去掉“属性”展卷栏右边的“显示集”选项，以便显示出所有属性。另外将“CSS 设计器”面板模式由“当前”再次切换回“全部”模式。

现在，只剩当前页面与导航按钮样式配合一致的问题需要解决了。也就是说，在首页页面，期望首页的导航按钮下面添加一个红色的下画线装饰，其他页面也是对应的导航按钮下添加一个红色的下画线装饰，代表当前所处的页面位置，起到不错的导航提示作用。可以通过各个页面 HTML 代码中的“body”标记上的 ID 属性配合完成该目标。

（20）在“DOM”面板中，单击 ID 为“homePage”的“body”标签元素以选择它，然后在“CSS 设计器”面板的“源”展卷栏中，选择“common.css”文件，单击“选择器”展卷栏左侧的 + 按钮，将选择符扩充为“#homePage #homeLink, #aboutPage #aboutLink, #contactPage #contactLink”群组选择符，代表当处于特定页面时，对应该页面的超链接按钮将受到此样式设定影响，按 Enter 键确定，以便进一步设置 CSS 样式。

提示

这里同时将“aboutPage”和“contactPage”考虑进去，实现 CSS 样式的批量处理，将来将此样式文件链接到目标页面即可。

（21）在“属性”展卷栏中，单击按钮跳转到背景 CSS 样式设置区域，设置“Background-position”属性中的第二个参数（Y 坐标上下垂直位置参数），单击其“%”符号，在弹出的菜单中选择“bottom”选项，保持前一个位置参数（X 坐标左右水平位置参数）为“0%”，相当于左齐位置不变，如图 5-93 所示。

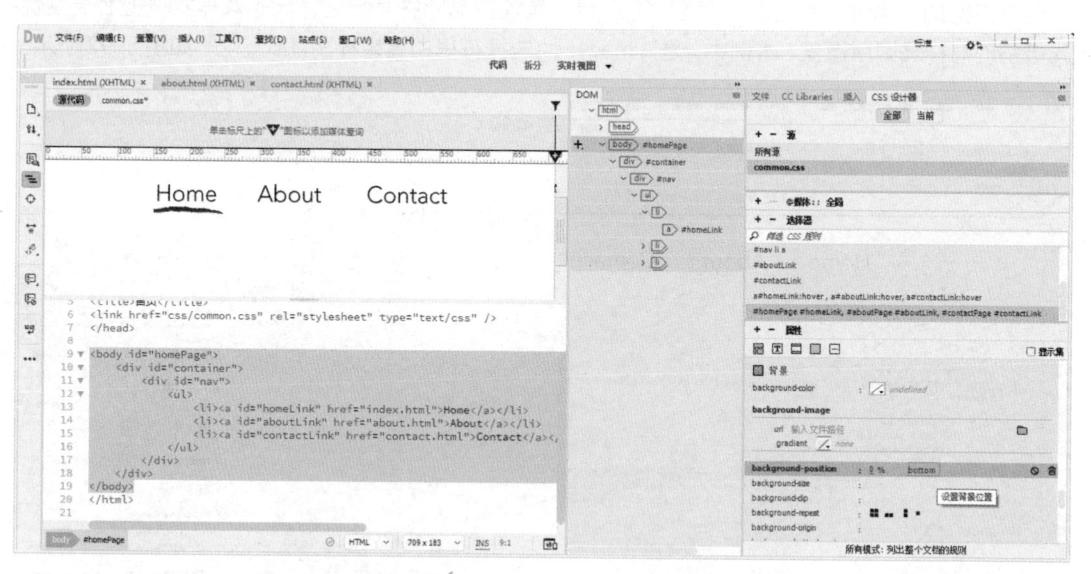

图 5-93　设置“#homePage #homeLink, #aboutPage #aboutLink, #contactPage #contactLink”群组选择符样式

（22）选择“文件→保存全部”命令，然后在“文件”面板中双击“about.html”文件，在“CSS 设计器”面板的“源”展卷栏位置，单击其左侧的 +（添加 CSS 源）按钮，在弹出的菜单中选择“附加现有的 CSS 文件”，在弹出的“使用现有的 CSS 文件”对话框中单击“浏览”按钮，再在弹出的“选择样式表文件”对话框中单击“站点根目录”按钮，然后选择“css”文件夹下的“common.css”文件，单击“确定”按钮返回“使用现有的 CSS 文件”对话框，确定“添加为”属性为“链接”，再次单击“确定”按钮，完成样式列表的链接操作，如图 5-94 所示。

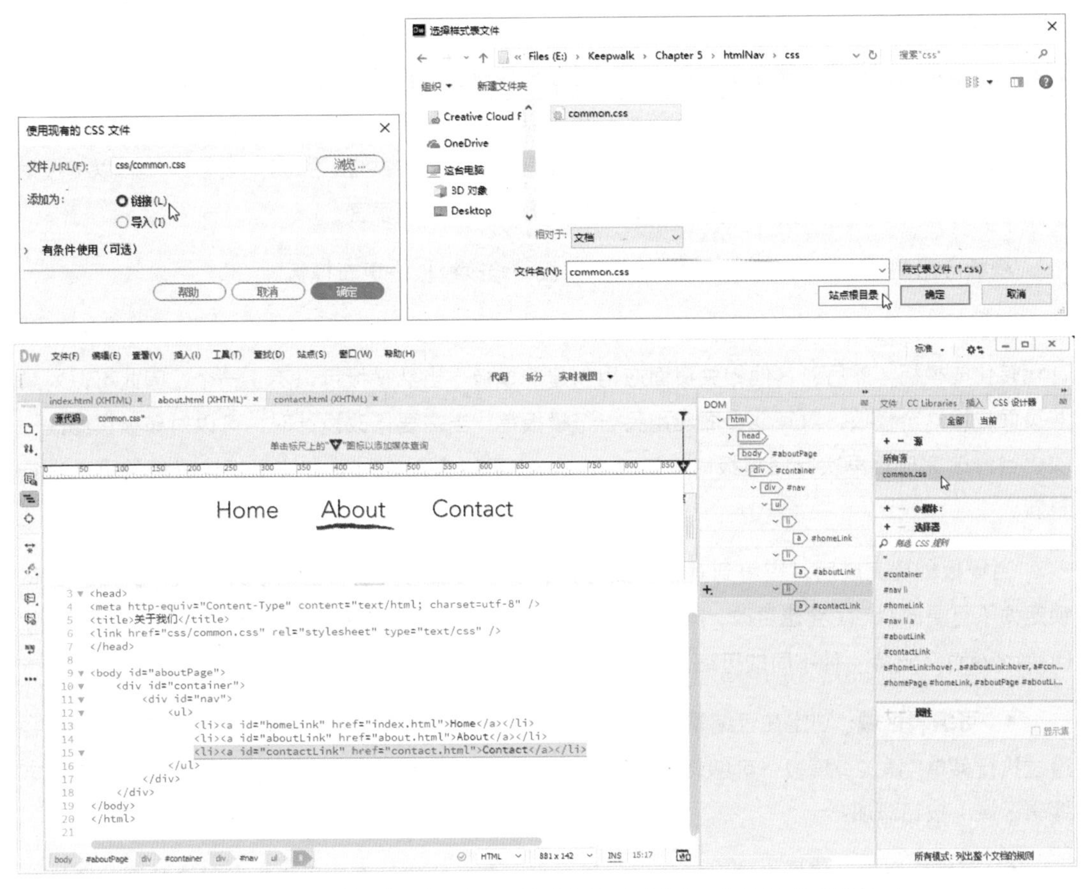

图 5-94 “使用现有的 CSS 文件”对话框“链接”已有 CSS 样式列表

（23）选择“文件→保存全部”命令后，打开“contact.html”页面重复上一步骤，将现成的“common.css”样式应用到该文件，再执行一次“文件→保存全部”命令，最后按 F12 键，在默认浏览器中预览设计效果。当光标移动到超链接上时，会实现图片效果的改变，单击跳转到目标页面时，相关的超链接下方将出现红色下画线，表示当前所处页面的位置。

5.8 扩展知识——使用模板提高效率

知识要点

- Dreamweaver 中模板的概念
- 创建和应用模板的基本流程与技巧
- 可编辑区域、可编辑属性、可选区域、重复区域的概念和应用方法
- 分离模板的方法

使用 Dreamweaver 设计网页是一件很有趣的事情，但如果要用它制作上百个类似的页面时，想必你就没那么兴奋了。事实上，我们可以通过模板解决工作量的问题。模板可以为网站设计的更新和维护提供极大的便利和超高的效率，还可以给站点带来一致的设计，让用户更容易浏览和导航。总而言之，模板相当于一个设计基础，拥有所有页面中共性、共有的内容，然后以模板为基础，生成多个个性化、细节丰富多样、具体内容不同的网页页面。

模板应用的基本流程为创建模板→应用模板→修改模板→更新模板。

首先是创建模板，模板的创建可以是从一个新的空白文件开始，也可以是将一个已有的设计稿转化成模板；然后对其他相关页面应用创建的模板，当然模板可以不止一个，因此可以对某些页面应用这个模板，对其他页面应用另一个模板等；当需要修改设计时，可以对模板只修改一次，当修改完成后再次存储模板时，Dreamweaver 可以自动地对所有应用了该模板的页面进行更新。

当模板创建完成后，应用到其他页面时，除了标记出的可编辑区域以外，其他页面内容将锁定为不可更改状态。要想更改，需要回到模板页面进行调整，存储后自动更新所有应用的页面。Dreamweaver 支持 4 种不同的可编辑区域。

- **可编辑区域**：划定在可编辑区域里的代码，在具体的页面应用中是可以完全自由编辑的。通过执行菜单“插入→模板→可编辑区域”命令，或者单击“插入”面板“模板”标签页里的（可编辑区域）按钮添加。

- **可编辑属性**：模板中锁定的标记代码，可以在具体的页面应用中指定某个特别的属性为可编辑状态。例如可以将模板中某“<img>”标记的“src”属性设置为可编辑状态，在具体页面中再去改变该图片路径，以实现不同装饰。通过执行“工具→模板→令属性可编辑”命令实现。

提示

在具体页面中应用模板的可编辑属性时，需通过“编辑→模板属性”命令，打开“模板属性”对话框，实现具体的设置与控制。该对话框还可以调整“可选区域”是否在页面中显示等功能。

- **可选区域**：在具体的页面应用中，可以决定模板里设计的该区域是显示还是不显示状态。通过执行“插入→模板→可选区域”命令，或者单击“插入”面板中的“模板”标签页里的（可选区域）按钮添加。

- **重复区域**：具体的页面应用中，该区域的内容可以根据需要不断重复，一般比较适合用在表格或其他列表性可重复扩充数据的呈现上。通过执行“插入→模板→重复区域”命令，或者单击“插入”面板中的“模板”标签页里的（重复区域）按钮添加。

提示

在具体页面中要想应用模板的重复区域，需要通过“编辑→重复项”系列子命令实现。

其实这些不同类型的可编辑区域也是通过一些特殊的代码标记实现的，标记范围内的内容在具体应用模板的页面中，可以实现不同程度或不同方式的编辑，如图 5-95 所示。

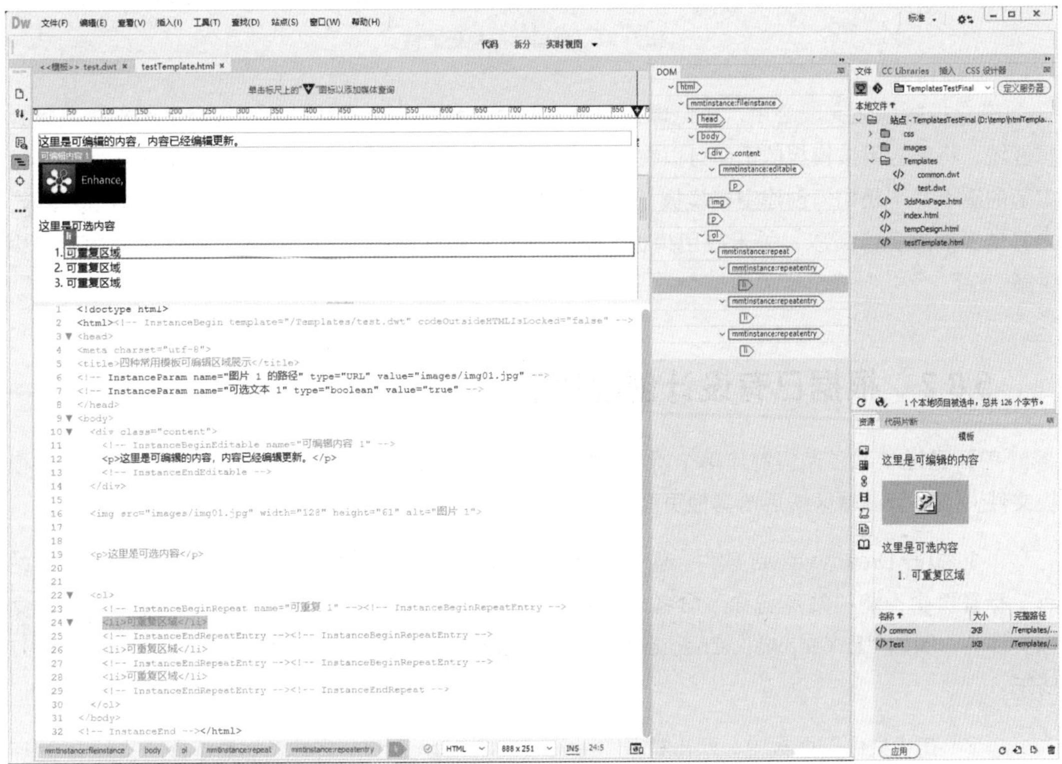

图 5-95 包含 4 种可编辑模板的源文件及对该模板的具体应用示范

5.8.1　创建空白模板

创建空白模板非常简单，可以通过“文件→新建”命令，在打开的“新建文档”对话框中选择“HTML 模板”后，单击“创建”按钮创建；或者在“资源”面板中单击按钮切换到“模板”标签页，再单击（新建模板）按钮创建。创建完成并保存模板后，将在站点中自动添加一个名为“Templates”的文件夹，里面保存着扩展名为“.dwt”的模板文件，如图 5-96 所示。

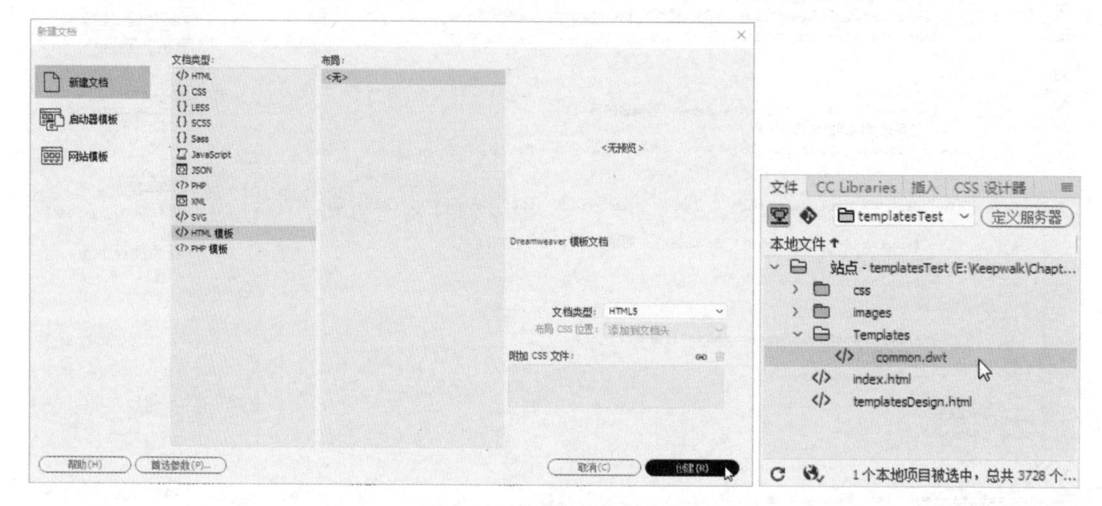

图 5-96　创建新的模板文件

空白模板创建完成之后，可以像普通 HTML 页面那样开始设计，然后指定某些部分是可编辑区域，将来应用该模板的页面可以在这些可编辑区域内更改或添加个性化的具体内容。当然，本节的重点并不是如何创建空白模板，而是如何应用已经设计好的 HTML 文件，将其转换成模板，为其他页面服务。所以，关于应用模板、更新模板和解除模板的相关内容，将在后面的章节中讲解。

5.8.2　根据已有设计创建模板

前面已经学习了如何制作单个网页页面，这里将学习如何将前面设计的网页页面另存为模板文件，添加可编辑区域后给其他页面应用。

（1）打开 Dreamweaver 软件，通过“站点→新建站点”命令，打开“站点设置”对话框，在“站点”标签页中，将“站点名称”命名为“templatesTest”，设置“本地站点文件夹”为练习文档文件夹，例如“E:\Keepwalk\Chapter 5\htmlTemplates\”，然后单击“保存”按钮，如图 5-97 所示。

（2）在“文件”面板中，双击打开“templatesDesign.html”文件，然后选择“文件→ 另存为模板”命令，在打开的“另存模板”对话框中确定“站点”参数选择的是当前站点“templatesTest”，“另存为”参数设置为“common”，然后单击“保存”按钮，如图 5-98 所示。在弹出的“要更新链接吗？”对话框中单击“是”按钮，完成根据已有设计创建模板的操作。

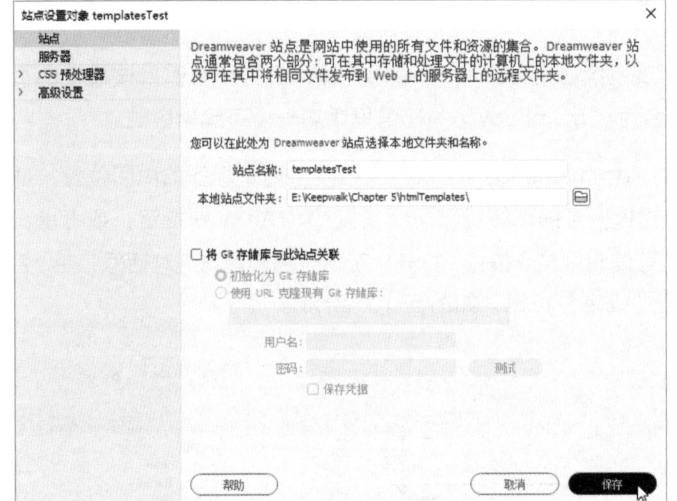

图 5-97 通过“站点设置”对话框设置新站点

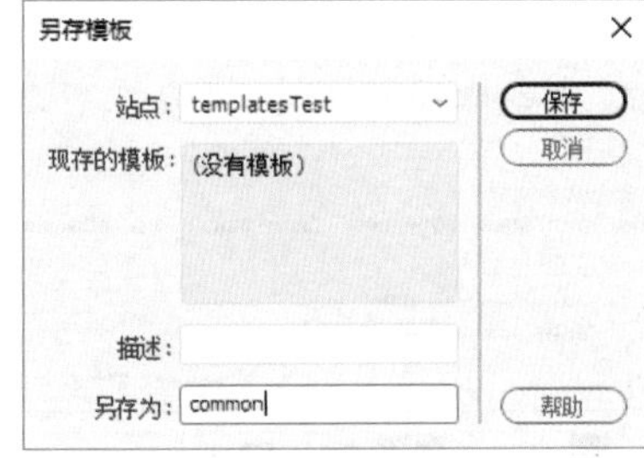

图 5-98 “另存模板”对话框

注意

在“文件”面板中，Dreamweaver 软件自动建立了一个名为“Templates”的文件夹，展开后里面有一个名为“common.dwt”的文件，就是刚建立的模板文件。如果文件出现问题，那么 CSS 样式列表和图片链接将会丢失，此时只需要将该模板文件关闭，再打开一次即可。

（3）在“DOM”面板中，展开 ID 为“mainBody”的 div，单击 ID 为“contentLeft”的 div 对象，然后按 Delete 键将其删除，再单击 ID 为“contentRight”的 div 对象，按 Delete 键将其删除，清空“mainBody”里面的内容，如图 5-99 所示。

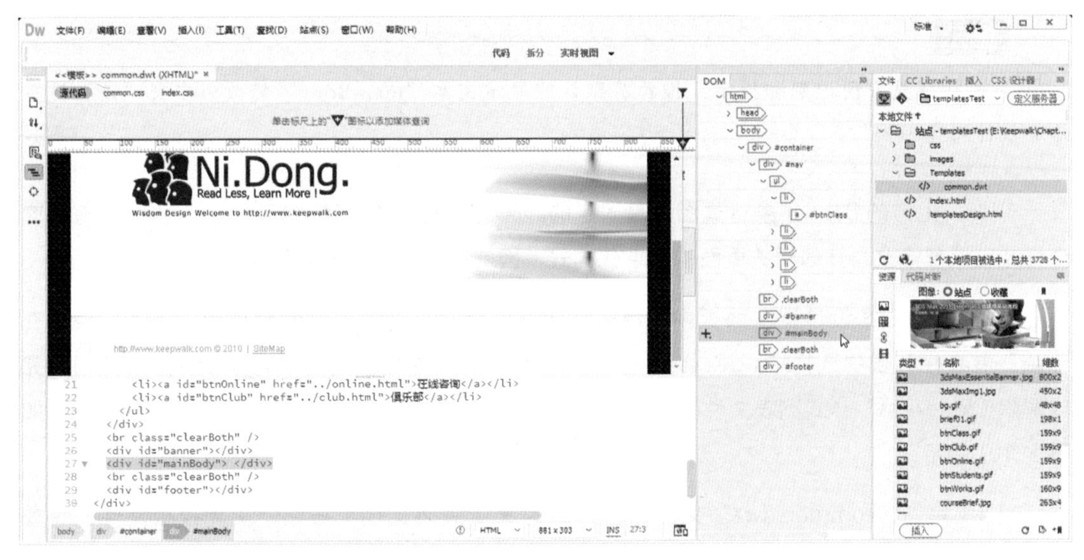

图 5-99 整理模板文件

5.8.3 创建可编辑区域

为了使模板文件能正常起作用，必须添加至少一个可编辑区域，否则所有引用该模板的页面都会变成一模一样。接下来在 div 名为 “mainBody” 的标记里添加一个可编辑区域。

（1）在代码视图中，单击 “<div id="mainBody">” 和 “</div>” 两个标签的中间位置，插入输入文本光标，然后选择 “插入→模板→可编辑区域” 命令或按 Ctrl+Alt+V 快捷键，或者单击 “插入” 面板 “模板” 标签页上的 （可编辑区域）按钮，打开 “新建可编辑区域” 对话框，在 “名称” 参数中输入 “mainBody”，单击 “确定” 按钮，如图 5-100 所示。

图 5-100 在模板页面添加 “可编辑区域”

提示

为了将来更方便识别和提示，推荐将默认的显示文本 “mainBody” 修改为中文 “请在这里添加设计内容……”。

现在，上方的 Banner 条背景图片是固定的。因为该文档关联了 “index.css” 样式，将来这个样式应该被修改为其他相关页面的个性化样式，因此应在模板页面中移除掉。

（2）在 “CSS 设计器” 面板中，单击 “全部” 标签页，实现 “所有规则” 列表切换。在 “源” 展卷栏列表中选择 “index.css” 行，然后单击该展卷栏左边的 “删除 CSS 源” 按钮，完成解除 “index.css” 样式列表文件与该文档的关联关系，最后按 Ctrl+S 组合键保存模板文件，如图 5-101 所示。

（3）单击 “common.dwt” 文件标题右侧的 （关闭文档）按钮，关闭模板文件，完成设计。

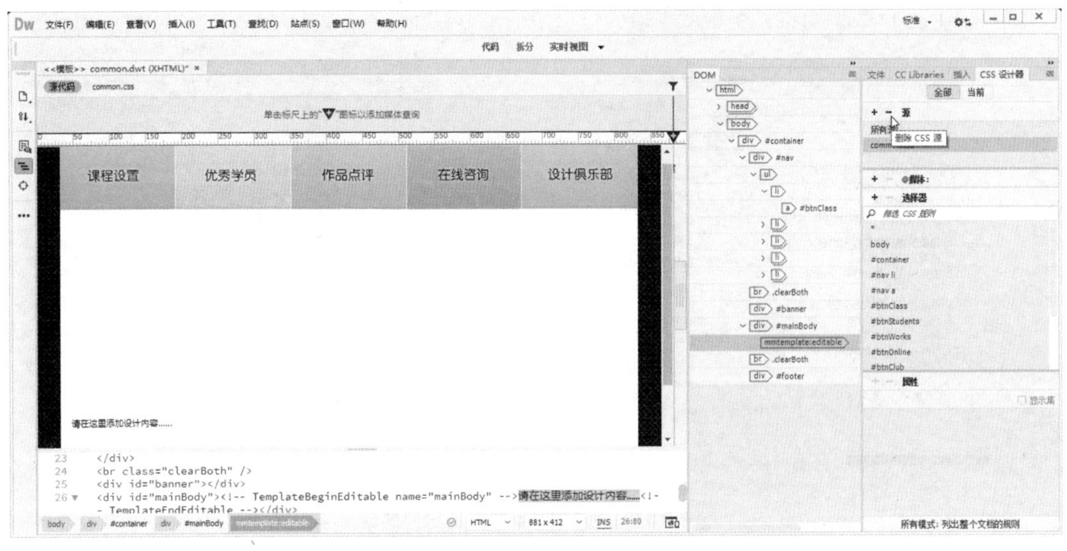

图 5-101 解除“index.css”样式列表与该文档的关联关系

5.8.4 对已有内容页面应用模板

对空白页面应用模板是非常简单的，不过对于已经有部分设计内容的页面应用模板，则有一些需要注意的事项。这里将以已经有内容的页面为例，展示如何应用刚刚建立的模板，具体操作步骤如下。

（1）在“文件”面板中，双击打开“index.html”文件，观察设计视图，发现该页面已经有部分内容实现了设计。

（2）通过“窗口→资源”命令打开“资源”面板，单击 （模板）按钮切换到模板标签页，选择“common”模板，然后单击面板左下角的“应用”按钮，在弹出的“不一致的区域名称”对话框中，选择“Document body”可编辑区域，设置“将内容移到新区域”参数为“mainBody”；然后选择“Document head”可编辑区域，设置“将内容移到新区域”参数为“head”，如图 5-102 所示，然后单击“确定”按钮，完成模板应用操作。

（3）在代码视图中，鼠标移动到上方的导航或者下方的页脚部分时，光标呈现不可编辑状态，代表需要到模板页面中模板非编辑区域才可编辑，在应用模板的当前页面中是不可以编辑的。这些不可编辑的模板部分的代码全以灰色显示，不能在其中插入或者删除内容，如图 5-103 所示。

（4）选择“文件→保存全部”命令保存文档，然后按 F12 键在默认的浏览器中预览设计文件，最后执行“文件→关闭”命令，或者按 Ctrl+W 组合键关闭文档。

图 5-102 应用模板并设置可编辑区域

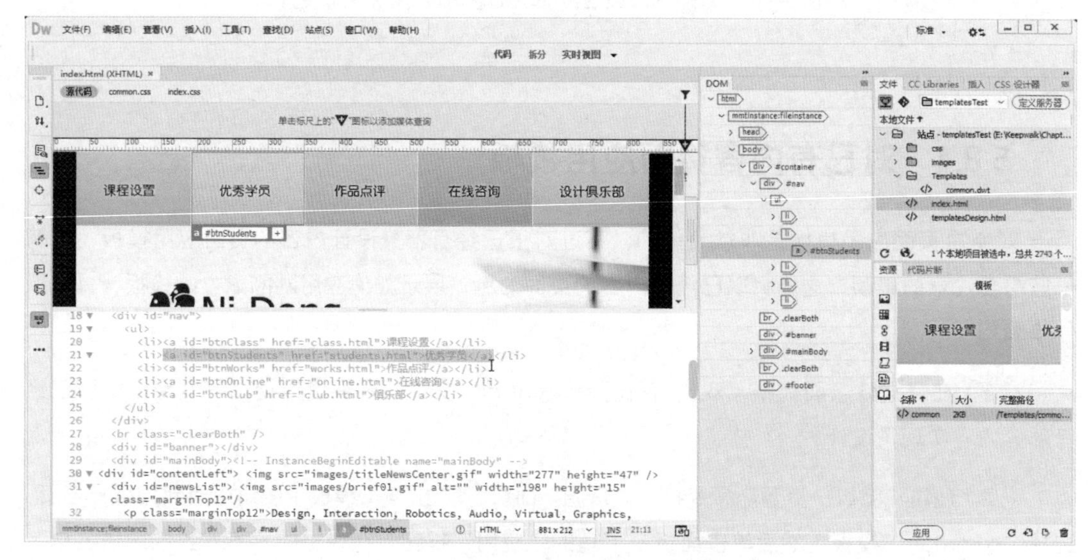

图 5-103 观察应用模板页面中的不可编辑区域

5.8.5 对新页面应用模板

再来看看如何对新页面文档应用模板并完成简单的设计操作，最终效果如图 5-104 所示。

（1）在“文件”面板中的站点根文件夹上右击，在弹出的快捷菜单中选择“新建文件”命令，将新文件命名为“3dsMaxPage.html”，然后双击该文件，在设计视图中打开它。

（2）在“资源”面板中，激活“模板”标签页，然后选择“common”模板，单击面板左下角的“应用”按钮，实现对新空白网页模板的应用，如图 5-105 所示。

图 5-104　应用模板之后的最终效果

图 5-105　在“资源”面板中应用模板

提示

如果找不到“资源”面板，可通过“窗口→资源”命令再次打开它。

（3）在“CSS 设计器”面板的“源”展卷栏左侧单击 +（添加 CSS 源）按钮，在弹出的菜单中选择“创建新的 CSS 文件”命令，打开“创建新的 CSS 文件”对话框，然后单击“浏览”按钮，打开“将样式表文件另存为”对话框，单击“站点根目录”按钮，再双击进入“css”文件夹，设置“文件名”为“3dsMaxPage.css”，单击“保存”按钮后，回到“创建新的 CSS 文件”对话框，确保“添加为”参数选择的是“链接”选项，最后单击“确定”按钮，完成新样式列表文件的创建，如图 5-106 所示。

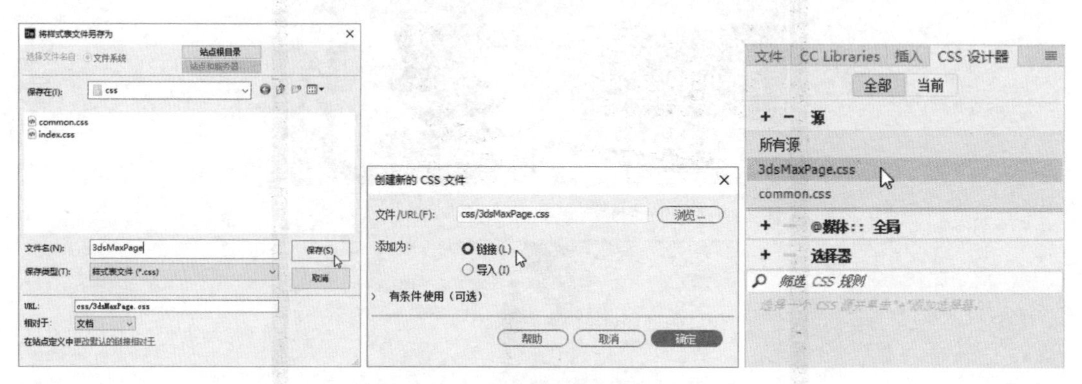

图 5-106　通过“创建新的 CSS 文件”对话框创建“3dsMaxPage.css”文件

（4）确定“CSS 设计器”面板的“源”展卷栏中选择的是“3dsMaxPage.css”样式列表，然后单击“选择器”展卷栏左侧的 ➕（添加选择器）按钮，将默认选择符改为“#banner”，然后按 Enter 键确认。

（5）在“属性”展卷栏中，设置“height”属性为“267px”，因为即将设置的该背景图的高度就是 267 像素，单击▨（背景）按钮，跳转到背景样式设置区域，设置“url”链接属性为“../images/3dsMaxEssentialBanner.jpg”，如图 5-107 所示。

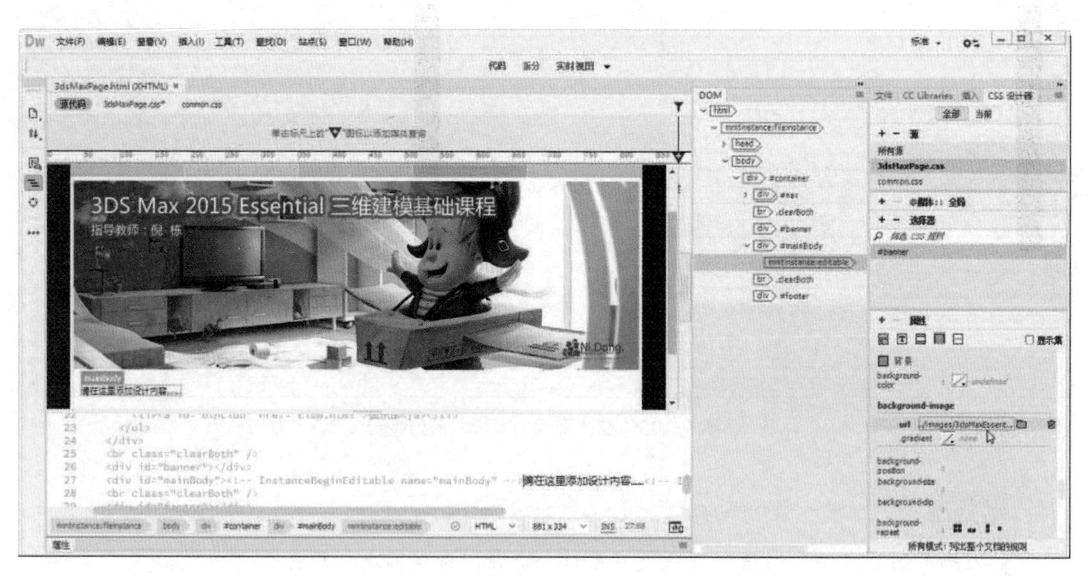

图 5-107　在“CSS 设计器”面板设置“#banner”选择符样式

（6）在代码视图中，删除可编辑区域“mainBody”中的所有文本，并在该位置激活输入光标，在“插入”面板的“HTML”标签页中，单击 Image（图像）按钮，打开“选择图像源文件”对话框，找到并选择“images”文件夹下的“courseBrief.jpg”图片后，单击“确定”按钮，完成图片的插入操作。可在代码视图中，该图片“alt”文本属性中输入“课程简介”文本，如图 5-108 所示。

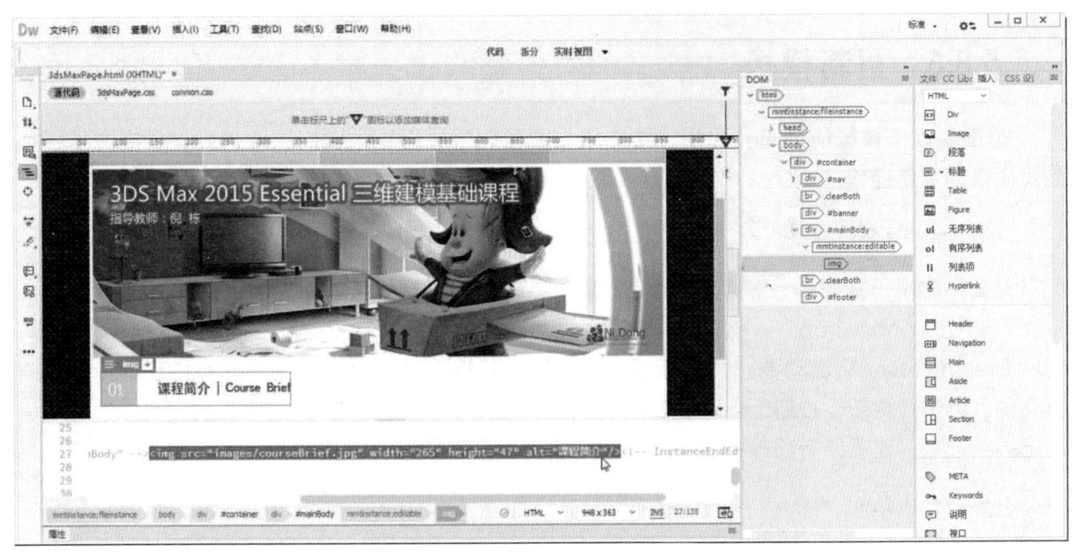

图 5-108　通过“插入”面板插入“courseBrief.jpg”图片

（7）在代码视图中，取消刚刚插入的图片选择状态，将文本输入光标定位放置到该标签末尾，手动输入换行标签“
”两次，然后按 Enter 键换行，再次通过在“插入”面板中的“HTML”标签页里单击 Image（图像）按钮，打开“选择图像源文件”对话框，找到站点“images”文件夹下的“3dsMaxImg1.jpg”图片文件，单击“确定”按钮，完成图片的插入操作。在代码视图中，该图片“alt”文本属性中输入“课程简介图片”文本，如图 5-109 所示。

图 5-109　当前步骤完成后的案例效果

（8）选择“文件→保存全部”命令保存文档，然后按 F12 键，在默认的浏览器中预览设计文件，最后通过“文件→关闭”命令，或者按 Ctrl+W 组合键关闭文档，完成对新文档应用模板的操作。

5.8.6 更新模板

前面实现了模板的创建和应用，接下来看看如何修改模板内容后，实现站点所有应用模板的页面自动更新操作。

（1）在“文件”面板中，找到“Templates”文件夹下的“common.dwt”文件，双击打开。

（2）在代码视图中，找到“课程设置”超链接，将其“href”链接地址属性由“../class.html”改为“../index.html”，然后选择“文件→保存”命令，或者按 Ctrl+S 组合键保存模板页面，同时 Dreamweaver 将自动弹出“更新模板文件”对话框，对话框中列举了所有应用该模板的网页文件。单击“更新”按钮，自动更新所有页面，如图 5-110 所示。完成操作后，可以选择“显示记录”选项，查看所有修改的记录，最后单击“关闭”按钮，完成操作。

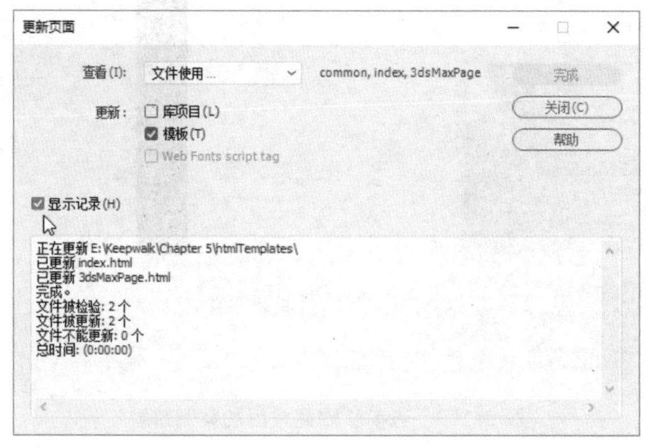

图 5-110 “更新模板文件”对话框更新应用模板的各个页面

（3）关闭“common.dwt”模板文件，打开“index.html”或者“3dsMaxPage.html”文件，切换到代码视图，观察 ID 为“btnClass”的“<a>”标记中的“href”超链接属性已经成功更改为“index.html”。

5.8.7 令属性可编辑

现在，你已经掌握了 Dreamweaver 模板的基础功能和操作方法，接下来将学习一个常用的高级功能——模板属性可编辑功能。前面学习的可编辑区域虽然可以包含网页页面中的各种元素（从简单的标记到整个页面），但如果希望实现模板中仅某个标记的部分属性可编辑，就需要借助“令属性可编辑”这一命令了。

“令属性可编辑”不仅可以实现仅允许的特定属性更改内容并保护标记的其他属性不被更改之外，还可以实现属性类型（例如文本类型、数字类型、超链接类型、色彩值类型、布尔值类型等）的强制约束以及默认值的定义，非常智能化，也非常方便。接下来通过实例尝试一下该功能，例如希望给模板页面的“body”标记添加一个“id”属性，但是实际应用该模板的各个页面中“id”属性的具体值应该不同，因此可以通过“令属性可编辑”功能实现操作，具体步骤如下。

（1）继续前面的练习文件，在“文件”面板中双击“Templates”文件夹下的“common.dwt”模板文件以打开它，在“DOM”面板“body”标签的右侧双击，激活输入框，输入“#homePage”设置其 ID 属性，如图 5-111 所示，按 Enter 键以确定。

（2）选择“工具→模板→令属性可编辑”命令，在弹出的“可编辑标签属性”对话框中，确定“属性”参数选择的是“ID”选项，选中“令属性可编辑”复选框，其他参数维持默认，如图 5-112 所示，最后单击“确定”按钮，完成操作。

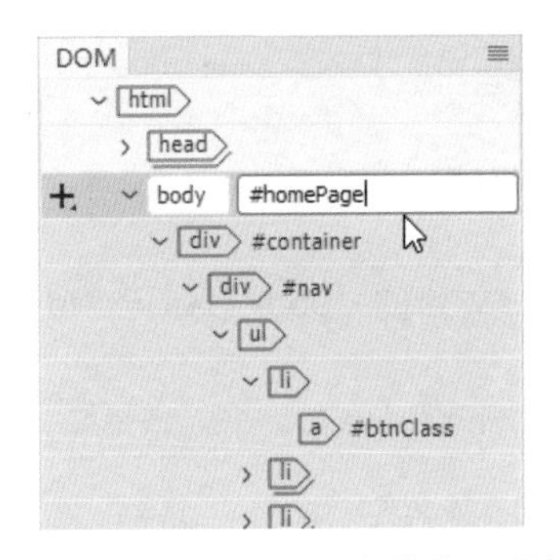

图 5-111 设置“body”标签的 ID 属性为“#homePage”

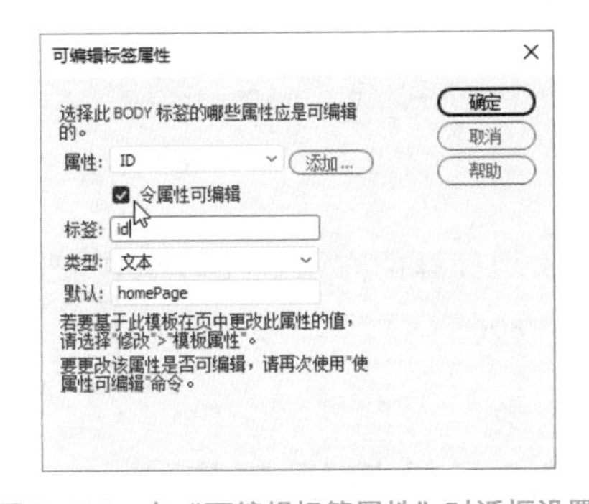

图 5-112 在“可编辑标签属性”对话框设置可编辑属性

（3）按 Ctrl+S 组合键保存模板文档，在弹出的“更新模板文件”对话框中，单击“更新”按钮，更新所有该模板应用的页面，最后单击“关闭”按钮，完成操作。

（4）关闭模板文件，在“文件”面板中双击打开“index.html”文件，发现“DOM”面板中“body”标记的“id”属性被赋予了默认值“homePage”，现在需要进行个性化的更改。选择“编辑→模板属性”命令，打开“模板属性”对话框，设置“id”属性值为“indexPage”，如图 5-113 所示，单击“确定”按钮完成操作。

（5）切换到代码视图，再次观察“body”标记的“id”属性，虽然仍然是灰色的不可编辑状态，但是其值已经自动更替为刚刚设置的“indexPage”文本，如图 5-114 所示。

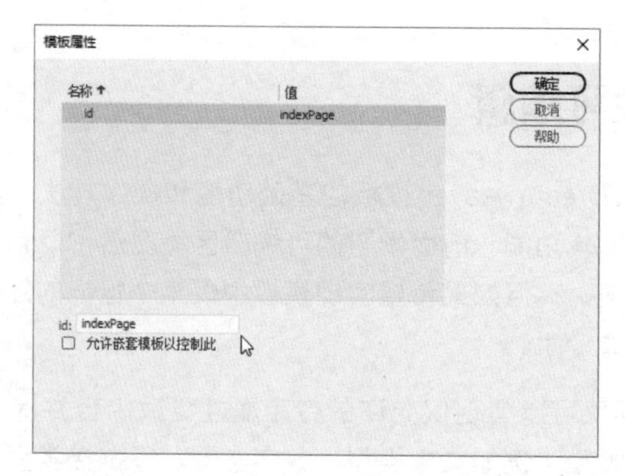

图 5-113　通过“模板属性”对话框设置可编辑属性

```
16 ▼ <body id="indexPage">
17 ▼ <div id="container">
18 ▼   <div id="nav">
19 ▼     <ul>
20         <li><a id="btnClass" href="index.html">课程设置</a></li>
21         <li><a id="btnStudents" href="students.html">优秀学员</a></li>
22         <li><a id="btnWorks" href="works.html">作品点评</a></li>
23         <li><a id="btnOnline" href="online.html">在线咨询</a></li>
24         <li><a id="btnClub" href="club.html">俱乐部</a></li>
25       </ul>
26     </div>
27     <br class="clearBoth" />
28     <div id="banner"></div>
29     <div id="mainBody"><!-- InstanceBeginEditable name="mainBody" -->
30 ▼     <div id="contentLeft"> <img src="images/titleNewsCenter.gif" width="277" height="47" />
31 ▼       <div id="newsList"> <img src="images/brief01.gif" alt="" width="198" height="15" class="
32           <p class="marginTop12">Design, Interaction, Robotics, Audio, Virtual, Graphics, Displa
33 ▼         <ol class="marginTop12">
34             <li>超级厉害的真实变形机器人装置</li>
mmtinstance:fileinstance  body  #indexPage        HTML  889 x 110  INS  16:22
```

图 5-114　在代码视图中观察操作结果

（6）用同样的方法更改站点中“3dsMaxPage.html”文档的“body”标记“id”属性为“3dsMaxPage”。

5.8.8　从模板中分离

有时候设计师会应用错模板，有时候客户、老板的想法会发生重大改变。要解决这类问题，最好的办法就是将页面和模板进行分离。Dreamweaver 为此提供了非常方便的方法，下面通过实例尝试一下。

（1）继续前面的练习，在“文件”面板中，双击“index.html”文件打开它，通过“拆分”方式同时观察代码视图和实时视图，观察到模板部分的源代码是灰色的不可编辑状态。

（2）选择“工具→模板→从模板中分离”命令，解除该页面与模板页面之间的关系，观察代码视图，发现所有代码均已恢复为可编辑状态。

提 示

如果并不想完全分离页面与模板，而是想输出用于发布的没有模板冗余代码的干净网页，可以通过“工具→模板→不带标记导出”命令实现。

5.9 扩展知识——使用库提高效率

知识要点

- Dreamweaver 中库对象的概念
- 如何创建、应用和修改库对象
- 如何分离库对象

设计一个整站，尤其是跨站点的按钮、版权标志、联系方式、导航条等，是一件富有挑战的事情，特别是要保持它们修改后的同步。好在 Dreamweaver 提供了完美解决这一问题的方法——库对象。通过创建库对象，然后在各个页面位置重复引用该库对象，可以建立一种同步自动更新的链接关联方式，当库对象发生改变时，将自动更新所有引用位置，实现高效率的设计和制作。

5.9.1 如何创建库对象

要使用库对象，首先就要从库对象的创建开始，这里以一个课程信息库对象为实例，展开操作学习。

（1）首先请打开 Dreamweaver 软件，通过“站点→新建站点”命令，打开“站点设置”对话框，在“站点”标签页中，将“站点名称”命名为“libraryTest”，设置“本地站点文件夹”为练习文档文件夹，例如“E:\Keepwalk\Chapter 5\htmlLibrary\”，然后单击“保存”按钮。

（2）在“文件”面板中，双击“index.html”文件，在实时视图“02. 最新课程 | New Courses”模块中文本段落最后一行“flash.events.TouchEvent”的末尾处双击，插入文本输入光标，然后按 Enter 键两次，将产生两个段落，如图 5-115 所示。

（3）在“DOM”面板中，选择最后的段落标记“p”，然后在“插入”面板的“HTML”标签页中单击 Table（表格）按钮，在弹出的“插入位置”对话框中选择“嵌套”模式插入，然后在弹出的“表格”设置对话框中进行如下设置，如图 5-116 所示。

> “行数”为 3 行，源代码“<table>”标记里将出现 3 组“<tr>”标记。

> “列数”为 2 列，即每行 2 个单元格，源代码每组“<tr>”标记里将包含 2 组“<td>”标记。

> “标题”参数设置为“左”，代表每行的第一个单元格标记由普通的“<td>”变成“<th>”。

> “表格宽度”为 200 像素。

> “边框粗细”为 0，整个表格外围的边框粗细一般都为 0。

> “单元格边距”为 0，单元格内边距将来通过 CSS 样式去定义。

> “单元格间距”为 1，这样当整个表格背景为黑色，单元格背景颜色为白色时，会实现表格勾边的样式效果。如果为 0，则看不到单元格边框效果；如果数值太大，又会不美观。

提 示

表格标记由一系列的标记组成，最常用的是 <table><tr><td> 和 <th>。其中，最外围是 <table> 标记，<tr> 标记代表行的意思，而行中具体的单元格用 <td> 表示，而如果有的单元格要实现标题功能，则该单元格用 <th> 表示。

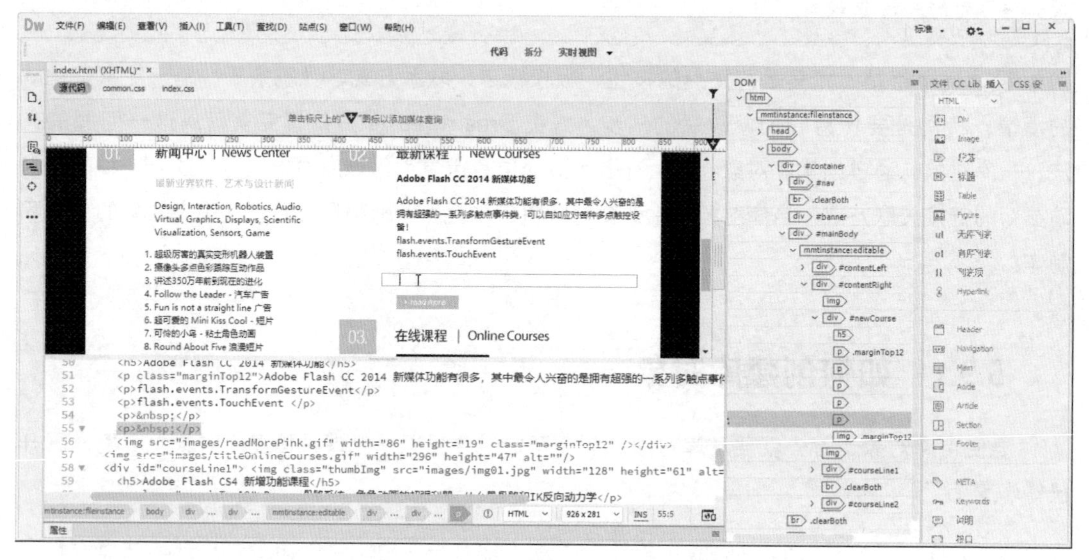

图 5-115　在实时视图中实现内容编辑

图 5-116　在页面中添加“<table>”表格

图 5-116 在页面中添加“<table>”表格（续）

（4）在“DOM”面板中，双击“table”标记右侧，进入文本输入状态，输入“#classInfoTable”，设置其 ID 属性为“classInfoTable”，然后按 Enter 键确认。

（5）在“CSS 设计器”面板的“源”展卷栏中，选择“common.css”公共样式文件，然后单击“选择器”展卷栏左侧的 + 按钮，按多次 ↑ 键，将默认选择符改为仅“#classInfoTable”，然后按 Enter 键确认。

（6）在“属性”展卷栏中，单击 ▨ 按钮，跳转到背景样式设置区域，设置“Background-color”属性为“#333”，如图 5-117 所示。

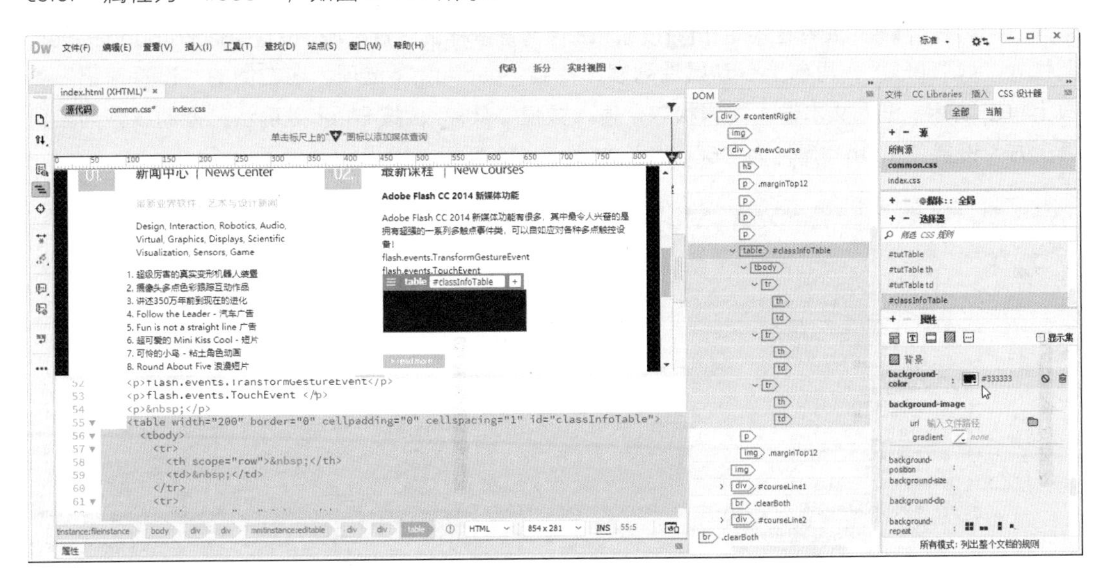

图 5-117 设置“#classInfoTable”选择符样式

（7）在“CSS 设计器”面板中，保持“源”展卷栏的“common.css”样式表文件为选择状态，单击“选择器”展卷栏左侧的 + 按钮，将默认选择符改为“#classInfoTable td”，然后按 Enter 键确认，对 ID 为“classInfoTable”的表格中的“td”单元格做样式设定。

（8）在“属性”展卷栏中单击 ▨ 按钮，跳转到背景样式设置区域，设置“Background-color”属性为“#fff”，再向上滑动属性列表，找到“padding”选项，在右侧的“设置速记”参数上单击，进入文本输入编辑状态，输入数值“4px”，按 Enter 键确认，如图 5-118 所示。

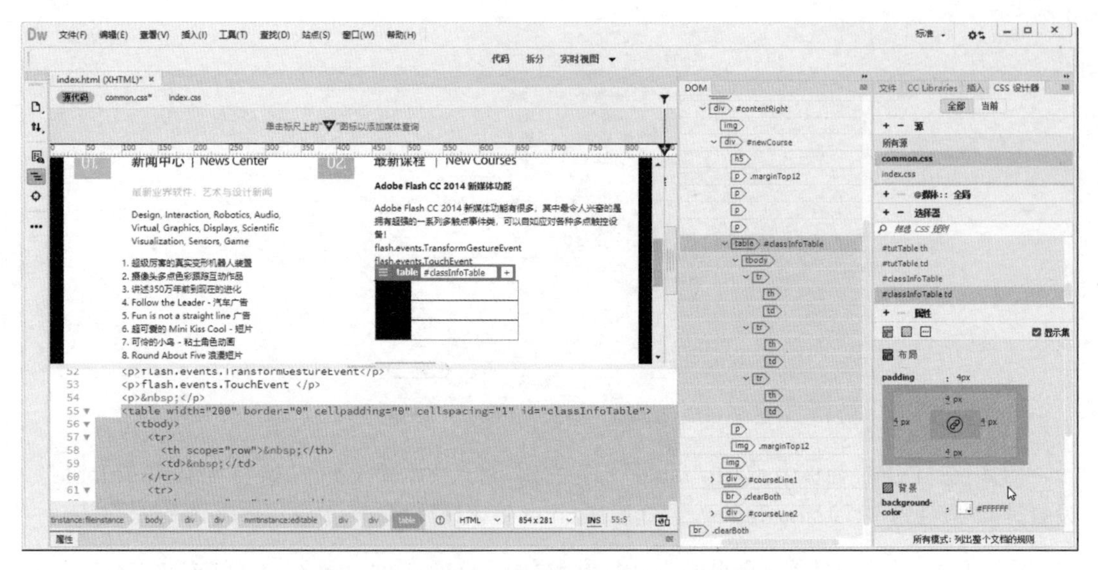

图 5-118 设置“#classInfoTable td”选择符样式

（9）在“CSS 设计器”面板中，保持“源”展卷栏的“common.css”样式表文件为选择状态，单击“选择器”展卷栏左侧的 + 按钮，将默认选择符改为“#classInfoTable th”，然后按 Enter 键确认，对 ID 为“classInfoTable”的表格中的“th”标题单元格（表头单元格）做样式设定。

（10）在“属性”展卷栏中单击 按钮，跳转到背景样式设置区域，设置“Background-color”属性为“#C1EBFF”，再向上滑动属性列表，找到“padding”选项，在右侧的“设置速记”参数上单击鼠标，进入文本输入编辑状态，输入数值“4px”，按 Enter 键确认，拖动属性列表到最上方，设置“width”属性为“60px”，如图 5-119 所示。

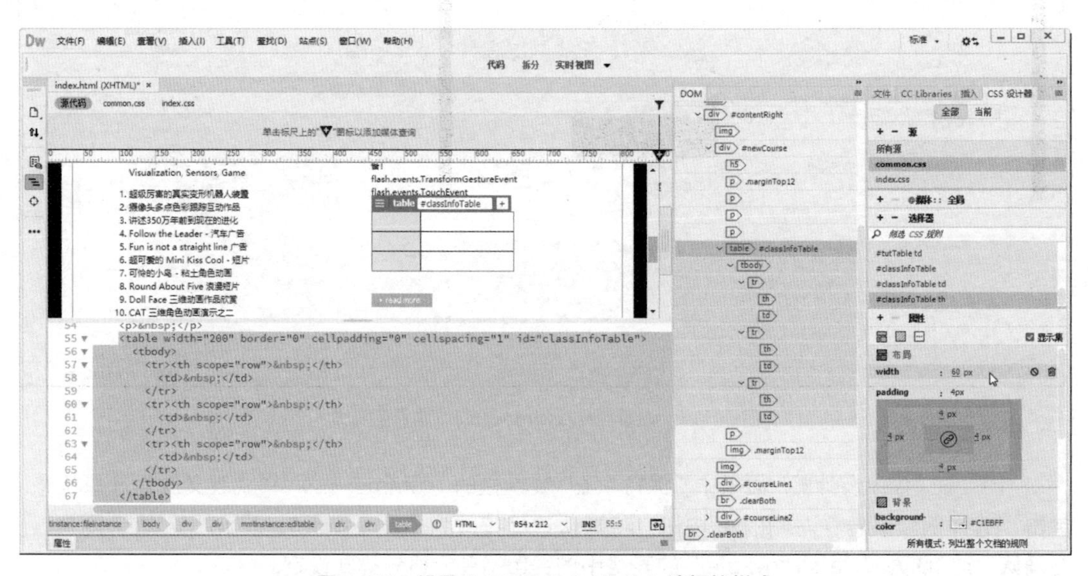

图 5-119 设置“#classInfoTable th”选择符样式

（11）在实时视图中，在表头单元格或普通单元格的位置双击，进入文本输入状态，输入如图 5-120 所示的文本内容。也可以在代码视图中的“<th></th>”和“<td></td>”标签之间，输入对应文本。

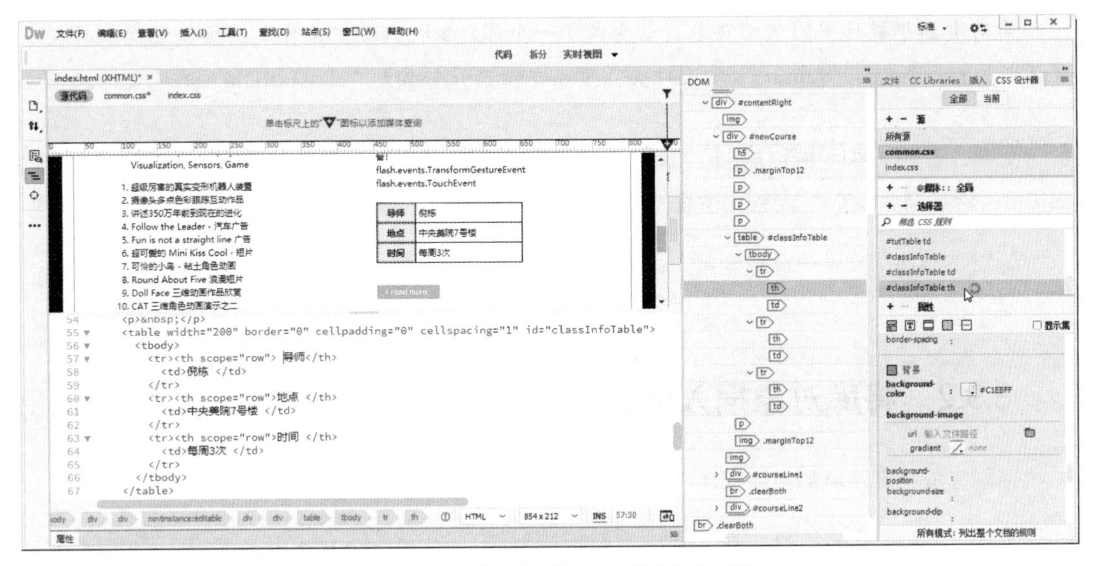

图 5-120　在实时视图中输入对应文本内容

到这一步，库对象的设计步骤就完成了，接下来要把它真正转换成库对象，在当前页面和其他页面中实现高效率重复利用。

（12）在“DOM”面板中，单击选择 ID 为“classInfoTable”的“table”表格标签，通过“窗口→资源”命令，打开“资源”面板，单击 📖（库）按钮切换到库标签页，再单击面板右下角的 ➕（新建库项目）按钮，创建库对象，中途会出现样式信息没有复制到库文件的警告信息，单击“确定”按钮继续，将该库对象命名为“classInfo”，按 Enter 键确认后将弹出“更新文件”对话框，单击“更新”按钮完成操作，如图 5-121 所示。

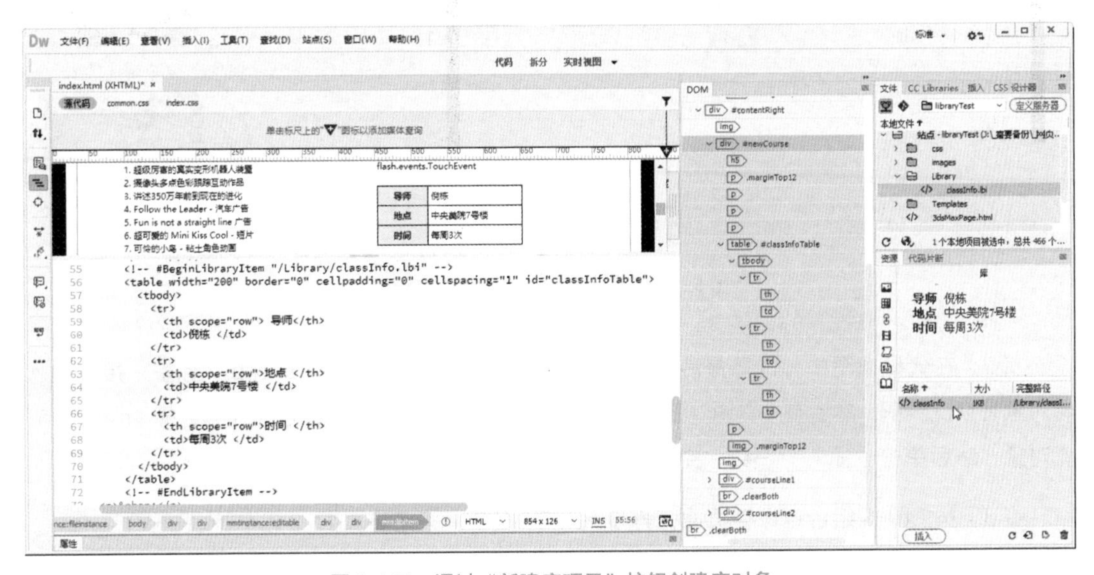

图 5-121　通过“新建库项目”按钮创建库对象

注意

当前页面中被选中的表格对象自动变成了一个库对象，观察“文件”面板会发现，站点中自动建立了一个名为“Library”的文件夹，里面存储了一个名为“classInfo.lbi”的库文件。

如果“资源”面板中无法出现“库”标签页及其按钮，则请先激活代码视图，即可出现“库”标签页，然后到“DOM”面板中选择整个“table”标签元素，再做“新建库项目”的操作。

（13）选择“文件→保存全部”命令，然后关闭“index.html”文件。

5.9.2 将库对象插入页面中

刚刚完成了库对象的创建操作，接下来请继续学习库对象的应用操作。

（1）继续前面的练习，在“文件”面板中双击“3dsMaxPage.html”文件，在实时视图中双击课程简介图片，以插入文本输入光标，然后按两次 Enter 键进行换行处理，如图 5-122 所示。

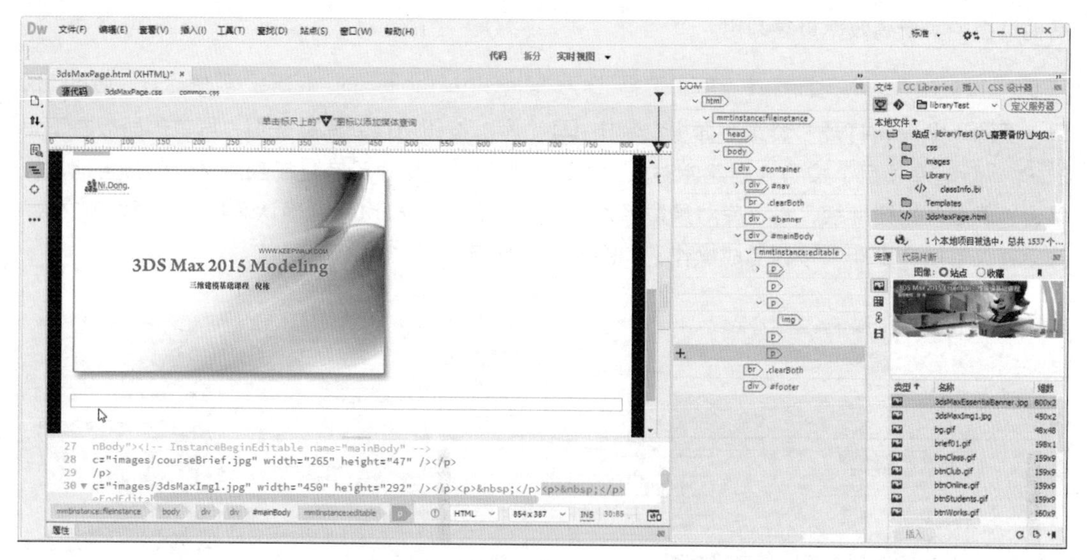

图 5-122 在实时视图中实现内容编辑

（2）在代码视图中，选择最后创建的“<p></p>”标签中间的“ ”标签，接着插入库对象替换此代码，然后在“资源”面板中，确定“库”标签页被激活的状态下，选择“classInfo”库对象，然后单击“插入”按钮，完成库对象的插入操作，如图 5-123 所示。

（3）按 Ctrl+S 组合键保存页面，再按 Ctrl+W 组合键关闭该页面。

图 5-123 完成库对象的插入操作

5.9.3 编辑和更新库对象

创意想法经常是会改变的，接下来学习如何修改库对象，并在修改完成后自动更新所有引用的页面。

（1）在“文件”面板中，找到“Library”文件夹下的“classInfo.lbi”文件，双击打开，进行编辑。

（2）在“DOM”面板中，单击选择最后一个“tr”元素，里面包含了一个“th”和一个“td”标记，按 Ctrl+C 组合键复制该行，再按 Ctrl+V 组合键粘贴一行新行，将新行里面的文本内容修改为如图 5-124 所示的效果。

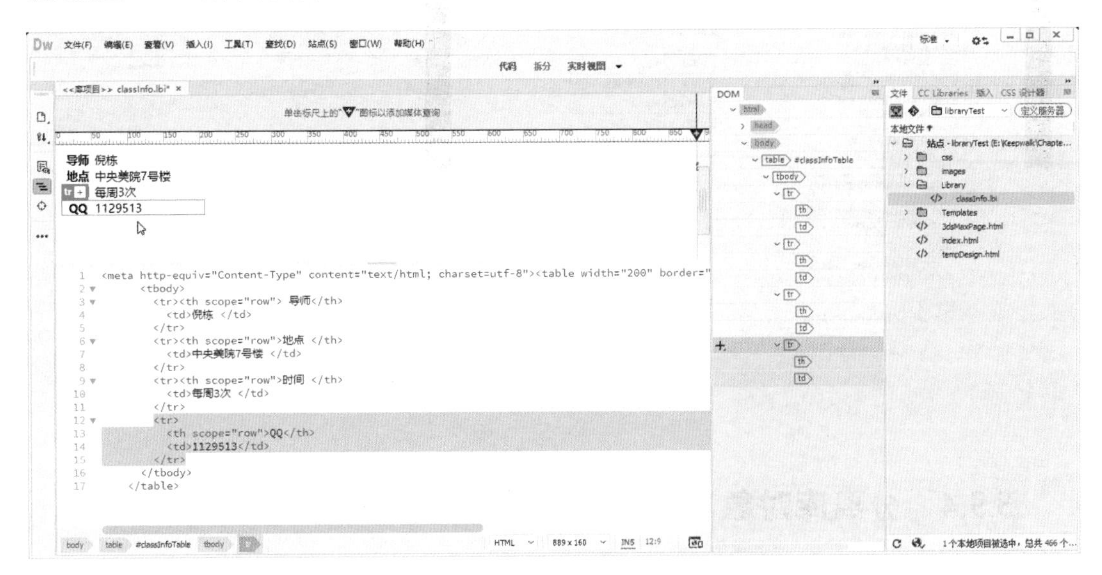

图 5-124 在“DOM”面板中编辑表格

（3）按 Ctrl+S 组合键保存库对象的改动，Dreamweaver 将自动弹出“更新库项目”对话框，单击“更新”按钮，即可完成所有页面库对象的自动更新操作，操作完成后会弹出“更新页面”对话框，可以选中“显示记录”复选框，查看具体批处理的结果，最后单击“关闭”按钮，完成操作，如图 5-125 所示。

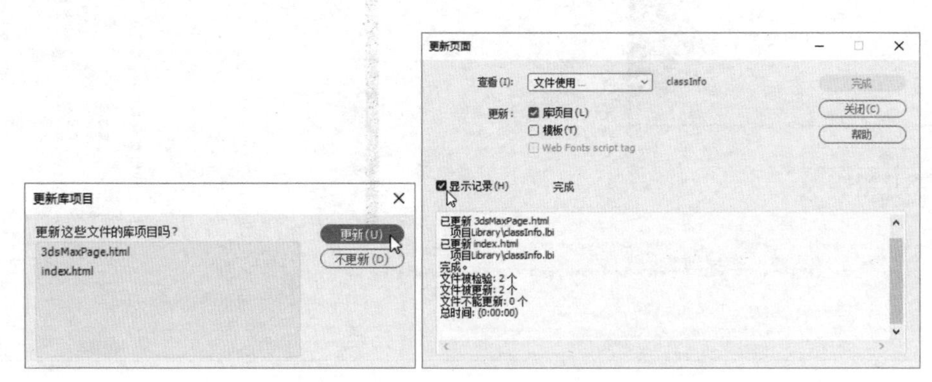

图 5-125　完成库项目的更新操作

提示

如果希望强制更新库与应用页面，可以通过“工具→库→更新页面”命令实现。

（4）按 Ctrl+W 组合键关闭库对象，然后在“文件”面板中依次双击“index.html”文件和“3dsMaxPage.html”文件，检查是否实现了自动更新，如图 5-126 所示。

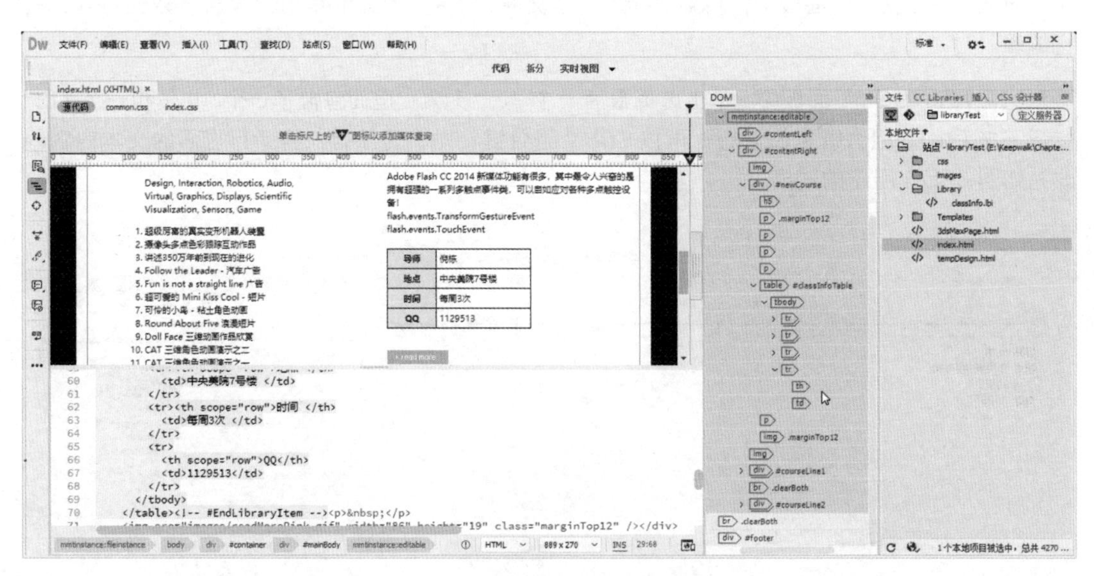

图 5-126　查看更新后的页面效果

5.9.4　分离库对象

有时候误操作也好，其他原因也好，想要解除页面中库对象之间的关联关系，使其不再自动地与库对象同步更新，可以通过“分离库对象”命令实现，具体操作步骤如下。

在“index.html”文件或者“3dsMaxPage.html”文件中，在代码视图中库对象位置的任何一行代码上单击，然后通过“窗口→属性”命令打开“属性”面板，单击“从源文件中分离”按钮，在弹出的警告对话框中单击“确定”按钮，实现库对象的分离操作，如图 5-127 所示。

图 5-127　分离库对象

该表格内容已重新变成可编辑状态，修改它不会影响到库文件，而将来库文件发生改变时，此处也不会再自动更新了。

到这里，提高工作效率的两个很重要的功能模块——模板和库就学习完毕了。

Dw

第 6 章

通过 CSS 实现网页动画

6.1 什么是 CSS Animations（CSS 动画）

知识要点

- 什么是 CSS 动画
- 初涉 Transition（过渡）、Transform（变换）与 Keyframes（关键帧）动画

到目前阶段，相信大家已经掌握了基本的 HTML 和 CSS 代码知识，对 Dreamweaver 软件的核心功能也有了不错的掌握，能够实现大部分的网页设计与布局制作。此时一定有不少读者开始对动态网页有了跃跃欲试的想法。在网上看到那些很酷的网页动画，是不是非常激动？它们看上去实在是太棒了，很想做到，但马上又觉得似乎有些复杂，已经超出了设计师的能力范围。不过在这里，我要肯定地告诉你，绝对没有各位想象中的那样难，通过 CSS3 中的 Transitions（过渡）和 Transforms（变换），就可以创造性地实现这一切。

CSS3 中的 Animations（动画）功能已经成为了网页设计师日常工作中很重要的一个设计工具，是一个极为高效的动画与互动动效创作利器。通过学习 Animations，能快速拓展创作思维，给网页带来更为生动、活跃的动感体验，而这类优秀的用户体验也会给网页带来更多的访问者以及不断提升的曝光度等。CSS3 动画可以实现很多令人惊奇的视觉效果，这完全激活了创作者的想象，赋予网页鲜活的生命，接下来将带着大家体验和掌握 CSS3 动画中的 Transition 与 Transform 动画模块。

首先，请大家了解 Transition 的各项属性，以及如何通过它为我们的网页赋予生命，然后再接触 Transform，开创更多的可能性（在页面中自如缩放和旋转对象以及实现二维或三维的动画特效等），最后将接触 CSS 动画的 Keyframes（关键帧）动画机制，实现更复杂的动画效果。希望能帮助大家理解网页中的动画是如何工作的，如何通过动画增加网页设计的创造力，让作品在静态设计的基础上灵动起来，从而脱颖而出。

6.2 什么是 Transition（过渡）

知识要点

- 全面了解 Transition 动画
- Transition 动画基础应用
- Transition 动画进阶属性
- Transition 动画的速记写法

那么什么是 Transition ？它又能为我们带来些什么呢？ Transition 是 HTML 元素的一个 CSS 属性，通过它可以使该元素的其他 CSS 属性在给定的持续时间内，进行平滑的数值过渡变化，以形成动态的视觉动画效果，而不是普通的突然变化。它经常用于光标悬停的时候，呈现由一种状态逐渐过渡到另一种状态的响应反馈动画特效。

既然已经了解了原理，接下来就请通过实际案例体会一下。

6.2.1 Transition 动画基础

（1）打开 Dreamweaver 软件，选择“站点→新建站点”命令，打开“站点设置”对话框，在“站点”标签页中，将“站点名称”命名为“CSSAnimation”，设置“本地站点文件夹”为练习文档文件夹，例如“E:\Keepwalk\Chapter 6\CSSAnimation\”，然后单击“保存”按钮，如图 6-1 所示。

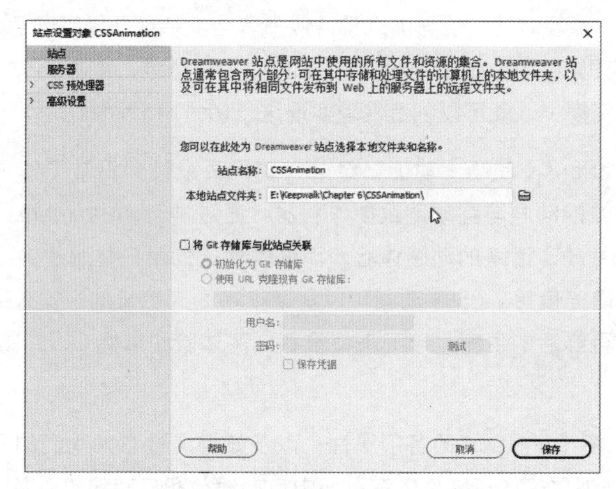

图 6-1　通过“站点设置”对话框新建站点

（2）选择“文件→新建”命令，或者按 Ctrl+N 组合键，打开“新建文档”对话框，在“新建文档”标签页中，选择“HTML”，注意“文档类型”选择“HTML5”版本，如图 6-2 所示，单击“创建”按钮，新建一个 HTML 页面。

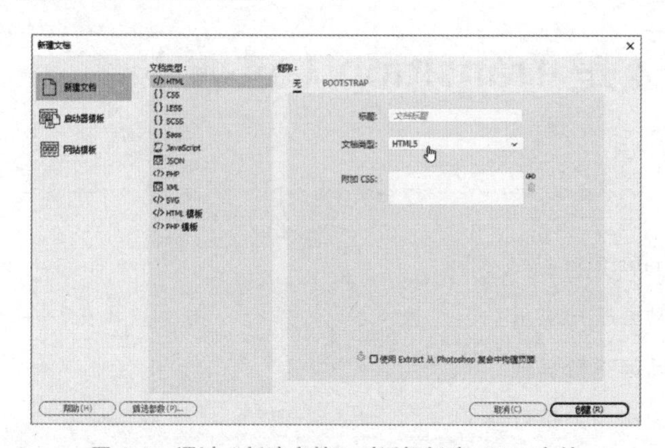

图 6-2　通过“新建文档”对话框新建 HTML 文件

（3）选择“文件→保存”命令，或者按 Ctrl+S 组合键，打开文件保存对话框，将文件命名为“index.html”，然后单击“站点根目录”按钮，将文件保存在该站点文件夹位置，最后再单击“保存”按钮，完成新文件的保存操作。

（4）在代码视图中的相应位置（如图 6-3 所示）输入如下代码。

```
HTML 部分：
<button>Transition 过渡案例 </button>
CSS 部分：
button {
        height: 80px;
        width: 260px;
        font-size: 24px;
        color: white;
        border: none;
        background-color: blue;
}
```

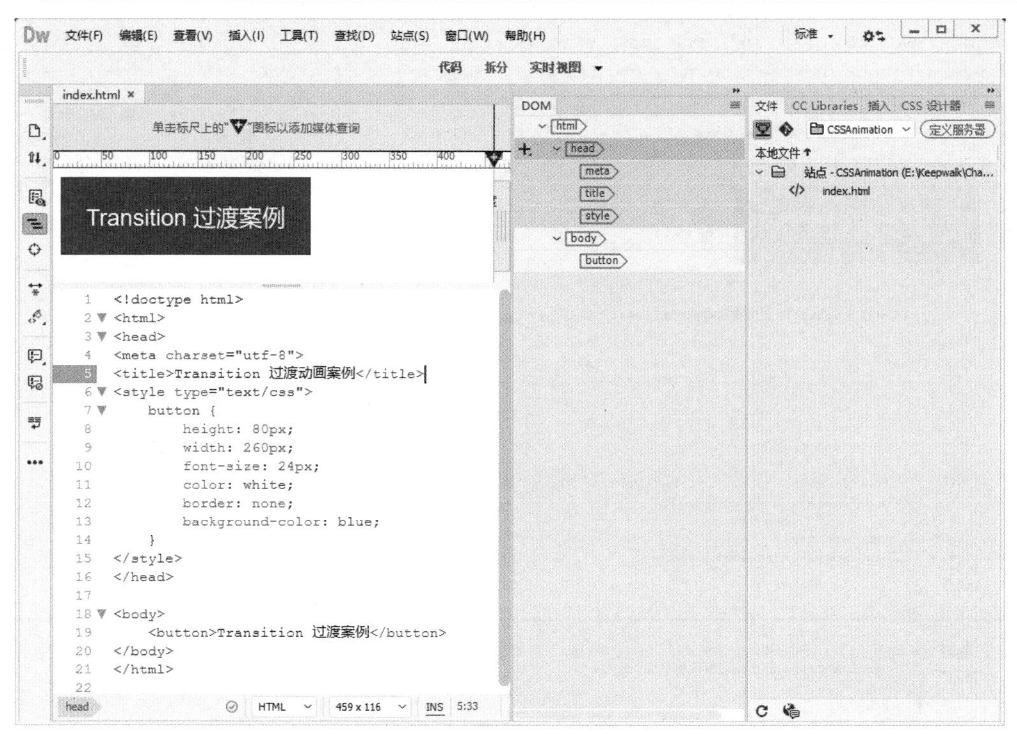

图 6-3 在代码视图中输入 HTML 和 CSS 代码

从 HTML 代码部分不难看出，这只是一个简单的按钮元素，在 CSS 中添加了一些样式，改变了按钮的默认高度、宽度、字体大小、文本颜色，并删除了按钮边框效果，将其背景颜色设置为蓝色。这里建议将“index.html”文件的标题设置为“Transition 过渡动画案例”。

（5）为了得到互动效果，现在为其添加一些新的 CSS 样式。设置光标移动上去之后的互动反馈效果，并将按钮的背景颜色变为绿色，具体追加的 CSS 代码如下。

```
button:hover {
        background-color: green;
}
```

（6）在实时视图中预览效果，当光标悬停在按钮上，背景会立刻从蓝色转变为绿色；光标移开，背景又再迅速还原到蓝色。这种突然的转变比较机械，渐变则会给人们带来更好的互动体验，这正是 Transition（过渡）可以发挥长处的地方。

（7）为了能通过 Transition（过渡）实现动画效果，至少需要了解和关注两个要点：其一是 transition-property（过渡应用目标）属性，用于设置针对哪一个 CSS 属性起渐变过渡的作用；其二是 transition-duration（过渡持续时间）属性，表示逐渐过渡到最终状态所需的时间量，其单位可以是秒或者毫秒。请在 CSS 样式列表的“button”选择符声明中添加两行代码，如图 6-4 所示。

```
transition-property: background-color;
transition-duration: 1s;
```

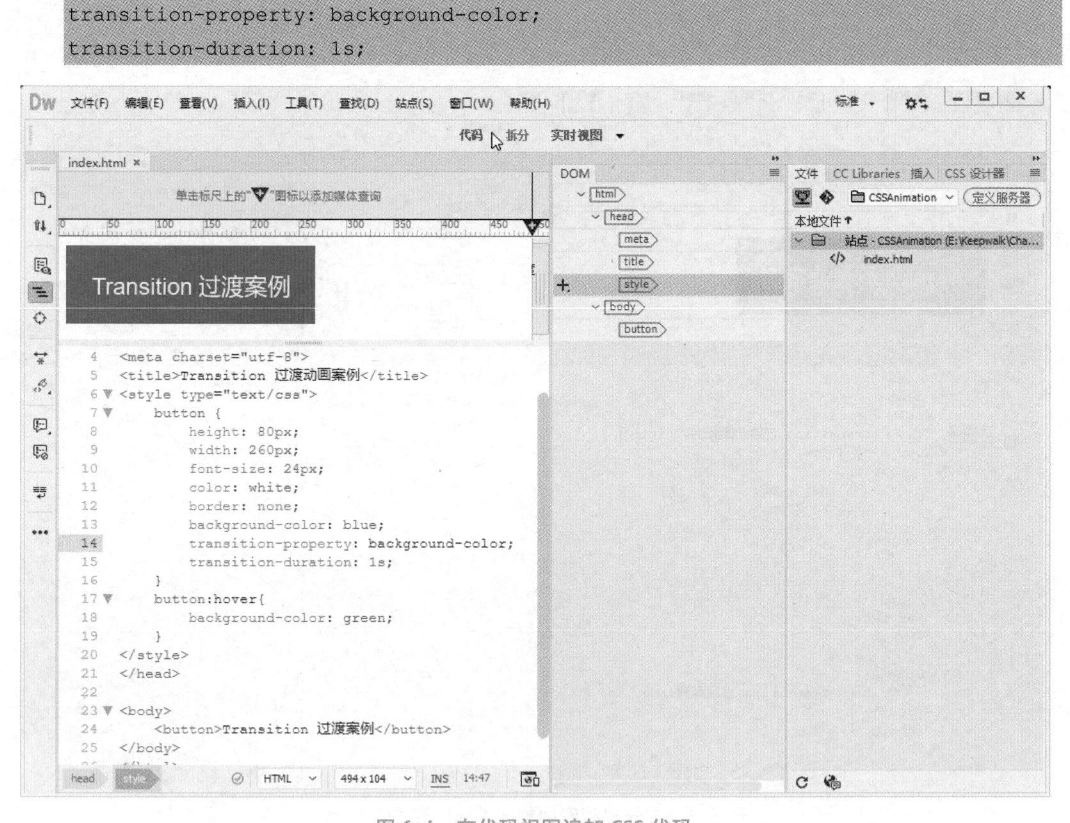

图 6-4　在代码视图追加 CSS 代码

（8）再次在实时视图中预览效果，这一次光标移动上去或者离开按钮，其背景将会是一种非常舒适的渐变过渡方式，状态之间有了更平滑的动画效果。这一次案例中采用的时间单位是秒（s），也可以尝试改为毫秒（ms）做测试，例如 1500ms，也就是 1.5 秒。

（9）选择“文件→保存”命令，或者按 Ctrl+S 组合键保存该案例文件。

6.2.2 进阶 Transition 属性

除了前面案例中提到的 transition-property 和 transition-duration 两个必学属性之外，下面将学习 transition-timing-function（过渡时间缓动）和 transition-delay（过渡延时）属性，进一步精细控制过渡变化。

transition-timing-function 属性控制动画过程如何进行一定的速率变化，让动画看上去更符合自然界的运动规律。自然界中，各种运动其实并不是完全匀速的，有时是开始的时候慢，然后逐渐越来越快，一般称之为加速运动；有时是开始的时候快，然后逐渐越来越慢，一般称之为减速运动；当然还有开始启动的时候由缓慢逐渐加速变快，然后等快要到结束的时候又逐渐慢下来的运动。在网页过渡动画中，这些都可以通过 transition-timing-function 属性来实现，具体包含以下 5 个属性。

- **ease**：动画开始逐渐加速，动画中间达到最高速度，然后在动画结束时逐渐减缓速度直到停止，这是未指定情况下的默认选项。
- **linear**：线性、无速率变化的匀速运动，无缓动特效，是一种从动画开始、中间、到结束都采用同等速度的匀速运动效果。
- **ease-in**：动画一开始速度较慢，逐渐变快的加速运动。
- **ease-out**：动画一开始就采用最高速度，逐渐变慢，直到动画停止，属于减速运动。
- **ease-in-out**：非常类似于 ease 类型，几乎没太大区别，也是动画一开始由慢变快进行加速运动，动画中间达到最高变化速度；动画结束时由快再变慢，进行减速度运动。

为了更好地体验这 5 种缓动特效的差异，请大家按照以下案例步骤操作，制作一个当光标移动到 div 对象上的时候，改变该 div 的位置，使其水平移动一定距离，当光标移出时则还原其位置的效果动画。

（1）选择“文件→新建”命令，或者按 Ctrl+N 组合键，打开“新建文档”对话框，在“新建文档”标签页中选择“HTML”，单击“创建”按钮，新建一个 HTML 页面。注意，将“文档类型”选择为“HTML5”版本。

（2）选择“文件→保存”命令，或者按 Ctrl+S 组合键，保存刚新建的文档为“transition.html”。

（3）在代码视图里，编写如下 HTML 代码，效果如图 6-5 所示。当然，这里也可以通过前面学习的“DOM”面板搭建实现。如果使用“DOM”面板，则应在创建了一个 div 元素之后，通过按 Ctrl+D 组合键复制出多个相同元素。

```
<div class="container">
    <div id="ease" class="move">Ease 默认 </div>
    <div id="linear" class="move">Linear 线性匀速 </div>
    <div id="ease-in" class="move">Ease In 加速度 </div>
```

```
    <div id="ease-out" class="move">Ease Out 减速度 </div>
    <div id="ease-in-out" class="move">Ease In Out 先加后减 </div>
</div>
```

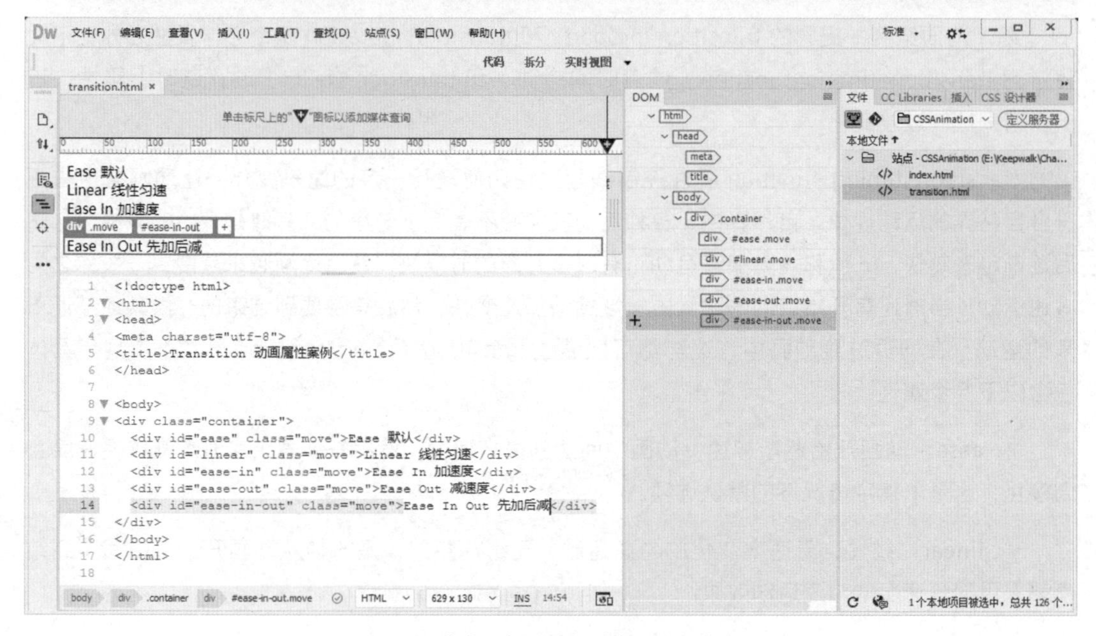

图 6-5 在代码视图编写对应 HTML 代码

其中 class（类）为“container”的 div 是最外围的承载所有动画 div 的父容器，将来会给它一个固定宽度；下面 id 不同的各个 div 将以对应的缓动方式，进行不同动画效果的处理，而它们都赋予同一个 class（类）“move”，通过“move”类定义同样的外观，以及通过“.move:hover”伪标记选择符方式，定义同样的光标移动上去后的反馈动画。它们之间唯一不同的是各个 div 的 id 属性，对应着不同的 transition-timing-function 属性。

（4）在代码视图里编写如下 CSS 代码，对结构进行设计与美化，效果如图 6-6 所示。注意，这里 CSS 代码写在同一页面里（而不是外部 CSS 文件），其主要目的是方便对照学习。在真正实战时，还是建议将 CSS 代码与 HTML 源代码分离，作为单独的 CSS 外部文件去引用。

```
.container { width: 960px; }
.move {
        width: 150px;
        height: 60px;
        backgroud-color: yellow;
        font-size: 16px;
        transition-property: translate();
        transition-duration: 3s;
        margin: 10px;
}
.move:hover {
        transform: translate(900px, 0);
}
```

```
#ease { transition-timing-function: ease; }
#linear { transition-timing-function: linear; }
#ease-in { transition-timing-function: ease-in; }
#ease-out { transition-timing-function: ease-out; }
#ease-in-out { transition-timing-function: ease-in-out; }
```

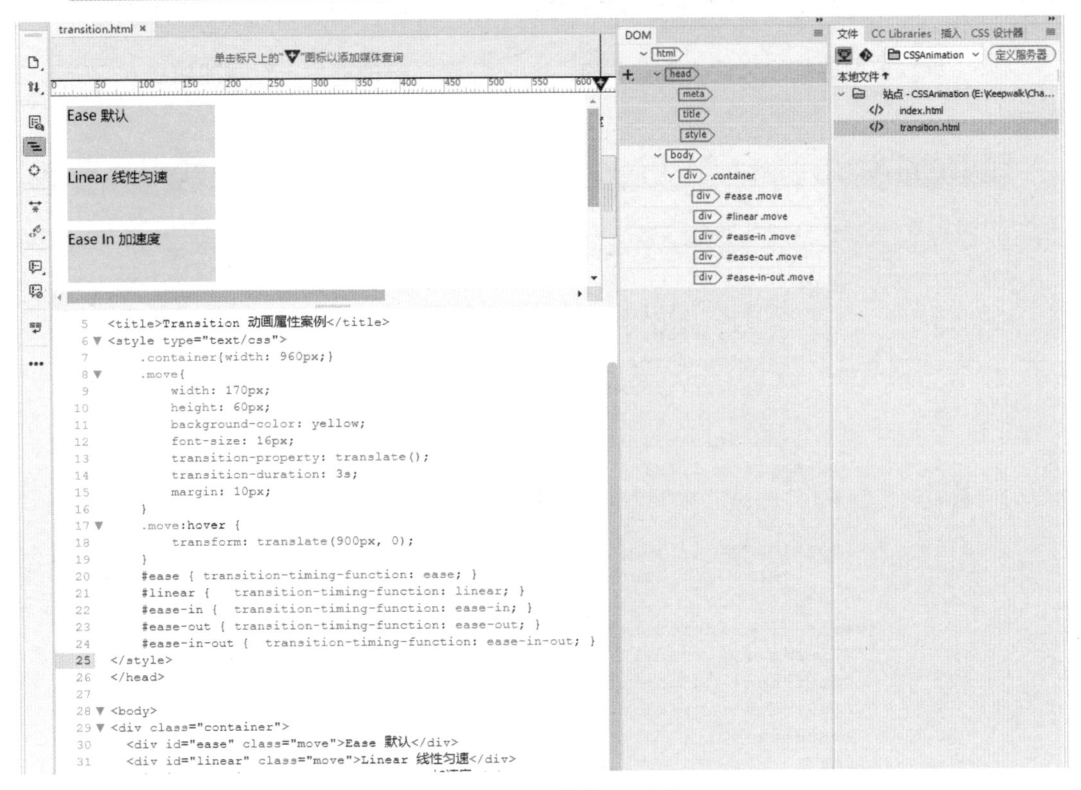

图 6-6 编写对应的 CSS 代码

其中值得一提的是一个新方法，在 class（类）“.move:hover”中应用了一个新的属性 transform（变换）。变换一般可以分为 4 种，即 translate（移动）、rotate（旋转）、scale（缩放）和 skew（倾斜）。简单来说，因为它们都是动词词性，所以都是 method（方法），或称之为 function（函数），因此写法后面会紧跟“()”。为了更准确地执行这个动作，圆括号里面可以包含各种参数，即参考依据。例如，本例中位置移动可以是两个轴向上的，第一个是“x”坐标，为了实现水平移动，所以设定了“900px”的移动量；而第二个参数是“y”坐标，由于垂直方向并不需要移动，所以设定为“0”即可（由于任何单位 0 都是一样的，所以可以省略不写单位“px”）。两个参数之间用“,”隔开，这点与其他 CSS 样式不同，其他 CSS 样式中多个参数之间是用空格隔开的，这个需要特别注意。

伪类选择符“.move:hover”代表着光标移动上去就会对 transform 属性执行 translate（位移）函数，水平移动一段距离，为了使这段距离不是突然跳跃变化，所以在上面的选择符“.move”里，指定了 transition-property 是针对 translate()，并且设置了 transition-duration 为 3 秒。

最后根据各个 div 的 id 不同，设定不同的 transition-timing-function，完成整个 CSS 代码。

（5）在实时视图中，光标移动到各个 div 上，感受不同的缓动动画特效。

现在再来看看 transition-delay 属性，它用于设置过渡转场动画开始前等待的时间。也就是说过渡动画可以不立刻执行，而是需要等待一定的时间，即若干毫秒或者秒之后再执行。

（6）继续前面的练习文件，在 CSS 的“.move”选择符的最后一行添加如图 6-7 所示的代码。

```
transition-delay: 2s;
```

```
6 ▼ <style type="text/css">
7       .container{width: 960px;}
8 ▼     .move{
9           width: 170px;
10          height: 60px;
11          background-color: yellow;
12          font-size: 16px;
13          transition-property: translate();
14          transition-duration: 3s;
15          margin: 10px;
16          transition-delay: 2s;
17      }
18 ▼    .move:hover {
19          transform: translate(900px, 0);
20      }
21      #ease { transition-timing-function: ease; }
22      #linear {   transition-timing-function: linear; }
23      #ease-in {  transition-timing-function: ease-in; }
24      #ease-out { transition-timing-function: ease-out; }
25      #ease-in-out {  transition-timing-function: ease-in-out; }
26  </style>
```

图 6-7　在代码视图中添加过渡延时 CSS 代码

（7）在实时视图中进行测试，光标移动到各 div 上，div 并不会马上执行动画，而是要等待 2 秒之后才会运行。按 Ctrl+S 组合键保存文件。

这里我们仅仅对单个 CSS 属性实现了渐变动画过渡，能否对多个 CSS 属性同时实现过渡渐变动画呢？答案是肯定的。

（8）回到第一个按钮案例文件，如果已经关闭了，请在“文件”面板中双击站点里的“index.html”文件，打开它继续练习。

（9）在 CSS 代码部分的“button:hover”选择符的最后一行添加如下代码，如图 6-8 所示。

```
color: black;
```

也就是说，按钮初始状态下的文本颜色是 white（白色），这里当光标移动上去之后，会将其转变为 black（黑色）。

```
6 ▼ <style type="text/css">
7 ▼     button {
8           height: 80px;
9           width: 260px;
10          font-size: 24px;
11          color: white;
12          border: none;
13          background-color: blue;
14          transition-property: background-color;
15          transition-duration: 1s;
16      }
17 ▼    button:hover{
18          background-color: green;
19          color: black;
20      }
21  </style>
```

图 6-8 在代码视图中添加对应 CSS 代码

（10）在实时视图中预览，发现按钮的背景颜色确实还像前面设计制作的那样，实现了逐渐转变，但是文本颜色的变化却是突然地瞬间转变，并没有过渡效果。为了使文本颜色同样实现逐渐变化的效果，只需要在 transition-property 后面添加文本色彩属性 color（颜色）即可。将 CSS 代码部分的“button”选择符中的代码修改为如图 6-9 所示。

```
transition-property: background-color color;
```

```
6 ▼ <style type="text/css">
7 ▼     button {
8           height: 80px;
9           width: 260px;
10          font-size: 24px;
11          color: white;
12          border: none;
13          background-color: blue;
14          transition-property: background-color color;
15          transition-duration: 1s;
16      }
17 ▼    button:hover{
18          background-color: green;
19          color: black;
20      }
21  </style>
```

图 6-9 在代码视图中修改过渡属性 CSS 代码

注意

在 CSS 代码里，多个参数之间是用空格隔开的，而不像前面提到方法函数那样多个参数之间用“,”隔开。

（11）在实时视图中预览效果，发现不仅背景颜色实现了逐渐过渡变化，文本颜色的转变也变得平滑了，实现了多个属性的 transition 特效。

（12）接下来再试试为更多属性应用 transition 效果。例如，在 CSS 代码的“button:hover”选择符中，在最后一行添加 width 属性变化，具体代码如下。

```
width: 600px;
```

（13）对应地，在 CSS 代码的“button”选择符中，为 transition-property 值再添加一个 width 属性，如图 6-10 所示。

```
transition-property: background-color color width;
```

```
6  <style type="text/css">
7      button {
8          height: 80px;
9          width: 260px;
10         font-size: 24px;
11         color: white;
12         border: none;
13         background-color: blue;
14         transition-property: background-color color width;
15         transition-duration: 1s;
16     }
17     button:hover{
18         background-color: green;
19         color: black;
20         width: 600px;
21     }
22 </style>
```

图 6-10　在代码视图中再次修改过渡属性 CSS 代码

（14）在实时视图中预览效果，当光标移动到按钮上时，按钮的背景颜色、字体颜色和宽度变化都非常平滑舒适。

当然，你可能会想：如果有一堆参数变化都想实现过渡效果，我们一个一个地添加，实在是太麻烦了！其实我们可以把 transition-property 的值改为“all”，即可对所有支持的 CSS 变化属性实现逐渐过渡控制。

```
transition-property: all;
```

6.2.3　Transition 属性的其他写法

除了可通过两行代码 transition-property 和 transition-duration 实现过渡属性，还可以将其转换为速记式的一行代码实现。

请大家先删除掉 transition-property 和 transition-duration 这两行代码，更换为如下代码，并且追加前面所学的动画缓动效果和延时效果进去，如图 6-11 所示。

```
transition: all 3s ease-in 1s;
```

```
6  <style type="text/css">
7      button {
8          height: 80px;
9          width: 260px;
10         font-size: 24px;
11         color: white;
12         border: none;
13         background-color: blue;
14         transition: all 3s ease-in 1s;
15     }
16     button:hover{
17         background-color: green;
18         color: black;
19         width: 600px;
20     }
21 </style>
```

图 6-11　在代码视图中尝试过渡属性的速记模式

这里使用的是 transition 速记式属性，第一个值代表哪个 CSS 属性将受到过渡渐变的动画控制，这里设置的是“all”，即所有能支持的 CSS 属性都将进行过渡处理；第二个值是“3s”，表示动画持续时间为 3s；第三个值表示采用怎样的缓动效果，本案例设置的是“ease-in”加速运动效果；而第四个参数值是“1s”，代表该过渡动画将延时 1s 之后再进行。这种速记方式可以通过一行代码，实现之前所学的 4 行代码的功能。

可能大家又会思考：一行代码能分别设置不同 CSS 属性的不同过渡效果吗？例如，希望背景颜色变化时长是 3s、加速、延迟 1s 执行，而文本颜色变化时长是 2s、减速、延迟 4s 执行，该怎么做呢？请大家修改代码如下：

```
transition: background-color 3s ease-in 1s, color 2s ease-out 4s;
```

大家注意，前面 transition 速记式属性设置，参数之间是用空格隔开的；这里是两组不同动画方式，第一组“background-color”与第二组“color”之间是用“,”隔开的。现在的动画结果是光标移动到按钮之上，按钮突然变宽，但是背景颜色会等待 1 秒之后，逐渐发生变化，等背景颜色变化完成之后，文本又逐渐开始发生色彩的渐变。

接下来再做一点有趣的修改，不再是变宽按钮，而是让它通过 border-radius（圆角）属性由方形逐渐变成椭圆形，具体操作步骤如下。

（1）在 CSS 代码中，将选择符“button:hover”里面的 width（宽度）属性删除，然后添加以下 CSS 代码。

```
border-radius: 50%;
```

（2）在 CSS 代码“button”选择符的 transition 属性中，添加对应的动画效果。该动画等待 6 秒之后，使用 4 秒时间以减速方式完成方形变圆形的动画，也就是等文本色彩动画完成之后，再执行按钮外形变化的动画，具体 CSS 代码修改如下，整体代码如图 6-12 所示。

```
transition: background-color 3s ease-in 1s, color 2s ease-out 4s,
border-radius 4s ease-out 6s;
```

Transition 过渡案例

```
1   <!doctype html>
2 ▼ <html>
3 ▼ <head>
4   <meta charset="utf-8">
5   <title>Transition 过渡动画案例</title>
6 ▼ <style type="text/css">
7 ▼     button {
8           height: 80px;
9           width: 260px;
10          font-size: 24px;
11          color: white;
12          border: none;
13          background-color: blue;
14          transition: background-color 3s ease-in 1s,
15                      color 2s ease-out 4s,
16                      border-radius 4s ease-out 6s;
17      }
18 ▼    button:hover{
19          background-color: green;
20          color: black;
21          border-radius: 50%;
22      }
23  </style>
24  </head>
25
26 ▼ <body>
27      <button>Transition 过渡案例</button>
28  </body>
29  </html>
```

图 6-12 在代码视图中通过速记方式分别指定不同的过渡动画属性和模式

注意

图 6-12 中的 transition 速记式属性设置并没有写成一行代码，而是分了 3 个折行来书写，这样并不会出现语法错误，反而从视觉角度来说逻辑性更强，每个属性分一行处理，条理更加清晰。当然，也可以像前面的代码示例那样，写作一行来处理。

（3）在实时视图中进行测试，最后按 Ctrl+S 组合键保存文件。

想必大家体验到这一步，已对 transtion 属性有了一定的了解和掌握，心情变得非常兴奋了。不过，这并不代表所有的 CSS 属性都可以通过过渡实现逐渐转变的动画。因为就目前的技术而言，有些属性是无法支持渐变的，它只能从一种状态突变到另一种状态，没有其他中间值可以插值运算，实现逐渐过渡。例如，背景图片属性不能从一张图片变形溶解成另一张图片，边框样式不能从实线模式逐渐变到虚线模式，字体也不能从微软雅黑逐渐变成宋体等。

那么，究竟哪些 CSS 属性可以支持 transtion 属性呢？读者可以通过 https://developer.mozilla.org/en-US/docs/Web/CSS/CSS_animated_properties 网址进行了解。

6.3 Transform（变换）动画

知识要点

- 全面了解 transform 动画
- 基于二维的 translate 变换动画
- 基于三维的 translate 变换动画
- 基于三维的 rotate 变换动画

前面对 transition 属性进行了较为系统的学习，也在案例中接触到了 transform（变换）属性。transform 属性可以改变对象的 translate（位置）、rotate（旋转）、scale（缩放）和 skew（倾斜）等，首先来了解一下 translate 变换。

6.3.1 基于二维的 translate 变换动画

从基础上来讲，translate（位置）变换可以沿着 x 方向（水平轴向）和 y 方向（垂直轴向）在浏览器页面中移动元素。例如，在 CSS 代码中写下“transform: translate（20px, 20px）;”，代表元素从原始位置向右移动 20 个像素并向下移动 20 个像素。接下来通过案例来学习一下 translate 函数。

（1）选择“文件→新建”命令，或者按 Ctrl+N 组合键，打开“新建文档”对话框，在“新建文档”标签页中选择“HTML”，单击“创建”按钮，新建一个 HTML 页面。注意将“文档类型”选择为“HTML5”版本。

（2）选择“文件→保存”命令，或者按 Ctrl+S 组合键，打开文件保存对话框，将文件命名为“translate.html”，然后单击“站点根目录”按钮，将文件保存在该站点文件夹的位置，最后再单击“保存”按钮，完成新文件的保存操作。

（3）在“文件”面板中的站点名称“CSSAnimation”上右击，在弹出的快捷菜单中选择“新建文件夹”命令，新建名为“images”的文件夹，然后从操作系统中拖动任意一张图片到此文件夹，完成图片导入站点的操作，如图 6-13 所示。注意，图片的尺寸不宜过大。

图 6-13 在“文件”面板中置入图片

（4）通过代码视图，或者在“DOM”面板以及“CSS 设计器”面板编写如下代码，页面效果如图 6-14 所示。

```
HTML 代码：
<img src="images/VRCourseLogo.jpg">
CSS 代码：
img {
        width: 360px;
        display: block;
        margin: auto;
        margin-top: 200px;
        transition: transform 2s;
}
```

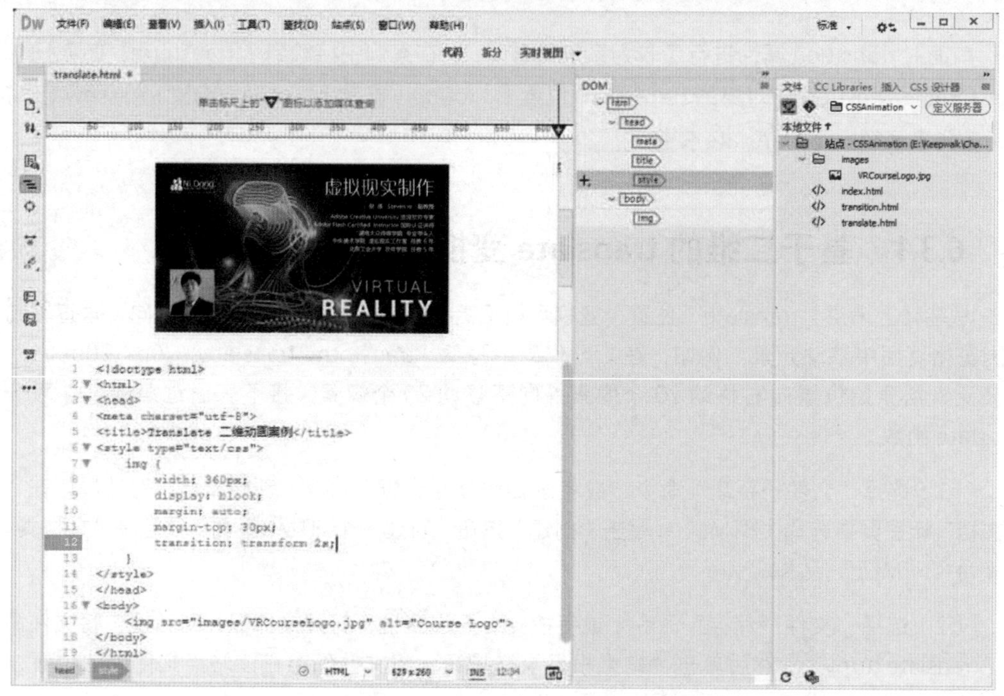

图 6-14　添加 HTML 和 CSS 代码

（5）首先尝试当光标移动到图片上时，将其水平移动。通过位置移动函数“translateX(数值)”实现，具体的 CSS 代码如下，代码视图如图 6-15 所示。

```
img:hover {
        transform: translateX(300px);
}
```

通过实时视图预览当前效果，当光标悬停到图像上时，图像向右水平移动 300px，当光标移开时，图片将还原到原来位置。另外，也可以试试将“translateX()”改为负数数值，如“-300px”，图像将实现向左的移动；还可以尝试将 translateX 改为 translateY，图像将实现上下的垂直运动等。

```
5   <title>Translate 二维动画案例</title>
6 ▼ <style type="text/css">
7 ▼     img {
8           width: 360px;
9           display: block;
10          margin: auto;
11          margin-top: 30px;
12          transition: transform 2s;
13      }
14 ▼    img:hover {
15          transform: translateX(300px);
16      }
17  </style>
```

图 6-15　在代码视图中输入对应代码

（6）接下来尝试一下 scale 缩放变换函数。可以使用 scale() 同时改变高、宽，或者使用 scaleX()、scaleY() 只对高或宽进行改变。数值 1 表示原始大小，2 表示两倍原始大小，0.5 则表示一半原始大小。将案例的 CSS 代码修改替换为以下代码：

```
CSS 代码：
img:hover {
        transform: scaleX(1.5);
}
```

这里，将光标移动到图片上时，图片横向放大 1.5 倍。同样，大家可以尝试一下将代码改为 scale(2,2)，体验等比例缩放效果。值得注意的是，scale(2,2) 函数也可以简写为 scale(2)，同样可实现宽、高等比例缩放。

（7）再体验一下 rotate 旋转函数。旋转的参数单位一般为 deg（度数），将案例的 CSS 代码替换为以下代码。

```
img:hover {
        transform: rotate(30deg);
}
```

这里输入的旋转数值可以是 90°、180°、360° 等，当然也可以是负值，实现逆时针旋转。另外，其常用单位除了“deg”（代表度数）以外，还可以输入“turn”（代表圈数）。例如，rotate(2 turn) 表示旋转 2 圈，并且这个圈数的数值也可以是负数，表示逆时针旋转。至于“grad”（梯度，一个整圆是 400 梯度）和“rad”（弧度，一个整圆是 2π 弧度），因为应用较少，这里就不赘述了。

（8）接下来再体验一下 skew 倾斜函数。它和其他 3 个函数非常类似，也可以通过 skewX()、skewY() 或者 skew() 方式来使用，其单位也可以是度数，看看其倾斜程度。在上一个案例的基础上，修改 CSS 代码如下。

```
img:hover {
        transform: skewX(30deg);
}
```

在实时视图中不难发现，当光标移动到图片上的时候，图片水平倾斜了 30°。倾斜度数也可以是负数值，表示改变倾斜的方向。当然大家也可以尝试将代码改为“skewY(-30deg)”或者“skew(30deg, 20deg)”等。

到这里，想必大家对 CSS 的 transform 属性和常用的 4 个变换函数都有了较深入的了解。不过还有一个问题，那就是中心点（又称原点、轴心点或注册点）的问题。对于位置移动来说，中心点似乎并不是太重要，读者只在通过数值精确定位的时候有所感受。但是在旋转、缩放以及倾斜时，中心点的作用就非常大了，不同的中心点，会得到具很大差异的结果。在默认情况下，中心点一般在对象的正中间位置，当然也可以将其调整到对象的左上角、右下角，又或者其他坐标位置等。接下来体验一下如何改变对象的中心点。

（9）继续上一个案例的操作，在选择符 img 的 CSS 代码中添加“transform-origin”（中心点）属性，把选择符“img:hover”的 CSS 代码重新修改为“rotate”（旋转）函数，具体添加和修改的代码如下，代码视图和预览效果如图 6-16 所示。

```
img {
        …
        transform-origin: top left;
}
img:hover {
        transform: rotate(45deg);
}
```

```
5    <title>Translate 二维动画案例</title>
6 ▼ <style type="text/css">
7 ▼     img {
8           width: 360px;
9           display: block;
10          margin: auto;
11          margin-top: 30px;
12          transition: transform 2s;
13          transform-origin: top left;
14      }
15 ▼    img:hover {
16          transform: rotate(45deg);
17      }
18   </style>
19   </head>
20 ▼ <body>
21       <img src="images/VRCourseLogo.jpg" alt="Course Logo">
22   </body>
23   </html>
```

head style HTML 629 x 248 INS 13:36

图 6-16　在代码视图中设置旋转变换样式

在实时视图中发现，当光标移动到图片上的时候，不再是以默认的中心点为基准点旋转，而是以图片的左上角为原点进行旋转了。当然，中心点属性值还可以是其他值。例如，使用单独的 top、right、bottom、left 或者组合使用它们。也可以将其设定为百分比数值。例如，“transform-orgin: 50% 20%;” 表示将水平 50% 位置、垂直 20% 位置作为该对象的中心点等。能不能用精确的“px”为单位定义中心点呢？答案是肯定的，所以也可以设置为“transform-orgin: 10px 30px;”，即将水平 10 像素、垂直 30 像素的位置设定为该对象的中心点。

6.3.2 基于三维的 translate 变换动画

前面的变换动画案例都是基于二维环境的，接下来体验一下如何在网页中通过 CSS 样式属性实现三维的变换动画。三维的变换动画会涉及“透视”的概念，透视就是随着空间关系而导致的近大远小、近长远短之类的一种视觉变化。现在就通过“translateZ()”函数来体验一下。

在计算机屏幕空间的世界里，“x”坐标代表的是屏幕横向水平运动，“y”坐标代表的是屏幕垂直方向的上下运动，而“z”坐标则代表垂直于屏幕的前后远近运动（或者称为深度轴向）。CSS 样式中也有一个“z-index”（深度索引）属性，可以控制“AP”（Absolute Position，绝对定位）类型 div 的上下层次关系。

继续前面的案例练习，将 img:hover 选择符里的 CSS 样式修改如下。

```
img:hover {
        transform: translateZ(200px);
}
```

为了实现正确的透视效果，“perspective”（透视）属性也应该进行相应设置，它用于定义 3D 元素与视口之间的距离（或者说是设置观察该对象的摄像机与该对象之间的距离）。需要注意的是，此属性仅对其子对象产生作用，而不作用于拥有该属性的对象本身。其默认值为 0px，即透视效果不起作用；如果是非 0 值，那么值越小，代表摄像机离对象越近，对象的透视效果就越强烈。

举例来说，如果设置某对象的父级对象为“perspective: 1000px;”，那么就代表摄像机离这个对象有 1000 个像素远的距离，如图 6-17 所示。如果设置该对象为“translateZ(600px)”，则在一定程度上放大了该对象，因为它离摄像机又靠近了 600 像素；如果设置该对象为“translateZ(1000px)”，那么它将贴到摄像机的位置，也就是与摄像机位置重叠，这将导致该对象消失不见。所以，大家需要特别注意两者的数值关系。

本例中，如果希望对图片对象实现透视效果，就应该对其父对象，也就是 body 元素设置“perspective”（透视）CSS 属性，其值为“1000px”，具体 CSS 代码如下，代码视图和预览效果如图 6-18 所示。

```
body {
        perspective: 1000px;
}
```

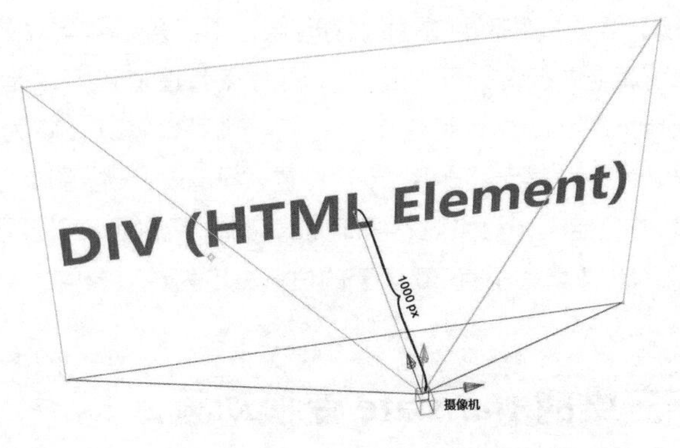

图 6-17 “perspective”（透视）属性的摄像机原理图示

```
6  <style type="text/css">
7      body {
8          perspective: 1000px;
9      }
10     img {
11         width: 360px;
12         display: block;
13         margin: auto;
14         margin-top: 30px;
15         transition: transform 2s;
16         transform-origin: top left;
17     }
18     img:hover {
19         transform: translateZ(200px);
20     }
21 </style>
22 </head>
23 <body>
24     <img src="images/VRCourseLogo.jpg" alt="Course Logo">
25 </body>
```

head style HTML 629 x 251 INS 8:29

图 6-18 在代码视图设置“body”元素的“perspective”（透视）CSS 属性

观察实时视图，当光标移动到图片上的时候，图片貌似变大了一些，其实是靠近了摄像机所产生的近大远小的透视效果。读者也可以试着把 img:hover 选择符里面的代码改为 translateZ(-200px)，再次预览时会发现当光标移动到图片上，图片好像变小了，其实是图片越来越远离视口，远离摄像机，所以看起来小了。

再来看看旋转时有什么不同与变化。旋转最常用的是 rotate()、rotateX()、rotateY()、rotateZ()

这 4 个函数，先来体验一下 rotateZ() 在三维情况下是什么效果。

在 img:hover 选择符里面，修改 CSS 样式规则为以下代码。

```
img:hover {
        transform: rotateZ(120deg);
}
```

请读者一定注意，要做三维的变换，首先要确定该对象的父对象设置了 perspective（透视）属性。本案例中已经做了这一步操作，所以请确保 body 对象的 perspective（透视）属性不变。在实时视图中测试效果，发现 rotateZ() 和之前二维的 rotate() 效果几乎一样，因为 z 坐标是冲着屏幕垂直的一个轴向，所以在三维旋转中与前面的 rotate() 效果一致。可以尝试一下 rotateY() 和 rotateX() 函数，试试不同效果，如图 6-19 所示。有趣的是，如果将变换对象的原点设置为中心，也就是“transform-orgin: center;”，将“rotateY()”或“rotateX()”旋转的数值设置为 90°，图片似乎消失不见了，这是因为这个图片没有厚度，所以在感觉上是消失了。

图 6-19　尝试各种三维旋转效果

提示

如果想控制透视消失点的位置，进而影响透视的偏移效果，可以对父对象添加 perspective-origin 属性，其值可以是像素、百分比或者具体的语义描述，例如 left、center、right、top、bottom 等。注意，其值可以有两个参数，一个控制 x 轴向，另一个控制 y 轴向，默认值为 50% 50%。下面列举两个实际参数，其代码视图和预览效果如图 6-20 所示。

```
perspective-origin: left top;
perspevtive-origin: 20% 80%;
```

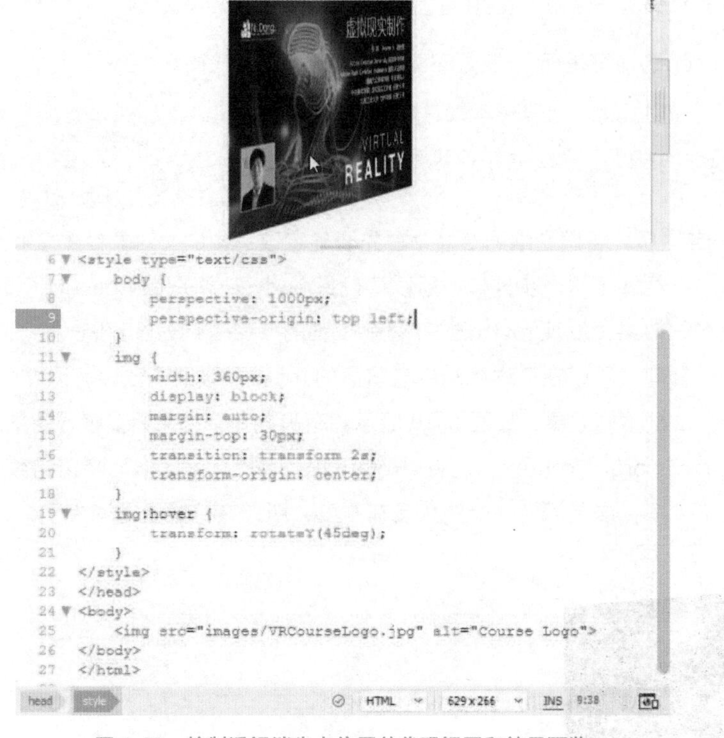

图 6-20　控制透视消失点位置的代码视图和效果预览

6.4　基于 transition 和 transform 的按钮动效案例

知识要点

- 通过案例掌握 transition 和 transform 配合的超链接动效设计
- flex 弹性布局的概念与应用技巧
- CSS 伪元素“before”的概念与应用
- 如何通过注释停用部分 CSS 样式

想必到现在大家对 transition 属性和 transform 属性都有了一定的掌握了，接下来将结合它们来设计制作一个简单的超链接，其动效为当光标移动上去时，有一个黄颜色的背景以按钮的左下角为中心原点扇形旋转入场，当光标移出超链接时，动画退场还原，最终效果如图 6-21 所示。

超链接按钮　超链接按钮　超链接按钮　超链接按钮

图 6-21　按钮动效设计效果展示

（1）选择“文件→新建”命令，或者按 Ctrl+N 组合键，打开“新建文档”对话框，在“新建文档”标签页中选择“HTML”，单击“创建”按钮，新建一个 HTML 页面，注意将“文档类型”选择为“HTML5”版本。

（2）选择“文件→保存”命令，或者按 Ctrl+S 组合键，打开文件保存对话框，将文件命名为“buttonSample1.html”，然后单击“站点根目录”按钮，确保文件保存在该站点文件夹位置，最后再单击“保存”按钮，完成新文件的保存操作。

（3）在 HTML 代码中添加一个超链接，具体代码如下。

```
<a href="#">超链接按钮</a>
```

（4）接下来尝试做一下美化设计，对 body 对象进行如下 CSS 样式设计，如图 6-22 所示。

```
body {
        height: 100vh;
        display: flex;
        justify-content: center;
        align-items: center;
}
```

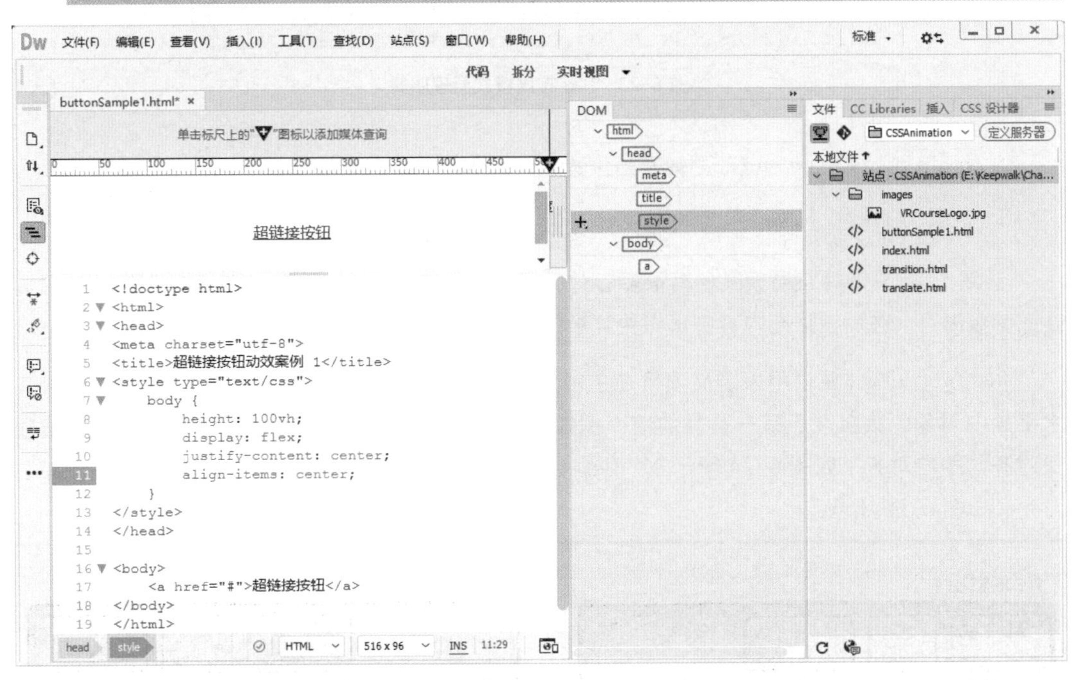

图 6-22 在代码视图输入对应的 HTML 和 CSS 代码

其中，控制高度用了一个新单位“vh”，其全称是“view height”，其含义为基于视窗高度定义大小，具体数值为百分比。例如，“100vh”就等同于其视窗高度的 100% 高，也就是高度充满的意思。对应的单位还有“vw”，即“view width”，以视窗宽度为基准。虽然以往“width”可以直接设置为“100%”，或者定义为“block”对象的时候实现与父对象同等宽度，但是高度是无法实现“100%”这类设定的。现在有了“vh”，可以一定程度解决以前不能做到的百分比高度设置等问题。

display 属性赋值为“flex”模式，这是一种新的响应式布局方式，它是“Flexible Box”的缩写，中文可以直译为“弹性盒子”，采用“flex”布局的元素被称为“flex container（弹性容器）”，其所有子元素自动成为容器成员，成为“flex item（弹性项目）”。“flex”布局模式默认存在两根主轴，即“main axis（水平方向主轴）”和“cross axis（垂直方向交叉轴）”，默认项目自动按主轴依次排列，如图 6-23 所示。

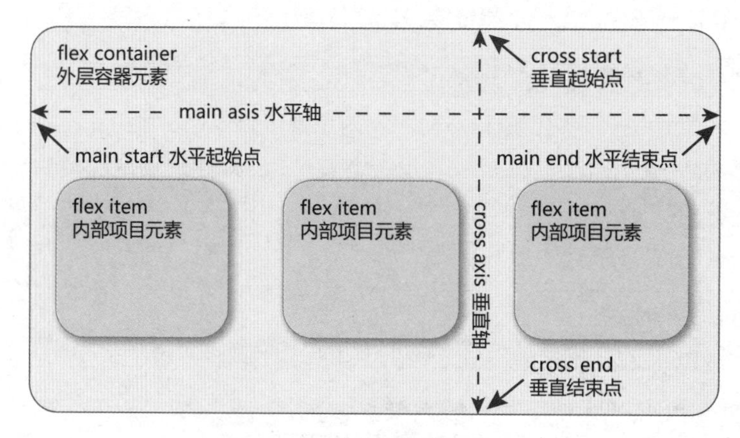

图 6-23 flex 布局模式原理图解

> main start / main end：主轴开始位置 / 主轴结束位置；

> cross start / cross end：交叉轴开始位置 / 交叉轴结束位置；

虽然“flex”弹性布局模式还有很多参数，但是这里暂不做全面深究，读者掌握案例中最需要的参数即可，往后在扩充内容中再做更详细的介绍。

justify-content 属性用来定义项目在主轴上的对齐方式，本案例中设置为“center”，代表水平居中对象。该属性还有一些其他值，例如，“flex-start”表示起点对齐，从第一个开始项目对齐，即左对齐，如图 6-24 所示。“flex-end”表示终点对齐，从最后一个项目对齐，即右对齐，如图 6-25 所示。

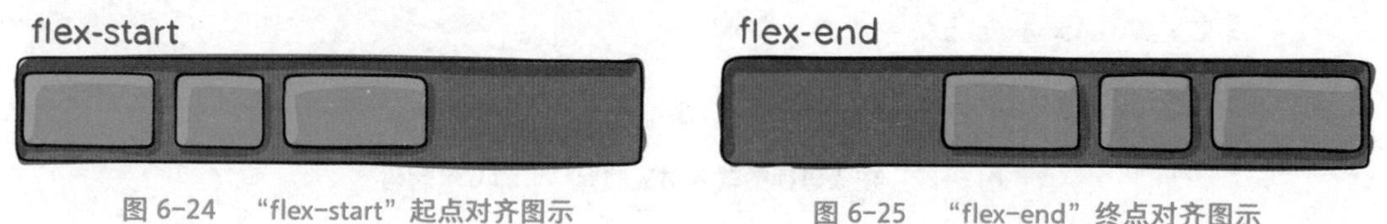

图 6-24 “flex-start”起点对齐图示　　图 6-25 “flex-end”终点对齐图示

“center”表示水平居中对齐，如图 6-26 所示。“space-between”表示两端对齐，项目之间等距相隔，第一个项目和最后一个项目顶边，如图 6-27 所示。“space-around”类似于两端对齐，但是每个项目两侧的间隔相等，即第一个项目和最后一个项目与边界之间也有间隔，因此中间对象的间隔是第一个和最后一个项目分别与边界间隔的两倍，如图 6-28 所示。

图 6-26 “center”水平居中对齐图示

图 6-27 “space-between”两端对齐图示

align-items 属性用来定义项目在交叉轴上的对齐方式，本案例中设置为“center”，代表垂直居中对象。该属性还有一些其他值，例如，“flex-start”表示起点对齐，相当于垂直轴向顶部对齐，如图 6-29 所示。“flex-end”表示终点对齐，相当于垂直轴向底部对齐，如图 6-30 所示。“center”表示垂直居中对齐，如图 6-31 所示。

图 6-28 “space-around”对齐图示

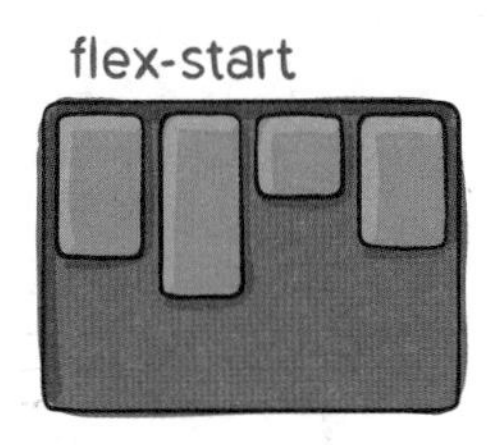

图 6-29 “flex-start”起点对齐图示

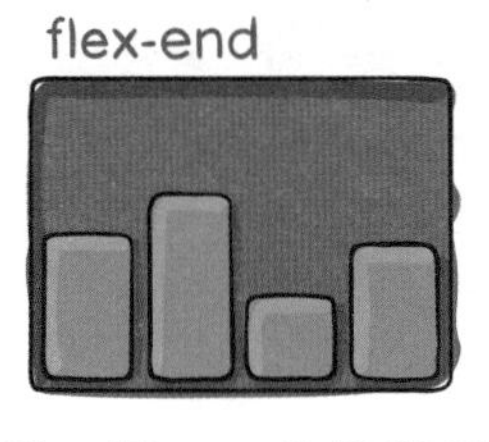

图 6-30 “flex-end”终点对齐图示

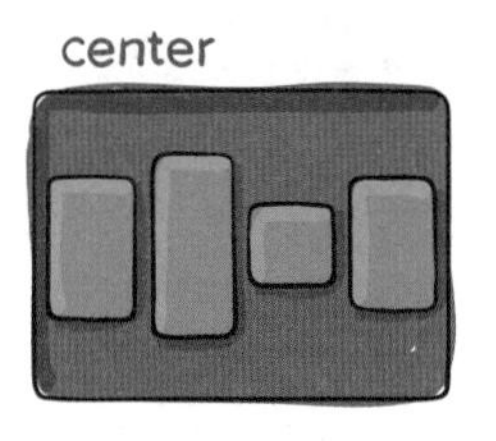

图 6-31 “center”垂直居中对齐图示

“baseline”表示各项目的第一行文字的基线对齐，如图 6-32 所示。“stretch”表示拉伸对齐，如果项目未设置高度或者高度设置为“auto（自动）”，则各项目将被拉伸占满整个容器的高度，如图 6-33 所示。

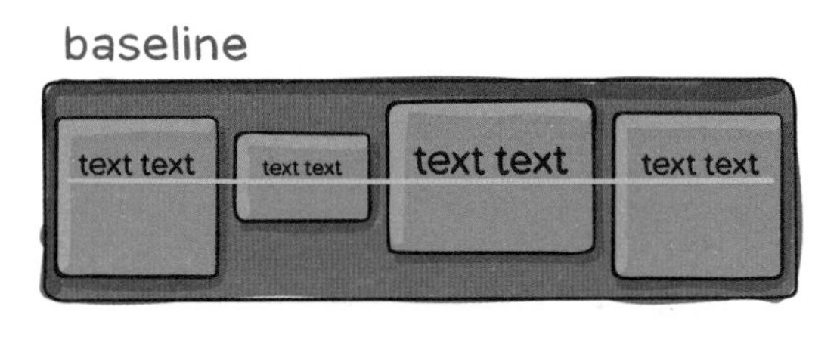

图 6-32 “baseline”文字基线对齐图示

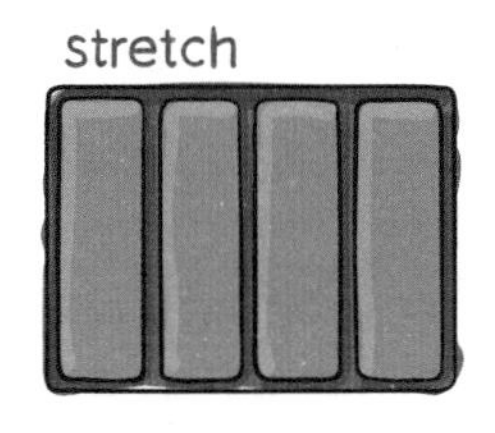

图 6-33 “stretch”拉伸对齐图示

（5）继续前面的案例，对超链接进行如下 CSS 代码的美化，面板效果如图 6-34 所示。

```
a {
        text-decoration: none;
        color: #262626;
```

```
        font-family: 微软雅黑 ;
        font-size: 36px;
        border: 5px solid #262626;
        padding: 20px 30px;
        position: relative;
}
a:before {
        content: "";
        position: absolute;
        left: 0px;
        top: 0px;
}
```

图 6-34　在代码视图中对超链接进行美化

这一段新的代码中，选择符“a:before”属于 CSS 的伪元素是全新的内容。“:before”或“:after”用于在 CSS 渲染中向元素逻辑上的头部或尾部添加内容，这些添加的内容和结构不会出现在 DOM（文档对象模式节点列表）中，不会改变 HTML 文档源码内容，且不可复制，仅仅是在 CSS 渲染层加入。所以不建议用它们展示有实际意义的内容，一般使用它们显示装饰性的内容，如图标、背景等。本案例中，借助此选择符创建超链接的动画背景。

另外需要特别留意的是，a 选择符里“position”使用的是“relative”方式，表示在使用 AP（Absolute Position）绝对坐标定位时，“a:before”创建的动画背景以 a 标签的左上角为原点进行定位，而不是以页面左上角为原点。

“:before”或“:after”必须配合“content（内容）”属性来使用，用来定义插入的内容，它必须有值，也可以为空；在默认情况下，这种伪元素为“inline”对象。本案例中并不需要添加任何实际的文本或图片内容，所以留空即可。

将“position:absolute;”以及“left”和“top”均设置为“0px”，是通过 AP 绝对定位方式，将该对象放置到超链接的左上角。也就是说，现在的 before 伪元素只是超链接左上角的一个点，不过在我们的案例中，希望它是一个黄色的背景，充满整个 a 超链接，所以接下来需要给“a:before”加入更多属性声明。

（6）为“a:before”伪元素选择符添加背景和宽高属性，代码如下。

```
a:before {
        …
        background-color: #fff300;
        width: 100%;
        height: 100%;
        z-index: -1;
}
```

注意

这里的“height”属性可以设置为“100%”，因为其父对象有确切的高度，所以它可以直接使用百分比而不用 vh；另外，如果不设置“z-index”属性为“-1”，黄色背景将出现在最上方，遮挡住超链接文本。

（7）因为最终要实现的效果是该黄色背景以 a 标签超链接左下角为原点，旋转入场及出场的动画，所以需要通过 CSS 样式改变变换的轴心点位置，并且在一开始就旋转黄色背景“-90deg”，让背景先出场，一会儿当光标移动到超链接上时，再花 1 秒的时间顺时针旋转着动画入场。添加的具体 CSS 代码如下：

```
a:before {
        …
        transform-origin: bottom left;
        transform: rotate(-90deg);
        transition: transform 1s;
}
```

（8）到目前，动画的初始状态就已经设定好了，现在开始制作互动动画的部分。添加 a:hover:before 选择符，并添加如下动画变化样式，面板效果如图 6-35 所示。

```
a:hover:before {
        transform: rotate(0deg);
}
```

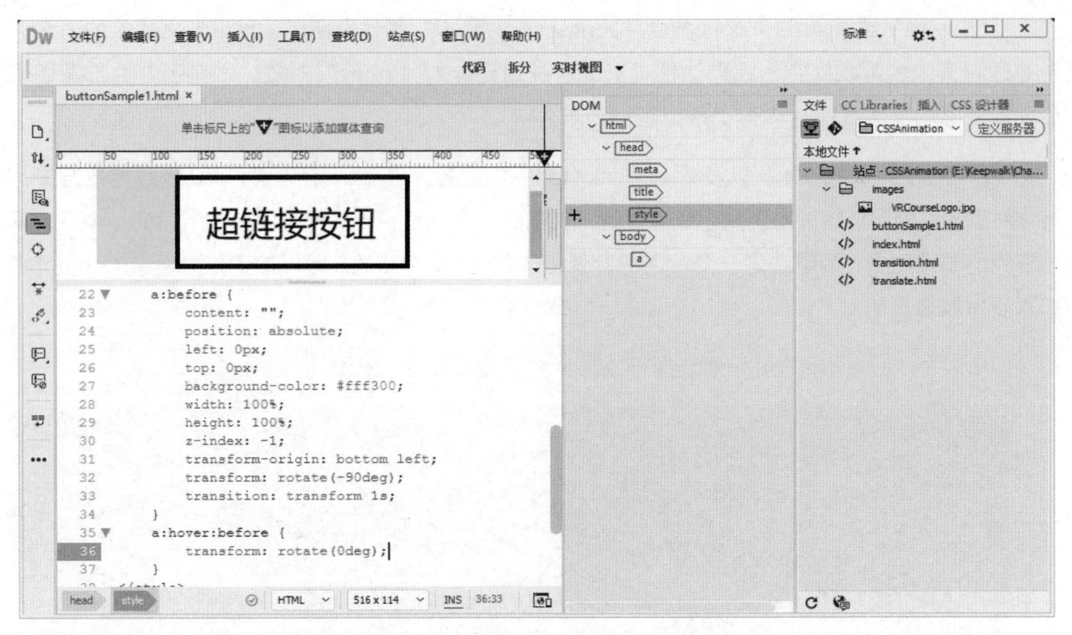

图 6-35 在代码视图中追加互动动效 CSS 样式

（9）测试一下，发现超链接动画已经形成，只差最后一步，把黄色背景超出 a 超链接元素之外的部分隐藏掉。在 a 标签选择符的样式声明中添加一行如下代码：

```
a {
        …
        overflow: hidden;
}
```

overflow 代表溢出元素的部分如何处理，这里设置为“hidden”隐藏，就看不到超出范围的黄色背景了。至此，已完成了整个超链接互动动画。

（10）聪明的读者一定会想尝试其他的动画效果，例如改变轴心点到超链接的右下角等。为了暂时能看到元素外部的效果情况，先把“a”选择符里的“overflow:hidden;”这一行 CSS 代码注释掉，让它暂时不起作用。变成“/* overflow:hidden; */”即可完成注释，然后在“a:before”选择符里的 transform-origin 变换原点属性设置为“transform-origin:bottom right;”右下角，将旋转属性设置为“transform: rotate(90deg);”正 90°，测试右下角的动画特效。

（11）将“/* overflow:hidden; */”溢出代码的注释去掉，使其重新起作用，最终完成该案例。

本例只是通过“a:hover”伪标记选择符搭配 transition 过渡和 transform 变换的一个小互动动画案例，要真正掌握 CSS 动画的强大功能，还需要练习更多的实例才能体会。特别是结合 JavaScript 脚本语言，才能做得更加生动，互动性更强大。本书篇幅有限，暂时只能带着大家进行入门体验，更多的知识和练习，笔者将在未来的视频课程中拓展丰富。

6.5 基于 keyframes 的动画与应用

知识要点

- keyframes 的原理
- keyframes 的基础设置
- keyframes 的进阶设置
- keyframes 的动画模式、迭代计数、缓动与播放方向设置
- keyframes 的速记简写方式

CSS 中的 keyframes（关键帧动画）是另一种动画模式，通过“from”开始、“to”结束或者具体百分比阶段来设置动画的不同状态，然后由计算机自动完成阶段之间的逐渐过渡动画，是一种可以实现更复杂、更强大效果的动画方式，并且这种动画规则的描述可以被命名，以便重复给多个对象使用。使用 keyframes 一般分为两个步骤：声明定义好动画规则并取好名字；将其应用到页面的各种 HTML 元素上。接下来一起学习关键帧动画模式。

6.5.1 keyframes 的基础设置

（1）选择“文件→新建”命令，或者按 Ctrl+N 组合键，打开“新建文档”对话框，在“新建文档”标签页中选择“HTML”，单击“创建”按钮，新建一个 HTML 页面，注意将“文档类型”选择为“HTML5”版本。

（2）选择“文件→保存”命令，或者按 Ctrl+S 组合键，打开文件保存对话框，将文件命名为“keyframes.html”，然后单击“站点根目录”按钮，确保文件保存在该站点文件夹位置，最后再单击“保存”按钮，完成新文件的保存操作。

（3）在代码视图中添加第一个 HTML 结构 div，将其 id 设置为“block1”，结构完成后对其进行一定的装饰，设置 CSS 样式如下，面板效果如图 6-36 所示。

```
#block1 {
        width: 60px;
        height: 60px;
        background-color: red;
}
```

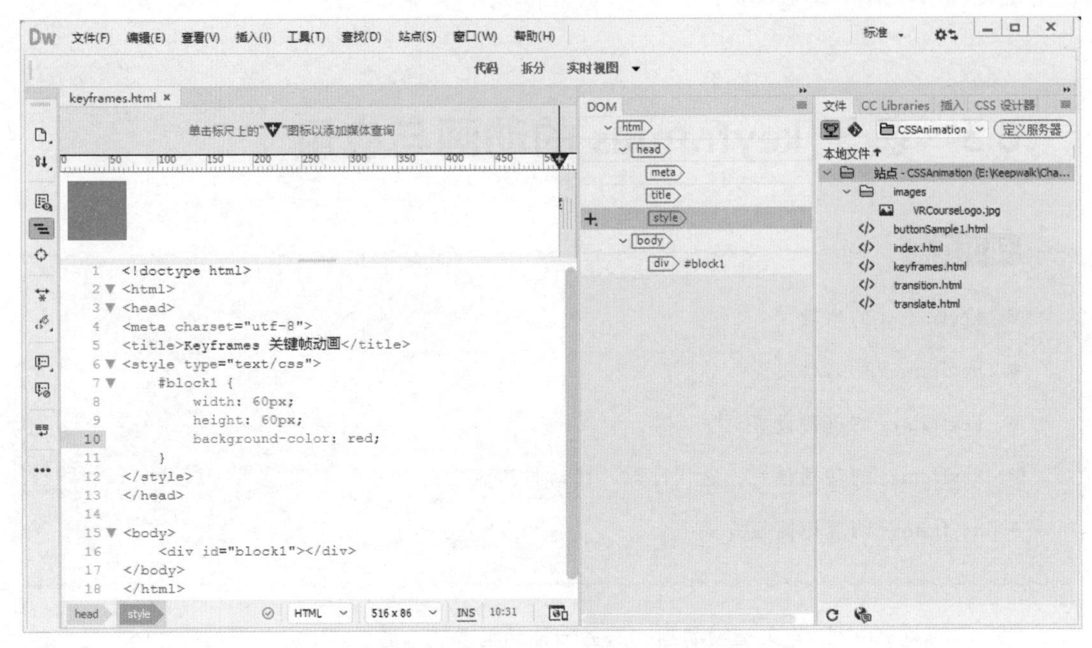

图 6-36　在代码视图中编写相应的 HTML 和 CSS 代码

（4）接下来定义 keyframes 规则，并将该动画命名为“moving”，具体 CSS 代码如下。

```
@keyframes moving {
        from { transform: translateX(0); }
        to { transform: translateX(500px); }
}
```

注意

这是一个水平向右移动的动画定义。其中，第一个 translateX 值为“0”，并没有加单位，因为任何单位的“0”值都是一样的，所以可以省略不加具体单位。但是后面的数值“500px”就必须加单位了，到底是“px”还是其他单位，得到的结果是完全不同的。请大家特别注意，一定记得非零值要有单位设定。

动画规则定义完成了，接下来要看给哪个对象应用该动画规则，具体如何动画。

（5）假设该动画是给 id 为“block1”的 div 对象使用的，那至少应该设置两个 CSS 属性，即 animation-name（动画名称）和 animation-duration（动画持续时间）。在“#block1”选择符里面添加如下的 CSS 样式，面板效果如图 6-37 所示。

```
#block1 {
        …
        animation-name: moving;
        animation-duration: 2s;
}
```

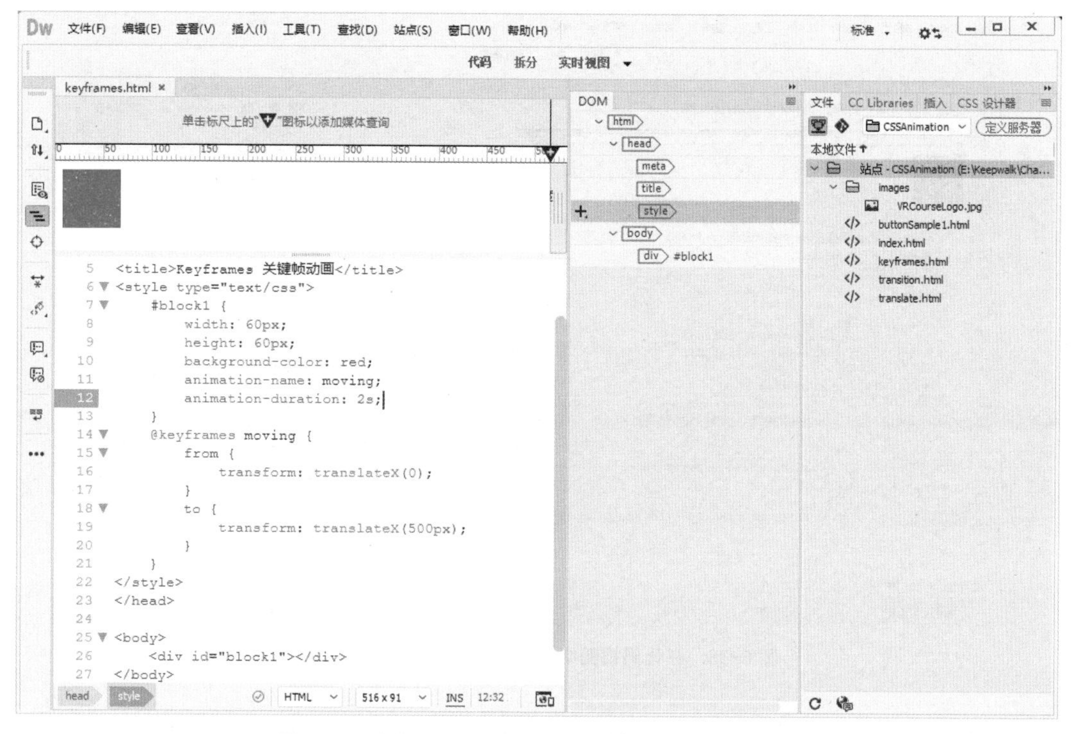

图 6-37 在代码视图中编写应用关键帧动画的 CSS 样式

（6）按 F12 键进行预览，完成关键帧动画的基础设置。如果想反复检验动画效果，按 F5 键刷新页面即可。

6.5.2 keyframes 的进阶设置

接下来尝试制作两个以上阶段的动画，即两个以上关键帧动画的制作。前面使用的是“from”和“to”两个动画关键帧，也就是对象从一个状态到另一个状态的动画过程，如果现在需要添加更多的关键帧及更多的动画阶段，该怎么表示呢？例如，不仅要水平移动到第二个位置，到位后还要再向下垂直移动一定距离到第三个位置，所以就需要 3 个关键帧来实现此动画目标。keyframes 不仅可以使用“from”和“to”实现关键帧状态定义，还可以通过百分比来定义，从而实现多个关键帧的定义。

（1）在上一个案例的基础上进一步练习操作，将“from”和“to”进行百分比对应更改，具体代码修改如下，面板效果如图 6-38 所示。

```
@keyframes moving {
        0% { transform: translateX(0); }
        50% { transform: translateX(500px); }
        100% { transform: translate(500px, 300px); }
}
```

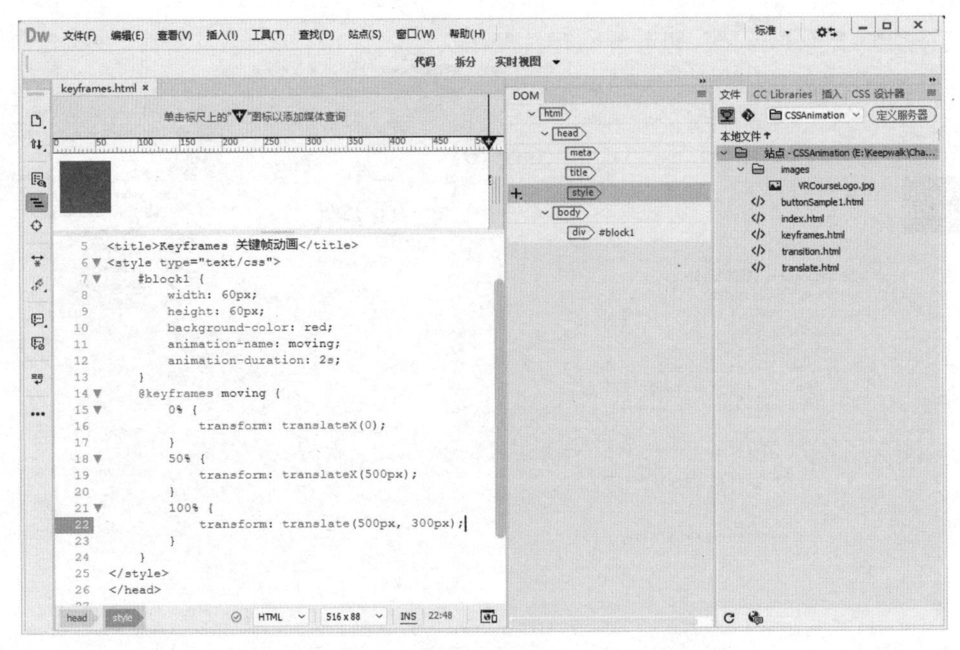

图 6-38 在代码视图中修改关键帧动画的 CSS 规则

其中，“0%”表示动画的起点，即第一个关键帧；“50%”表示动画中间的一个关键帧；而“100%”表示动画的终点，即最后一个关键帧。注意，前面使用的都是“translateX”，而最后那个使用的是“translate”，需要定义水平和垂直两个轴向的参数。动画从“0%”到“50%”阶段，因为前面“animation-duration: 2s;”设定的该动画的整个持续时间是 2 秒，所以前 1 秒做的是水平移动 500 像素的动画运动，后面 1 秒则是执行“50%”到“100%”的动画阶段，即往下运动 300 像素。

当然，大家也可以尝试把“50%”替换为其他百分比，如“12%”“33%”等，体验不同的动画速度效果，或者增加更多的百分比阶段，对对象的状态进行其他更改描述，实现更加丰富的动画效果。

（2）按 F12 键进行预览，按 F5 键反复刷新观看动画效果。

6.5.3 关键帧动画的动画模式

接下来将接触到“animtaion-fill-mode”（动画模式）参数设置，在前面的案例中，方块移动到画面的右侧，然后往下运动，等待动画播放完成之后，方块迅速回到了动画起始的位置。如果希望动画在播放完成之后，就停留在最终结束的位置，则可以通过将“animtaion-fill-mode”参数设置为“forwards”（终点模式）实现。此参数包含 none、backwards、forwards 和 both 这 4 个值，要吃透各个值之间的差异，需要弄清楚 3 个状态，即对象动画之前的状态、对象动画开始时的状态（第一个关键帧的状态）以及对象动画结束时的状态（最后一个关键帧的状态）。

具体 4 个值的解释如下。

- **none**：默认值，对象在动画开始前保持自身状态；动画开始时，跳转到动画的初始状态；动画播放完成后，还原对象到动画之前的自身状态。
- **backwards**：对象一开始就处在动画的初始状态，动画播放完成后，还原对象到动画之前的自身状态。
- **forwards**：对象在动画开始前保持自身状态；动画开始时，跳转到动画的初始状态；动画播放完成后，对象保持在动画最后状态不变。
- **both**：对象一开始就处在动画的初始状态，动画播放完成后，对象保持在动画最后状态不变，对象自身状态不会出现。

更多情况下，对象的自身状态就是动画第一个关键帧的开始状态，因此初学者不太容易理解上述描述，需要不断地去丰富制作经验方可有所体会。如果读者对此有所困惑，那么就简单地应用好最常用的模式 forwards（终点模式）即可。

本案例中，请在选择符“#block1”里面添加如下 CSS 样式。

```
#block1 {
        ...
        animation-fill-mode: forwards;
}
```

按 F12 键预览页面动画效果，方块先是水平移动，然后往下垂直运动，最终停留在了动画结束的位置。

6.5.4 关键帧动画的迭代计数属性

关键帧动画的迭代计数属性其实非常简单，可以用数字方式决定播放动画的次数，也可以使用关键字“infinite”（无限）次等。

（1）在本案例操作中，希望动画循环播放 3 次后停止，具体的应用方法如下，代码视图如图 6-39 所示。

```
#block1 {
        ...
        animation-iteration-count: 3;
}
```

（2）按 F12 键进行浏览器预览，发现动画重复播放了 3 次。

```
5   <title>Keyframes 关键帧动画</title>
6 ▼ <style type="text/css">
7 ▼     #block1 {
8           width: 60px;
9           height: 60px;
10          background-color: red;
11          animation-name: moving;
12          animation-duration: 2s;
13          animation-fill-mode: forwards;
14          animation-iteration-count: 3;
15      }
16 ▼    @keyframes moving {
17 ▼        0% {
18              transform: translateX(0);
19          }
20 ▼        50% {
21              transform: translateX(500px);
22          }
23 ▼        100% {
24              transform: translate(500px, 300px);
25          }
26      }
27  </style>
```

head style HTML 516 x 93 INS 14:38

图 6-39 在代码视图中添加动画迭代计数属性

6.5.5 为关键帧创建缓动特效

关键帧动画也有着丰富的缓动效果，可通过“animation-timing-function”（动画时间功能）属性进行设置，具体常用参数如下。

- **liner**：线性匀速运动；
- **ease**：动画逐渐越来越快，加速到最高速，再逐渐缓慢下来，减速直到停止；
- **ease-in**：缓动在动画刚开始的时候起作用，即慢速在开始时的过渡效果，实际结果为加速运动；
- **ease-out**：缓动在动画快结束的时候起作用，即慢速在结束时的过渡效果，实际结果为减速运动；
- **ease-in-out**：效果类似于 ease 缓动，只是效果更强烈一些；
- **cubic-bezier(n, n, n, n)**：以 cubic-bezier（贝塞尔曲线）方式自定义缓动效果，可以实现更加精细、个性化的动画加减速运动，其中 n 可以是 0 ～ 1 的数值，4 个值形成一条贝塞尔速率曲线。

6.5.6 动画播放方向属性

“animation-direction”（动画播放方向）属性理解起来也非常简单，CSS 提供了 4 种动画播放模式，以实现正向播放、反向播放或者正反来回切换播放等，具体参数含义如下。

- **normal（普通模式）**：默认值，动画从开始到结束，按正常方式播放；
- **reverse（倒放模式）**：动画从结束往开始倒放；
- **alternate（来回切换模式）**：动画先是正向播放，到达结束后再倒放，直到完成动画播放次数；
- **alternate-reverse（反向开始的来回切换模式）**：动画先是倒放，到达起点后再正向播放，直到动画播放次数完成。

6.5.7 动画属性的简写方式

关键帧动画的应用和各种属性设置可通过多条 CSS 样式指令实现，虽然条理比较清晰，但是代码有些冗余。如果希望将其简写为一行代码，可以通过“animation”属性实现。例如：

```
语法：animation: 动画名称 动画持续时间 动画模式 次数 缓动 播放方向 延时时间;
范例：animation: moving 3s both 3 ease-in alternate 1s;
```

提示

animation（动画）属性后的多个参数值之间是用空格隔开的，其次序并不是那么重要，一般会根据值的类型和单位自动判断属性对应。只有一个情况特殊，就是动画持续时间和延时时间，因为其单位可以是相同的，所以前一个时间代表的是动画持续时间，后一个时间是动画延时执行的时间。在本案例中，动画持续时间为“3s”，而该动画会延时“1s”之后才开始播放。

6.6 基于 keyframes 的按钮动效案例

知识要点

- 通过案例掌握 keyframes 的按钮动效设计
- skew（倾斜）变换的实例应用
- transition（过渡）动画的整合应用

为了更好地掌握关键帧的 CSS 动画技术，下面将设计一个按钮互动动态效果。一般情况下，该按钮下方有一个倾斜的红色方块重复地由左至右扫过按钮背景，当光标移动上去时，则红色背景充满按钮，光标移开，恢复倾斜方块动态扫过动效，如图 6-40 所示。

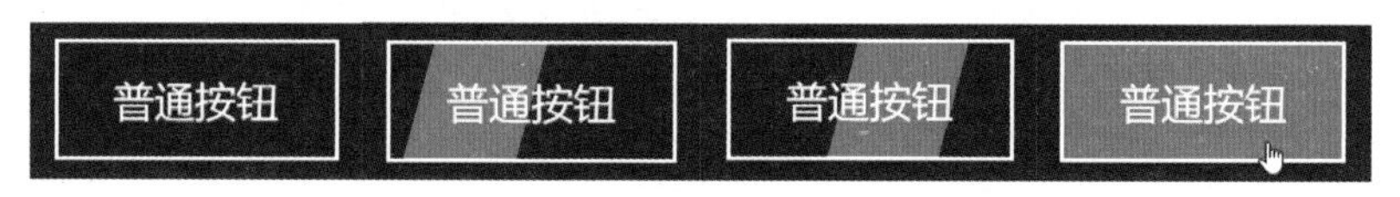

图 6-40 基于关键帧的动态按钮动效

大致的思路是，首先通过伪元素“before”创建一个红色背景，给定100%高度和100像素的宽度，对其进行一定的skew（倾斜）变换，然后设置其从左至右的运动动画，再通过hover选择符控制其光标移动上去之后移除skew（倾斜）变换，停止运动动画，并最终让背景的宽度充满按钮。具体操作方法如下。

（1）选择“文件→新建”命令，或者按Ctrl+N组合键，打开“新建文档”对话框，在“新建文档”标签页中选择“HTML”，单击“创建”按钮，新建一个HTML页面，注意将“文档类型”选择为“HTML5”版本。

（2）选择“文件→保存”命令，或者按Ctrl+S组合键，打开文件保存对话框，将文件命名为“buttonSample2.html”，然后单击“站点根目录”按钮，确保文件保存在该站点文件夹的位置，最后再单击“保存”按钮，完成新文件的保存操作。

（3）在代码视图中，从结构设计开始，添加一个a超链接标签，把href链接属性设置为“#”，在a标签中间输入文本“普通按钮”。

（4）设置body标签选择符样式，高度为100vh，与视口同等高度，采用flex布局模式，并且对第一轴向和第二轴向都居中处理，背景为深灰色背景，如图6-41所示，具体样式列表内容如下。

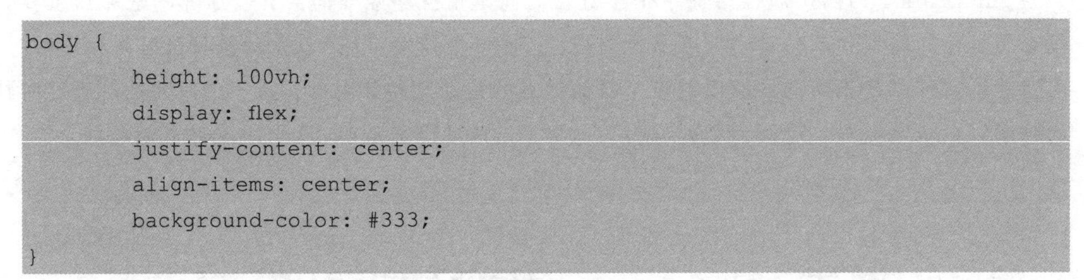

```
body {
        height: 100vh;
        display: flex;
        justify-content: center;
        align-items: center;
        background-color: #333;
}
```

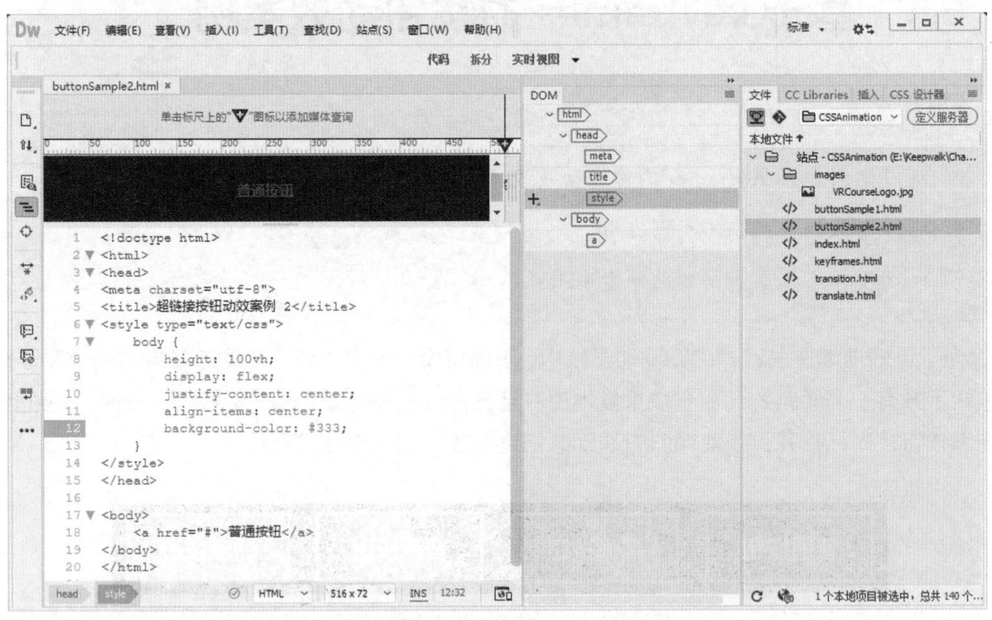

图6-41 在代码视图中输入对应的HTML和CSS代码

（5）通过 a 标签选择符，去掉超链接文本的下画线，文本色为白色，字体为微软雅黑，大小为 40 像素，加一个 3 像素粗的白色实线边框，设定其上下边距为 40 像素，左右边距为 80 像素，为了配合将来 before（伪元素）的定位，设置其 position 定位方式为 relative（相对）方式，具体效果如图 6-42 所示，CSS 代码如下。

```
a {
        text-decoration: none;
        color: white;
        font-family: 微软雅黑 ;
        font-size: 30px;
        border: 3px solid white;
        padding: 20px 40px;
        position: relative;
}
```

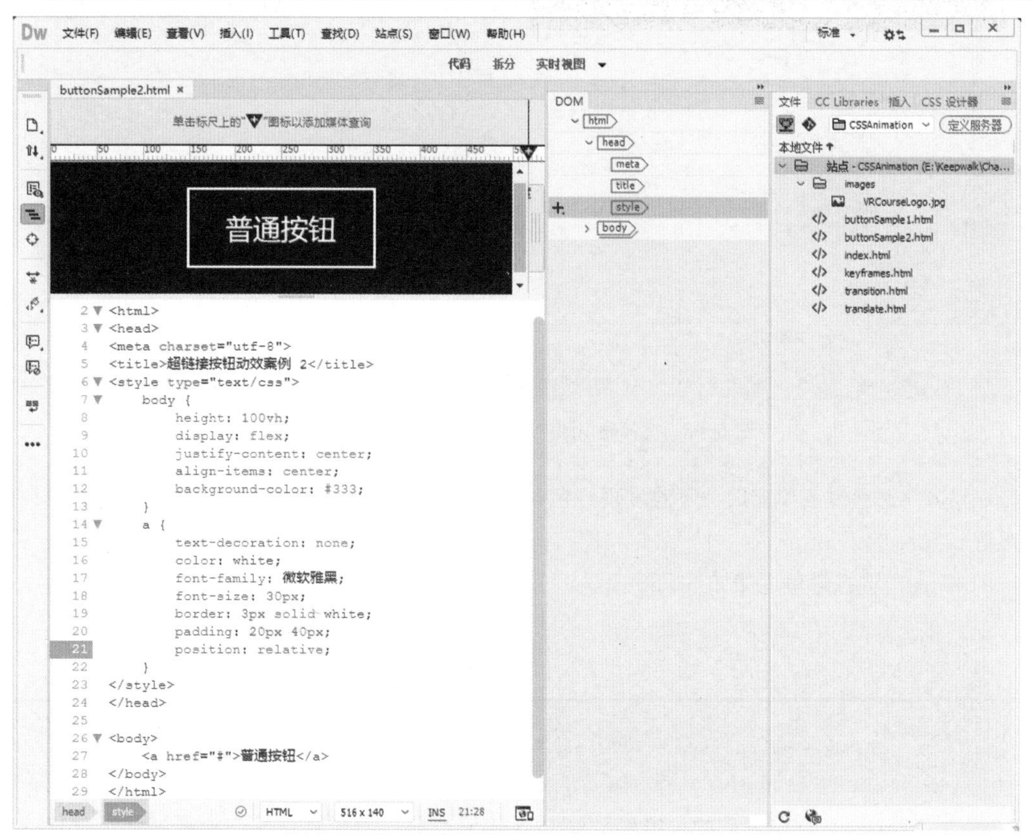

图 6-42 在代码视图中对超链接元素进行 CSS 美化

（6）通过 CSS 中的“before”为该超链接添加红色背景色块，其中“before”的内容为空，背景色为“#F44336”，宽度为 80 像素，高度为 100% 充满，使用 AP 绝对定位，顶部和左侧的距离都为 0，具体效果如图 6-43 所示，CSS 代码如下。

```
a:before {
        content: ' ';
```

```
        background-color: #F44336;
        width: 80px;
        height: 100%;
        position: absolute;
        top: 0;
        left: 0;
}
```

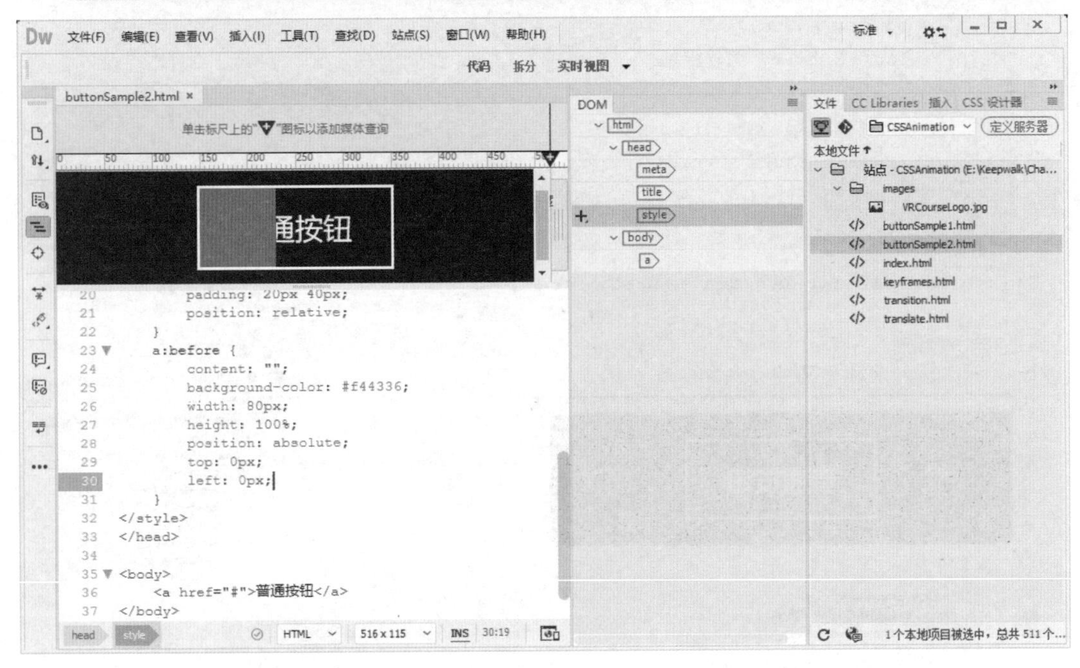

图 6-43　在代码视图中对“before”进行样式设置

（7）此时通过工作窗口，不难发现红色背景遮盖住了超链接的文本内容，这个问题可以通过设置 before 的 z-index 为“-1”解决，并且让该对象进行 skewX（倾斜）变换，更具设计感一点，在“a:before”选择符里追加如下 CSS 代码。

```
a:before {
        …
        z-index: -1;
        transform: skewX(-15deg);
}
```

（8）创建从左至右运动的关键帧动画 CSS 代码片段，希望背景从左侧最外面运动进来。设置动画的起点的“left”值为 -100px，也就是背景宽度的负值；设置动画终点的“left”值为 100%，也就是右边的超链接边界之外，具体 CSS 代码如下。

```
@keyframes moving {
        from { left: -100px; }
        to { left: 100%; }
}
```

（9）动画规则设置妥当后，将其应用到“a:before”选择符上，指定动画名称对应为

“moving”，动画持续时间为 1.5 秒，匀速运动并且永久重复。在“a:before”选择符上追加如下 CSS 代码，对应面板设置如图 6-44 所示。

```
a:before {
        …
        animation: moving 1.2s linear infinite;
}
```

图 6-44　在代码视图中对“a:before”选择符应用动画样式

（10）通过实时视图或者按 F12 键，在浏览器中预览动效，红色倾斜背景将从左至右地一直水平循环移动。

（11）通过预览动画，发现超出超链接边框部分的红色背景也穿帮地显示了出来，所以给“a”选择符中追加“overflow”值为“hidden”（隐藏），完成普通状态的动效设计。具体追加到 a 选择符上的 CSS 代码如下。

```
a {
        …
        overflow: hidden;
}
```

（12）普通状态下的动效设计完成后，开始进行互动动效的设计。添加一个“a:hover:before”选择符，也就是当光标移动上去的时候，改变“before”的样式设定，宽度为 100%，“skewX”（倾斜）效果为 0 度，停止动画的播放。具体的 CSS 代码如下。

```
a:hover:before {
        width: 100%;
        transform: skewX(0deg);
        animation: none;
}
```

（13）按 F12 键在浏览器中预览动效，发现当光标移动上去的时候虽然实现了目标，超链接的背景被红色方块填充，不过这一切是突然变化的，并没有一个平滑的动态过渡过程，所以还需要改进代码。在“a:before”选择符中追加“transition”属性，实现平滑过渡，“a:before”选择符中追加的具体 CSS 代码如下，面板效果如图 6-45 所示。

```
a:before {
        …
        transition: all 0.5s;
}
```

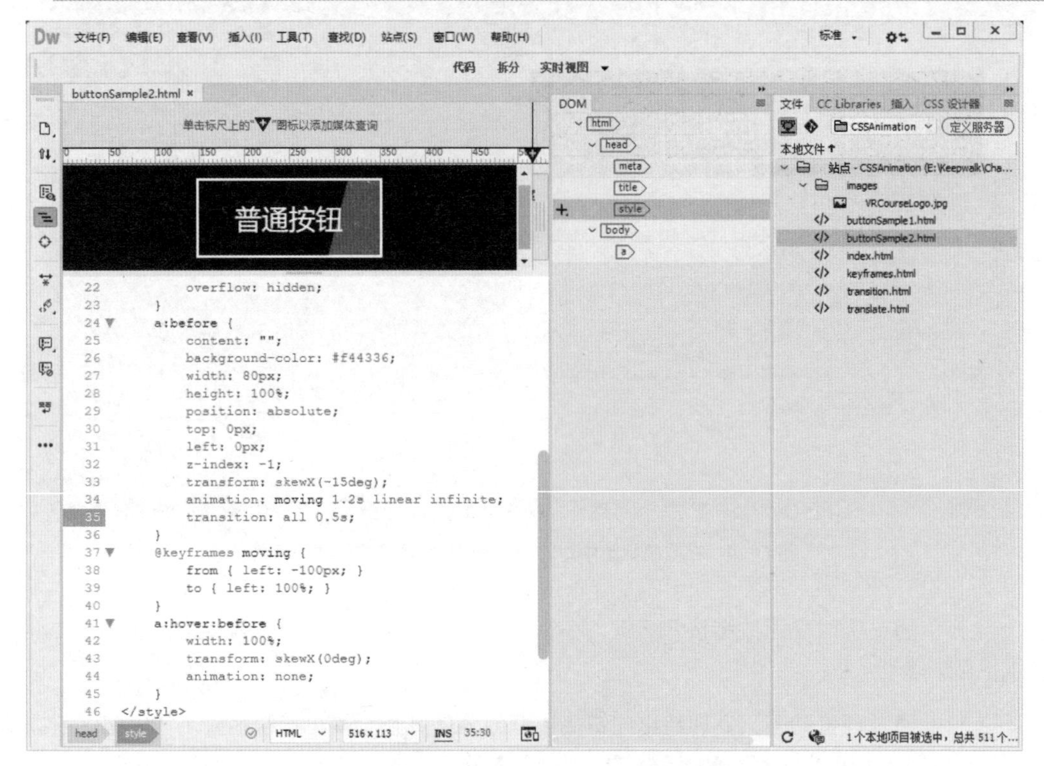

图 6-45　在代码视图中应用“transition”属性

（14）再次在实时视图或者浏览器中预览网页，完成互动动效设计。

6.7　扩展知识——Animate.css 动画库的应用

知识要点

- Animate.css 的下载与基础应用
- Animate.css 的高级控制方法
- Animate.css 的互动动效制作

除了前面自定义的各种 CSS 动画效果之外，其实网络中还有很多丰富的 CSS 动画库，可以给大家免费使用。这些 CSS 动画库基本是跨浏览器支持的，其中最享盛誉的当属“Animate.css”了。“Animate.css”实际上就是一系列的预置类样式，单击其官方网站“http://animate.style”右侧的列表菜单，可以直观地预览所有动画效果，如图 6-46 所示。

图 6-46 Animate.css 官方网站“http://animate.style”

那具体怎么将它们应用到自己的网页设计中呢？方法其实非常简单，大致的步骤是先引用相关的 CSS 动画样式列表，然后为页面中的元素对象添加对应的动画类就可以了。其中引用相关 CSS 动画库可以是在线链接官方网站提供的样式列表，也可以将其下载下来放置在自己的站点中，在本地站点中去引用。在线链接官方网站提供的样式列表的代码如下。

```
<link rel="stylesheet" href="https://cdnjs.cloudflare.com/ajax/libs/animate.css/
4.1.1/animate.min.css">
```

如果是通过官网“https://github.com/animate-css/animate.css”下载了“animate.css-main.zip”压缩包，建议将其解压后，找到“animate.min.css”文件，然后将其复制、粘贴到自己站点的 CSS 文件夹里，再去链接应用。本地引用链接的代码参考如下。

```
<link rel="stylesheet" href="css/animate.min.css">
```

接下来就用案例形式，带领大家一起体验下“Animate.css”的强大魅力。

（1）选择“文件→新建”命令，或者按 Ctrl+N 组合键，打开“新建文档”对话框，在“新建文档”标签页中选择“HTML”，单击“创建”按钮，新建一个 HTML 页面，注意将“文档类型”选择为“HTML5”版本。

（2）选择“文件→保存”命令，或者按 Ctrl+S 组合键，打开文件保存对话框，将文件命名为“AnimateSample.html”，然后单击“站点根目录”按钮，确保文件保存在该站点文件夹的位置，最后再单击“保存”按钮，完成新文件的保存操作。

（3）在代码视图中从结构设计开始，添加一个 a 超链接标签，将 href 链接属性设置为“#”，在 a 标签中间输入文本“开始按钮”。

（4）设置 body 标签选择符样式，高度为 100vh，与视口同等高度，采用 flex 布局模式，并且第一轴向和第二轴向都居中处理，给“开始按钮”元素添加设计样式，具体样式列表的内容如下，如图 6-47 所示。

```
body {
        height: 100vh;
        display: flex;
        justify-content: center;
        align-items: center;
}
a {
        background-color: red;
        padding: 1em 3em;
        border-radius: 100px;
        color: white;
}
```

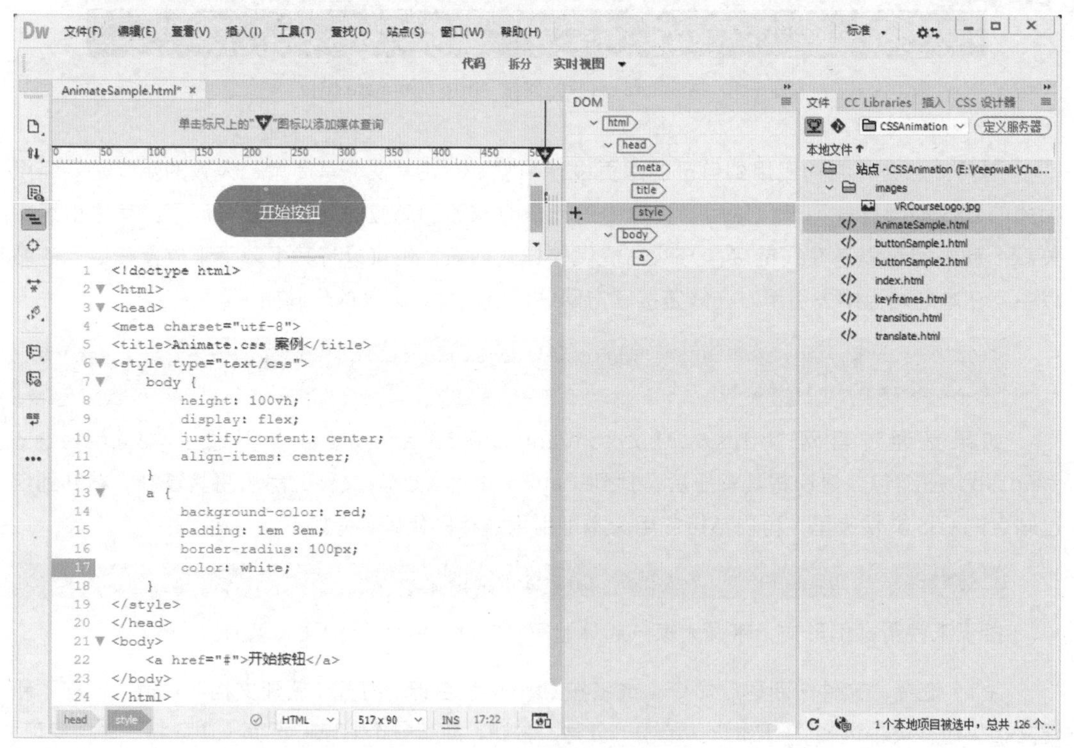

图 6-47　构建静态页面效果

（5）在“文件”面板中，单击站点名称“站点 - CSSAnimation”以选择站点根路径，然后右击，在弹出的快捷菜单中选择“新建文件夹”命令，命名为“css”，将解压“animate.css-main.zip”文件的“animate.min.css”文件拖动到此文件夹下面，如图 6-48 所示。

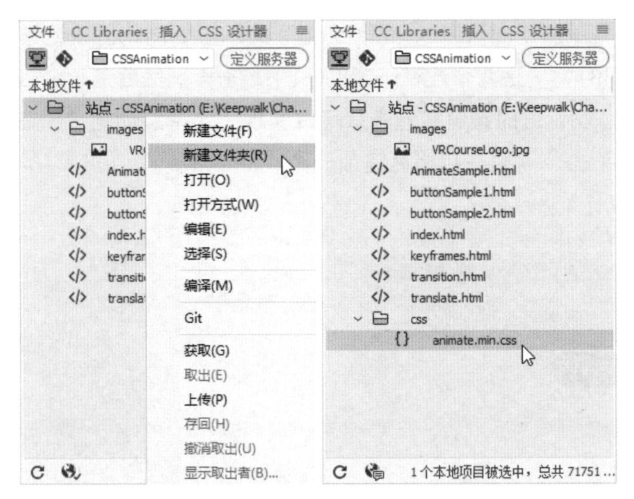

图 6-48 创建“CSS”文件夹并导入“animate.min.css”样式列表文件到站点中

（6）通过代码视图或“CSS 样式设计器”面板，链接“animate.min.css”样式到该页面，如图 6-49 所示。

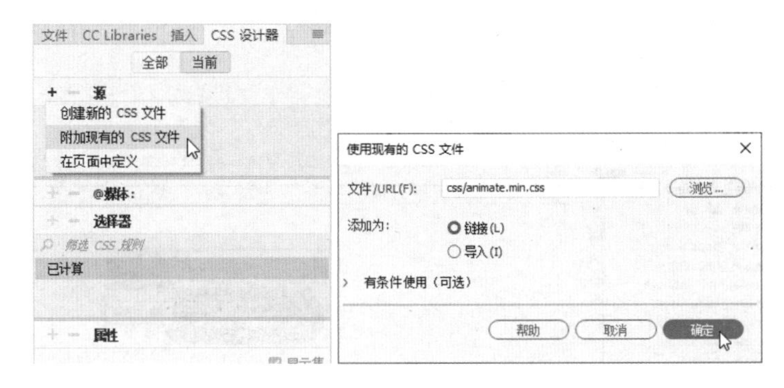

图 6-49 在网页中链接外部“animate.min.css”样式列表文件

（7）通过代码视图、“属性”面板、“DOM”面板或者实时视图，为“a”超链接元素添加

“class”属性。首先是添加“animate__animated”类，告诉浏览器该元素是一个含有动画的元素（注意两个单词之间的“__”是两个连在一起的下画线符号）；然后空一个格之后添加“animate__bounce”（弹跳动画）类，这时超链接元素就可以实现一次弹跳动画了。在本案例中如果希望这个弹跳动画一直执行下去，需要在空格后追加一个“animate__infinite”类，即可实现动画的永久循环，如图 6-50 所示。

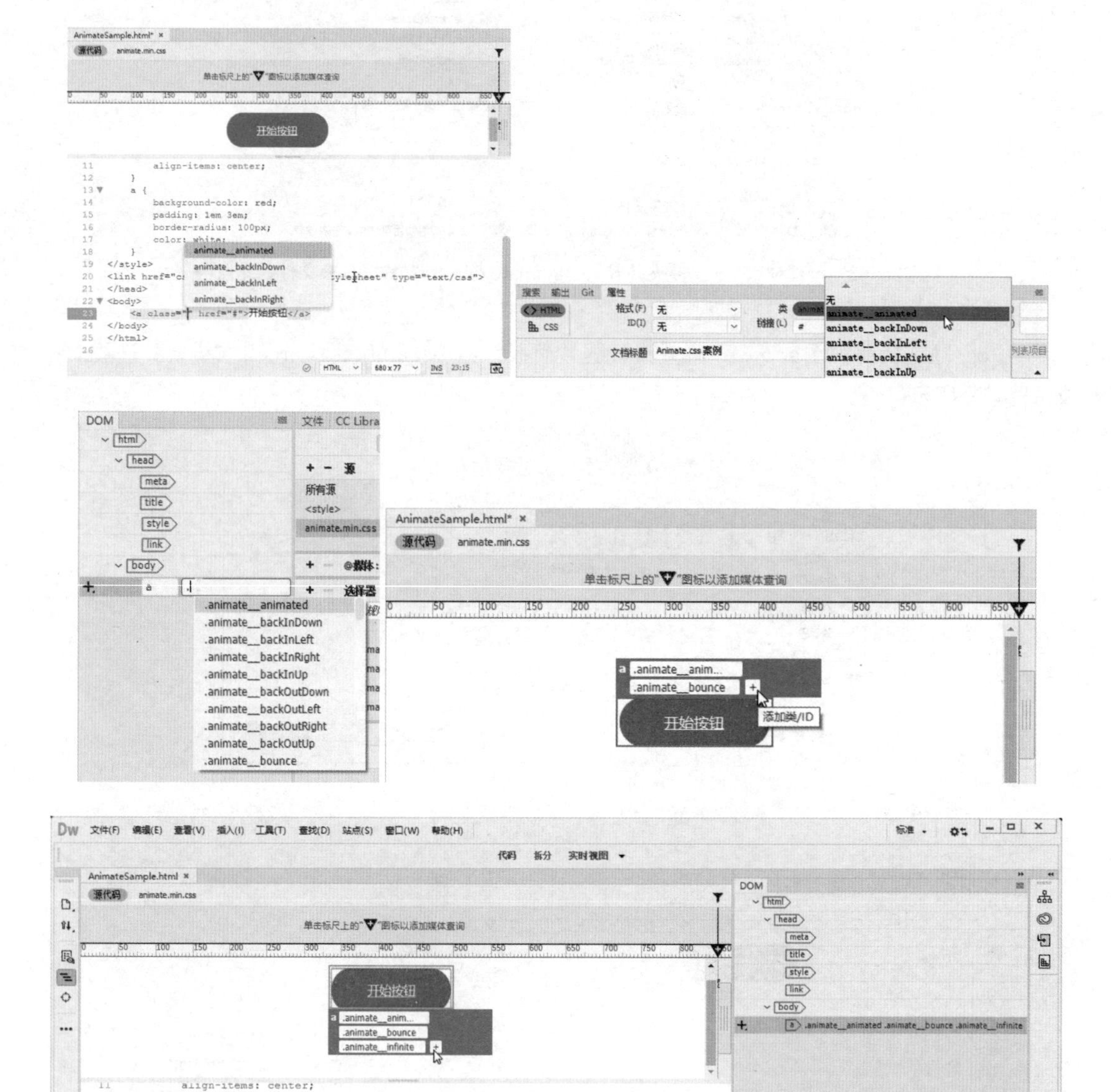

图 6-50　多种方式为超链接元素添加动画类

（8）在实时视图中浏览这个无限弹跳动画，也许你也想到了，可以把那个“bounce”置换为别的动画类，确实如此，可以在官方网页右侧的效果列表中，单击名称右边的“Copy class name to clipboard”按钮，复制那些类名称，然后回到 Dreamweaver 软件的代码视图中，粘贴到对应的位置即可，如图 6-51 所示。

图 6-51 在 Animate.css 官方网站中复制动画类名称

本书在表 6-1 中列出了“Animate.css”4.1.1 版本的所有动画类，以方便大家对照应用。由于开发者会不断更新动画库，所以这里列举的可能与读者下载的最新版本有一定差异。

表 6-1 动画类

Class 类名称			
强调提醒式动画			
animate__bounce	animate__flash	animate__pulse	animate__rubberBand
animate__shakeX	animate__shakeY	animate__headShake	animate__swing
animate__tada	animate__wobble	animate__jello	animate__heartBeat
空间进入式动画			
animate__backInDown	animate__backInLeft	animate__backInRight	animate__backInUp
空间退出式动画			
animate__backOutDown	animate__backOutLeft	animate__backOutRight	animate__backOutUp
跃入式动画			
animate__bounceIn	animate__bounceInDown	animate__bounceInLeft	animate__bounceInRight
animate__bounceInUp			
跃出式动画			
animate__bounceOut	animate__bounceOutDown	animate__bounceOutLeft	animate__bounceOutRight
animate__bounceOutUp			

续表

Class 类名称			
淡入动画			
animate__fadeIn	animate__fadeInDown	animate__fadeInDownBig	animate__fadeInLeft
animate__fadeInLeftBig	animate__fadeInRight	animate__fadeInRightBig	animate__fadeInUp
animate__fadeInUpBig	animate__fadeInTopLeft	animate__fadeInTopRight	animate__fadeInBottomLeft
animate__fadeInBottomRight			
淡出动画			
animate__fadeOut	animate__fadeOutDown	animate__fadeOutDownBig	animate__fadeOutLeft
animate__fadeOutLeftBig	animate__fadeOutRight	animate__fadeOutRightBig	animate__fadeOutUp
animate__fadeOutUpBig	animate__fadeOutTopLeft	animate__fadeOutTopRight	animate__fadeOutBottomLeft
animate__fadeOutBottomRight			
翻片式动画			
animate__flip	animate__flipInX	animate__flipInY	animate__flipOutX
animate__flipOutY			
光速入和光速出动画			
animate__lightSpeedInRight	animate__lightSpeedInLeft	animate__lightSpeedOutRight	animate__lightSpeedOutLeft
旋转入动画			
animate__rotateIn	animate__rotateInDownLeft	animate__rotateInDownRight	animate__rotateInUpLeft
animate__rotateInUpRight			
旋转出动画			
animate__rotateOut	animate__rotateOutDownLeft	animate__rotateOutDownRight	animate__rotateOutUpLeft
animate__rotateOutUpRight			
特别式动画			
animate__hinge	animate__jackInTheBox	animate__rollIn	animate__rollOut
放大入动画			
animate__zoomIn	animate__zoomInDown	animate__zoomInLeft	animate__zoomInRight
animate__zoomInUp			
缩小出动画			
animate__zoomOut	animate__zoomOutDown	animate__zoomOutLeft	animate__zoomOutRight
animate__zoomOutUp			
滑入动画			
animate__slideInDown	animate__slideInLeft	animate__slideInRight	animate__slideInUp
滑出动画			
animate__slideOutDown	animate__slideOutLeft	animate__slideOutRight	animate__slideOutUp

（9）以上步骤完成的是最基础的设定，当然可以进一步设定更多特性。例如动画的延迟属性，同样可以通过追加类的方式实现。如果希望动画延迟 2 秒之后再播放，需要为元素对象追加“animate__delay-2s”类，如图 6-52 所示。需要注意的是，只有通过按 F12 键，在浏览器中预览才能看到延迟效果，因为已经在实时视图中循环播放动画了，所以看不到延迟的效果。

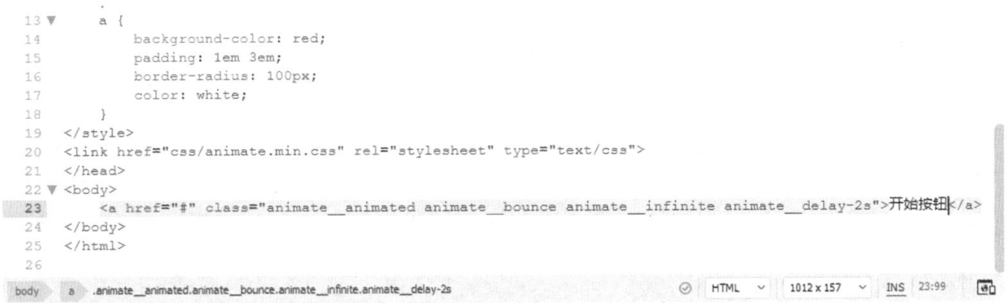

```
13 ▼     a {
14           background-color: red;
15           padding: 1em 3em;
16           border-radius: 100px;
17           color: white;
18       }
19   </style>
20   <link href="css/animate.min.css" rel="stylesheet" type="text/css">
21   </head>
22 ▼ <body>
23       <a href="#" class="animate__animated animate__bounce animate__infinite animate__delay-2s">开始按钮</a>
24   </body>
25   </html>
26
body  a  .animate__animated.animate__bounce.animate__infinite.animate__delay-2s    HTML  1012 x 157  INS  23:99
```

图 6-52 通过添加“animate__delay-2s”类实现动画延时效果

提示

其有效类也就是 animate__delay-1s、animate__delay-2s、animate__delay-3s、animate__delay-4s 和 animate__delay-5s，即分别延迟 1、2、3、4、5 秒这些选择。如果希望得到更详细的个性化设置，则需要通过 CSS 变量设置的方式实现，在后面的步骤中笔者会带着大家实现。请先继续下一步的学习，仍然通过追加类的方式调整动画的速度属性。

（10）继续给超链接对象追加一个“animate__slow”类，减慢弹跳动画的播放速度，其实也就是将该动画的持续时间设置为 2 秒。

提示

其有效类也就是“animate__slow”（代表 2 秒）、“animate__slower”（代表 3 秒）、“animate__fast”（代表 800 毫秒）和“animate__faster”（代表 500 毫秒）这些选择。如果希望得到更详细的个性化设置，则同样需要通过 CSS 变量设置的方式实现。

（11）如果并不希望这个弹跳动画一直执行，而是只执行 3 次，需要先把超链接的“animate__infinite”类删除掉，再添加一个“animate__repeat-3”类，如图 6-53 所示。按 F12 键，打开浏览器预览完整动画。

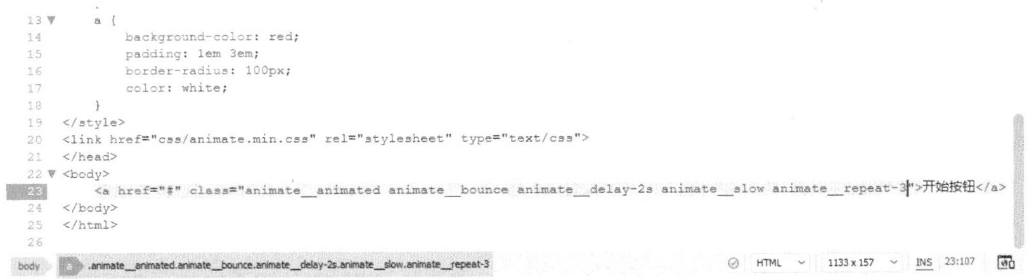

```
13 ▼     a {
14           background-color: red;
15           padding: 1em 3em;
16           border-radius: 100px;
17           color: white;
18       }
19   </style>
20   <link href="css/animate.min.css" rel="stylesheet" type="text/css">
21   </head>
22 ▼ <body>
23       <a href="#" class="animate__animated animate__bounce animate__delay-2s animate__slow animate__repeat-3">开始按钮</a>
24   </body>
25   </html>
26
body  a  .animate__animated.animate__bounce.animate__delay-2s.animate__slow.animate__repeat-3    HTML  1133 x 157  INS  23:107
```

图 6-53 通过添加“animate__repeat-3”类实现动画重复效果

提示

其有效类也就是“animate__repeat-1”（代表动画 1 次）、“animate__repeat-2”（代表动画 2 次）和“animate__repeat-3”（代表动画 3 次）这些选择，同样如果希望得到更详细的个性化设置，可通过 CSS 变量实现。

（12）将 HTML 超链接元素中的“animate__delay-2s”改为“animate__delay-1s”，“animate__repeat-3”改为“animate__repeat-1”，然后在代码视图“a”标签选择符里追加以下 CSS 变量，从而更个性化地控制“bounce”属性。这里，将持续时间改为 1.5 秒，延迟 0.8 秒开始，动画重复 4 次。注意，本操作中特意采用了两种时间单位“ms”（毫秒）和“s”（秒），它们是可以交替使用的。此时的代码视图如图 6-54 所示，按 F12 键，打开浏览器预览效果。

```
a {
        ...
        --animate-duration: 1500ms;
        --animate-delay: 0.8s;
        --animate-repeat: 4;
}
```

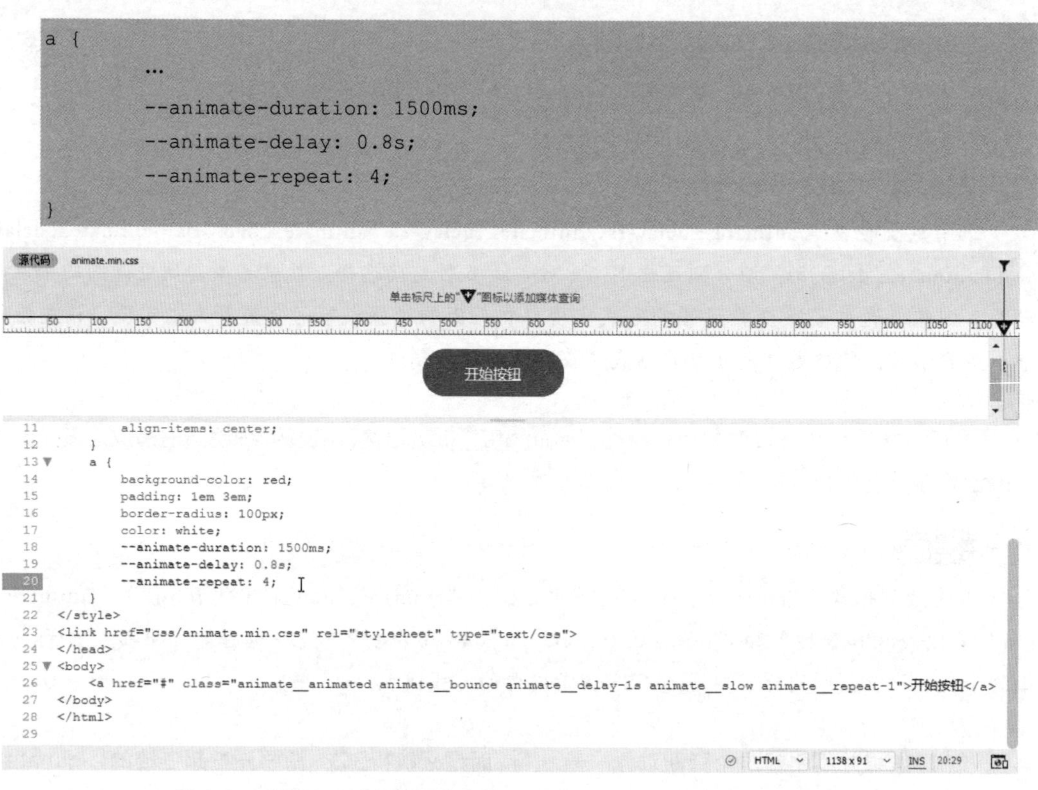

图 6-54　通过 CSS 变量设置定义基于“Animate.css”的个性化动画效果

现阶段的动画都是在载入页面后就马上自动执行的，如果希望当光标移动上去才发生动画，该如何做呢？简单的方法还是通过 CSS 实现，如果是更复杂的交互条件和情况，就需要通过 JavaScript 脚本语言实现。由于本书篇幅所限，读者暂时先掌握简单的 CSS 方式，在视频教程中会介绍更丰富的 JavaScript 脚本语言，实现更生动的互动特效。

（13）在代码视图中，把 HTML 超链接元素上的所有“class”属性都删除，把上一步骤中添加到“a”标签选择符里的最后三行 CSS 动画变量声明也删除，超链接恢复到最初的没有动画的样貌，然后在代码视图中添加如下 CSS 样式语句，借助“a:hover”伪类选择符和“keyframes”

CSS 关键帧技术，实现“Animate.css”动画库互动动画，如图 6-55 所示。

```
a:hover {
        animation-name: bounce;
        animation-duration: 1s;
}
```

图 6-55 实现“Animate.css”动画库互动动画

（14）选择“文件→保存全部”命令，保存网页文件。再按 F12 键，在浏览器中预览最终的超链接互动弹跳动画效果。

很遗憾，本书到此就要结束了。最后，再一次提醒大家，网页设计与制作是一个涉及面非常广且需要不断积累学习的学科，本书的篇幅有限，所以重点仅放在网页基本结构的搭建和布局排版的设计上，同时包含一些动态效果的 CSS 技巧与方法，对于更深层次的互动脚本 JavaScript，就只能在往后的其他书籍中拓展延伸。笔者也会以视频教程的方式，不断补充延续，希望大家提出宝贵的意见与建议，一起共同学习，不断进步。

Adobe 授权培训中心介绍

Adobe Authorised Training Centre（AATC）是 Adobe 全球官方培训认证体系服务机构。2017 年中科卓望成为 Adobe 中国授权培训中心，为个人、院校等合作伙伴输出行业标准、为企业用户提供定制化培训服务和技术支持。

Adobe 国际认证介绍

Adobe Certified Professional（Adobe 国际认证介绍，简称 ACP）是面向全球 Adobe 软件学习及使用者的权威认证体系。Adobe 公司权威推出，并由 Adobe 全球 CEO 签发。全球 148 个国家均有进行，共 19 种语言版本。

Adobe 国际认证讲师介绍

教师是教育改革的践行者，教学质量的保障者，教学水平的代表者，教书育人的实施者。Adobe Authorised Training Centre（AATC）作为 Adobe 全球教育计划的运营、维护、组织、宣传和实践者，高度重视教师培训。秉承“以产业促教育改革，以教育助产业腾飞”的宗旨，将 Adobe 的最新技术和行业应用及时传导到学校，进入课堂，传授给学生，培养出掌握最新科技和行业应用，具有较高竞争力，满足行业（企业）需要的应用型专业人才，为中国创意文化产业的发展做出贡献。

ACA 世界大赛介绍

Adobe Certified Associate World Championship（中文简称：ACA 世界大赛）由 Adobe 及 Certiport 主办，是一项面向 13 ～ 22 周岁青少年群体的全球设计领域重要竞技赛事。自 2013 年举办以来，每年吸引全球超 60 个国家 / 地区 300000+ 名参赛者参赛。

ACA 世界大赛中国赛区由 Adobe 中国授权培训中心（Adobe Authorised Training Centre）主办，旨在通过赛事为中国创意设计领域与艺术、视觉设计等专业的青少年群体提供学术技能竞技、作品展示平台及更优质的职业发展机会。最终，中国赛区冠、亚、季军将代表中国列席世界总决赛，与来自世界各地的顶尖选手同台竞技。中国赛区自 2018 年举办以来，已吸引超 500 所院校 / 机构，40000+ 名参赛者参加。

院校合作的项目介绍

创意设计人才培养计划是 Adobe 中国授权培训中心为合作院校致力于以 Adobe 先进技术和行业标准为核心打造的人才培养计划，旨在推动全国院校快速培养创新型、复合型、应用型的创意设计人才，提升中国创意设计“硬实力”。通过科学评测 Adobe 原厂软件技能和系统学习【行业大师课】和业知识双层加持，最终获得职业能力认定证书和职业推荐信，从而打通学生实习和就业的行业壁垒，建立「软件技能」「行业教学」「考评体系」「实习就业」的全闭环生态链。

对教师培训官方介绍

深入贯彻《中共中央、国务院全面深化新时代教师队伍建设改革的意见》，落实《全国职业院校教师教学创新团队建设方案》《深化新时代职业教育“双师型”教师队伍建设改革实施方案》通知精神，加快构建高质量高等教育体系。Adobe 中国授权培训中心联合行业知名企业，基于任务驱动培训模式，通过在线点播、直播授课、集中实训方式进行。围绕立德树人根本任务，结合企业真实项目传授先进理念、经验、技术和方法，示范带动高等学校相关专业教师、教法关键要素改革，提升教师教育教学质量。